国防科技大学建校70周年系列著作

二维材料的褶皱工程

楚增勇　谭银龙　著

科学出版社

北　京

内 容 简 介

　　二维材料是近年来兴起的以石墨烯为代表一类单原子层厚度的全新材料体系。受热力学涨落的影响,二维材料天生具有褶皱。褶皱是自然界一种普遍存在的物理现象,仿生人工表面起皱已经发展为一种普适的表面结构化方法。本书重点介绍石墨烯等二维材料在曲面上人工起皱的方法、工艺、性能及其应用。全书共分9章。第1章为表面褶皱概述;第2章与第3章分别为各向同性与各向异性收缩起皱工艺,以及由其构筑的类大脑皮层、类泡桐树皮与类象鼻形貌;第4章至第6章介绍三类具备宏观周期结构的图案化褶皱工艺,以及由其构筑的规则条纹、表面阵列等多级褶皱图案;第7章至第9章介绍表面褶皱的表界面、力学、电学性能,及其在柔性电子、液滴操控、传感与致动、电磁屏蔽与吸收等领域的应用。

　　本书适用于仿生、材料、化学、生物、力学、机械、制造等领域从事教学、科研、生产和管理工作的读者阅读,也可供相关专业的本科生、研究生作为参考资料学习使用。

图书在版编目(CIP)数据

二维材料的褶皱工程 / 楚增勇,谭银龙著. —北京:
科学出版社,2023.10
ISBN 978-7-03-076263-4

Ⅰ.①二… Ⅱ.①楚… ②谭… Ⅲ.①石墨烯—纳米
材料 Ⅳ.①TB383

中国国家版本馆 CIP 数据核字(2023)第 164223 号

责任编辑:徐杨峰 / 责任校对:谭宏宇
责任印制:黄晓鸣 / 封面设计:无极书装

科学出版社 出版
北京东黄城根北街 16 号
邮政编码:100717
http://www.sciencep.com

南京展望文化发展有限公司排版
广东虎彩云印刷有限公司印刷
科学出版社发行　各地新华书店经销

*

2023 年 10 月第 一 版　开本:720×1000　1/16
2024 年 10 月第二次印刷　印张:20 1/2
字数:345 000

定价:170.00 元
(如有印装质量问题,我社负责调换)

总　　序

国防科技大学从 1953 年创办的著名"哈军工"一路走来,到今年正好建校 70 周年,也是习主席亲临学校视察 10 周年。

七十载栉风沐雨,学校初心如炬、使命如磐,始终以强军兴国为己任,奋战在国防和军队现代化建设最前沿,引领我国军事高等教育和国防科技创新发展。坚持为党育人、为国育才、为军铸将,形成了"以工为主、理工军管文结合、加强基础、落实到工"的综合性学科专业体系,培养了一大批高素质新型军事人才。坚持勇攀高峰、攻坚克难、自主创新,突破了一系列关键核心技术,取得了以天河、北斗、高超、激光等为代表的一大批自主创新成果。

新时代的十年间,学校更是踔厉奋发、勇毅前行,不负党中央、中央军委和习主席的亲切关怀和殷切期盼,当好新型军事人才培养的领头骨干、高水平科技自立自强的战略力量、国防和军队现代化建设的改革先锋。

值此之年,学校以"为军向战、奋进一流"为主题,策划举办一系列具有时代特征、军校特色的学术活动。为提升学术品位、扩大学术影响,我们面向全校科技人员征集遴选了一批优秀学术著作,拟以"国防科技大学迎接建校 70 周年系列学术著作"名义出版。该系列著作成果来源于国防自主创新一线,是紧跟世界军事科技发展潮流取得的原创性、引领性成果,充分体现了学校应用引导的基础研究与基础支撑的技术创新相结合的科研学术特色,希望能为传播先进文化、推动科技创新、促进合作交流提供支撑和贡献力量。

在此,我代表全校师生衷心感谢社会各界人士对学校建设发展的大力支持!期待在世界一流高等教育院校奋斗路上,有您一如既往的关心和帮助!期待在国防和军队现代化建设征程中,与您携手同行、共赴未来!

国防科技大学校长

2023 年 6 月 26 日

前　　言

　　褶皱结构在自然界广泛存在,如人体皮肤、手指指纹、气道黏膜、干枯蔬果表皮、地质岩层与布艺窗帘等表面均存在不同尺度与形貌的褶皱结构。生物表面自发形成的多功能精细褶皱形貌,吸引了来自生物学、化学、力学、物理学和材料科学等领域众多研究人员的兴趣。道法自然,仿生人工表面起皱已经发展为一种普适的表面结构化方法,具有适用材料广、设备门槛低和调控参数多等优势,可对微纳结构的拓扑形貌和特征尺寸进行有效的调控。基于可调协的表面物理、化学与生物特性,人工褶皱结构已被应用于智能润湿表面、柔性电子器件、柔性驱动器件等领域,但是目前国内外有关表面褶皱工程的专著甚少。

　　二维材料,即二维原子晶体材料,是指厚度在单原子层到几个原子层厚度的层状结构材料。二维材料是近年来兴起的以石墨烯为代表一类全新材料体系。二维材料天生具有褶皱。热波动、边缘不稳定性、预应变释放、溶剂快速蒸发等因素都可能导致二维材料起皱。二维材料的本征褶皱是其为克服热力学涨落而自发采取的起伏行为。人为通过施加应力调控褶皱的形成,称为人工褶皱。研究表明,机械应变会强烈扰动二维材料的能带结构,从而可以通过机械变形来有效调节其光学、电学甚至化学特性。这为探索二维材料异质变形与新兴功能之间的耦合提供了新的机会。

　　根据基底形状不同,二维材料的人工起皱可分为平面起皱与曲面起皱。平面起皱相对简单,研究比较透彻,而曲面起皱由于增加了基底曲率这一变量,更加复杂。一方面曲面起皱的临界条件依赖于基底曲率的变化;另一方面所形成的表面褶皱形貌也可以通过改变基底曲率来调控。因此通过研究曲面双层体系的表面起皱,不仅可以更好地理解生物表面的起皱机理,还可以开发在不同几何形状的基底上制造微纳结构的简单方法。因此,二维材料的曲面起皱是值得深入研究的课题。

本书是国防科技大学分子科学研究团队在二维材料曲面起皱领域研究工作的总结,建立在谭银龙、宋嘉、李国臣、闫佳、巩晓凤、董其超等相关研究生学位论文工作基础之上,共分9章。第1章为表面褶皱概述,简述了表面起皱的基本模式及其机理;第2章与第3章分别探讨了二维材料的各向同性与各向异性收缩起皱工艺,分析了由其构筑的类大脑皮层、类泡桐树皮与类象鼻形貌;通过引入掩膜版等手段制造更宏观的周期结构后,第4章至第6章探讨了多种图案化褶皱工艺,分析了由其构筑的规则条纹、类玫瑰花瓣表面阵列、类大脑皮层表面阵列等多级褶皱图案;第7章至第9章分别表征了表面褶皱的表界面、力学、电学等性能,探索了其在柔性致动、液滴操控、应变传感、应力传感、气体传感、柔性电子、电磁屏蔽与吸收等领域的应用。

楚增勇负责全书的策划与最终完稿。谭银龙参与全部章节的撰写,巩晓凤参与第2章、第9章撰写,宋嘉参与第3章、第8章撰写,闫佳参与第3章撰写,李国臣参与第4章、第8章撰写,董其超参与第7章撰写。蒋振华、胡天娇、张冶、王清华参与全书文本修改与完善,王孝杰、王璟、李义和参与全书校对。

本书能够完成要感谢李效东教授、吴文健教授给予的悉心指导与大力支持,感谢胡碧茹、戴佳钰、冯坚、李公义、王春华、王珊珊、王兵等同志对相关科研工作的支持与成就,感谢国家自然科学基金(No.52073302、52103311、61574172、51073172)、湖南省杰出青年科学基金(No.14JJ1001)、国防科技创新特区、校自主科研和校预研重点等项目对相关科研工作的资助与支持,感谢湖南省科学技术奖励委员会的认可与鼓励。

本书主要是从工程的角度实验了二维材料在曲面上如何进行表面褶皱仿生构筑的问题,分析了其独特的性能与应用潜力,为二维材料的曲面起皱研究提供了一些探索性尝试。由于本书属于阶段性成果的总结,研究时间与研究水平有限,选用的二维材料种类不多,系统性不够完备,研究深度还有欠缺,只是希望通过本书的出版起到"抛砖引玉"的作用,吸引更多科技工作者的关注与支持,共同促进二维材料人工褶皱研究的深入与发展。作者也将通过本书的出版,进一步梳理研究思路,持续深化相关研究工作。

　　本书作为前沿与交叉领域的一点探索,有幸入选"国防科技大学迎接建校70周年系列学术著作"出版计划,感谢评审专家提出的宝贵意见与建议,感谢科学出版社的编辑们为本书出版付出的辛苦劳动。

　　鉴于作者的学识与水平有限,书中难免存在错误或不妥之处,敬请读者批评指正。

2023 年 5 月于长沙

目　　录

第一篇　绪　　论

第二篇　工艺与形貌

第三篇 性能与应用

第一篇 绪 论

第1章 表面褶皱概述

1.1 引言

　　褶皱本是指层状岩石在地质作用下形成的没有断裂的弯弯曲曲的形态,通常是在构造运动作用下产生的塑性变形的结果,是广泛存在的一种地质构造基本形态。一个弯曲称褶曲,一系列波状的弯曲变形就叫褶皱。表面起皱是自然界中普遍存在的现象,生物组织依此形成具有特定功能的褶皱结构,对于生物的生存和发展具有重要意义(图1.1)。

　　例如,作为人体与疾病斗争的"卫士",微米尺度的白细胞通过表面起皱提高细胞膜的变形能力,以应对其在包覆和吞噬病菌的过程中细胞体积的急剧变化[图1.1(a)][1,2];玫瑰花瓣表面的褶皱化乳突阵列,同时赋予花瓣超疏水和高黏附特性,使花瓣具有表面自清洁能力,又可以吸附液滴以保湿保鲜[图1.1(b)][3];亚毫米尺度支气管内壁起皱形貌,既可以增加气体交换面积,还可以为气体的输运提供动力[图1.1(c)][4];小肠环形皱襞上的多尺度绒毛结构,可使小肠吸收面积增大近600倍,使小肠成为人体消化吸收最重要的部位[5];作为神经系统最高级的部分,大脑皮层包含约140亿个神经细胞,高度折叠的沟回结构大大增加了大脑皮层的面积,对大脑功能的发挥起到了重要作用[图1.1(f)][6,7]。

　　生物表面起皱往往发生在具有层状结构的软组织表面的皮肤层,伴随着组织的生长和皮肤层面积的增大。而且,表面起皱的发生与生物组织的功能发挥密切关联[8]。生物表面自发形成的多功能精细褶皱形貌,吸引了来自力学、生物学、化学、物理学和材料科学等领域众多研究者的关注,他们致力于弄清表面起皱机理,模拟和仿生构筑表面起皱形貌,获得具有特定功能的褶皱结构。

　　虽然生物表面的起皱形貌受到多个因素的影响,包括遗传、生长发育、外界

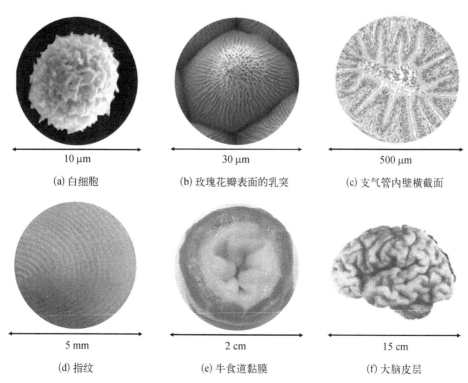

10 μm	30 μm	500 μm
(a) 白细胞	(b) 玫瑰花瓣表面的乳突	(c) 支气管内壁横截面
5 mm	2 cm	15 cm
(d) 指纹	(e) 牛食道黏膜	(f) 大脑皮层

图 1.1　自然界中生物表面典型的起皱形貌[1-7]

刺激等,但随着研究的深入,越来越多的研究结果表明,生长诱导应力在塑造生物组织表面起皱形貌中扮演着重要角色。Sharon 等[9]通过实验证实,茄子叶片在边缘局部生长引起的不均匀应力作用下,会自发弯曲成波浪状。Yin 等[10]模拟了类球形植物组织的表面起皱,分析表明,生长应力驱动的自组装在塑造生物形态过程中扮演重要的角色。Tallinen 等[11]在弹性半球表面涂覆软壳层,使用溶胀诱导的切应力模拟大脑皮层生长应力,成功构筑了具有沟回结构的类大脑皮层结构,进一步验证了应力在调控生物组织表面形态中的重要性。

　　道法自然,科学家提出一系列基于表面起皱的微构筑方法,并已经发展为一种普适的表面结构化方法。相较于传统的微加工方法,表面起皱具有适用材料广、设备门槛低和调控参数多等优势,可对微结构的拓扑形貌和特征尺寸进行有效的调控,已被用于柔性电子器件、细胞培养界面、可逆图案化、智能润湿表面、电磁屏蔽等领域[8]。

1.2　表面褶皱的形成机理

厘清表面起皱的力学机制,对于理解大自然中生物表面的起皱机理和仿生构筑多功能表面褶皱结构尤为重要。通过表面起皱的力学机制研究,可以获得具有针对性的力学模型和理论,为表面起皱的材料选择、方法工艺和结构调控提供理论指导和实验指南。本节从平面起皱和曲面起皱两方面,概括在不同的应力载荷下,表面起皱体系的常见模型、起皱机理和调控参数。

1.2.1　平面起皱机理

表面起皱既可以发生在组成均匀的软材料表面,也可以发生在双层或多层体系中。如图 1.2(a)所示,组成均匀的软材料被束缚在刚性基底表面,通过约束膨胀或体积增长,可在材料内部和表面诱发压应力,当表面压应力达到或超过临界值时,便会形成具有尖锐自接触底部的折痕(crease)[12-14]。折痕对表面缺陷高度敏感,因此很难在均质软材料表面控制折痕的形成[15],已有研究主要聚焦于薄膜/基底双层体系的表面起皱。对于由弹性基底和硬质薄膜构成的软硬双层体系,可以通过多种方式对薄膜施加压应力使其起皱,例如弹性基底预应变的释放、热收缩、溶胀等[16-20]。当薄膜中压应力足够大时,便会以表面起皱

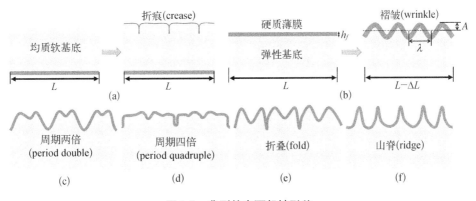

图 1.2　典型的表面起皱形貌

(a)均质软材料的表面起皱示意图;(b)薄膜/基底双层体系表面起皱示意图,h_f表示薄膜的厚度,A 和 λ 分别代表褶皱的振幅和波长;(c)~(f)几种典型的表面起皱形貌示意图:(c)周期两倍,(d)周期四倍,(e)折叠,(f)山脊

的形式释放整个体系的应力,从而形成新的平衡态。根据薄膜和基底之间的失配模量和失配应变,以及基底的预拉伸状态等,可以形成多种表面起皱形貌,包括褶皱(wrinkle)、周期两倍(period double)、周期四倍(period quadruple)、折叠(fold)、山脊(ridge)等。

通常使用力平衡和能量平衡两种策略来分析双层体系中薄膜的起皱。考虑牢固黏结在半无限基底上的弹性薄膜(平面应变条件),当薄膜受到的单轴压应力达到临界值时,就会触发褶皱的形成[图 1.2(b)]。假设形成褶皱的波形为正弦曲线形式,则薄膜中的压应力(F)可以通过薄膜与基底的模量(E)和泊松比(ν),以及薄膜厚度(h_f)和宽度(w)来描述[20]:

$$F = E_f \left[\left(\frac{\pi}{\lambda} \right)^2 \frac{w h_f^3}{3(1 - \nu_f^2)} + \frac{\lambda E_s w}{4\pi(1 - \nu_s^2) E_f} \right] \tag{1.1}$$

其中,E_f 和 ν_f 分别表示薄膜的杨氏模量和泊松比;E_s 和 ν_s 分别为基底的杨氏模量和泊松比;λ 表示褶皱波长。

褶皱的临界波长(λ_c)可以通过 $\mathrm{d}F/\mathrm{d}\lambda = 0$ 得到:

$$\lambda_c = 2\pi h_f \left(\frac{\overline{E_f}}{3\,\overline{E_s}} \right)^{1/3} \tag{1.2}$$

其中,$\overline{E_f} = E_f/(1 - \nu_f^2)$ 和 $\overline{E_s} = E_s/(1 - \nu_s^2)$ 分别为薄膜和基底的平面应变模量。

式(1.2)表明,表面褶皱的临界波长仅由薄膜与基底的模量比和薄膜厚度决定,在较软基底表面的硬质薄膜倾向于形成较大的褶皱波长。假设褶皱波长与施加的应变(ε)无关,则褶皱的振幅(A)可通过薄膜厚度 h_f、施加的应变和触发起皱的临界应变(ε_c)来预测:

$$A = h_f \sqrt{\frac{\varepsilon}{\varepsilon_c} - 1} \tag{1.3}$$

其中,$\varepsilon_c = (1/4)(3\,\overline{E_s}/\overline{E_f})^{2/3}$,仅取决于薄膜与基底的模量比。

从能量的角度来看,柔软基底表面硬质薄膜的起皱,也是硬质薄膜的弯曲能量和基底的形变能量之间寻求平衡的过程[21]。在足够大的面内压应力作用下,薄膜/基底双层体系通常以表面起皱的形式释放整个体系的能量,通过能量平衡策略所预测的临界波长和振幅与式(1.2)和式(1.3)相同。

然而,上述基于线性稳定性分析建立的力学模型,仅适用于在小变形下典型的褶皱形貌(wrinkle)。式(1.2)中,褶皱波长与基底的预应变无关;而实验表明,波长随着薄膜压缩应变的增加而减小[22]。因此,需要通过非线性分析来预测大变形下褶皱的波长和振幅。考虑起皱的薄膜受到外加应变($\varepsilon_{applied}$),Jiang等[22]提出了一种力学模型,用于预测有限变形下褶皱的波长和振幅,见式(1.4)和式(1.5),

$$\lambda = \frac{\lambda_c(1+\varepsilon_{applied})}{(1+\varepsilon_{pre})(1+\varepsilon_{applied}+\zeta)^{1/3}} \tag{1.4}$$

$$A = \frac{h_f\sqrt{(\varepsilon_{pre}-\varepsilon_{applied})/\xi_c-1}}{\sqrt{1+\varepsilon_{pre}}(1+\varepsilon_{applied}+\zeta)^{1/3}} \tag{1.5}$$

其中,λ_c为临界褶皱波长,ε_{pre}为基底的预应变,以及$\zeta=5\varepsilon_{pre}(1+\varepsilon_{pre})/32$。

式(1.4)和式(1.5)提供了在外加应变下褶皱波长和振幅的定量预测。然而,这种基于有限变形的力学模型依然仅适用于褶皱这一表面失稳模式。其他后屈曲起皱形貌的确定,需要基于更大变形下的非线性力学分析。

1.2.2 曲面起皱机理

圆柱体的表面失稳模式主要有两种:一种是不改变圆柱体中轴线的表面起皱;另一种是圆柱体的整体屈曲。本节主要介绍核壳圆柱体在承受不同载荷时的表面起皱情况。

对于半径为R的圆柱体,其表面覆盖一层厚度为t的薄膜,当$R/t \gg 1$时,可以将核壳圆柱体视为平面应变体系(图1.3)。随着薄膜和基底之间失配应变($\Delta\varepsilon$)的增大,当薄膜中的周向应力(σ)达到临界值时,以表面起皱的形式释放

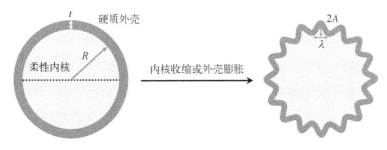

图1.3 核壳圆柱体表面起皱示意图

体系的能量[23-25]，预屈曲点薄膜中的压应力(σ_0)可描述为

$$\sigma_0 = \frac{E_{shell}E_{core}(2R^2 + 2Rt + t^2)\Delta\varepsilon}{2E_{core}(1 - \nu_{shell}^2)R^2 + [E_{core}(1 + \nu_{shell}) + E_{shell}(1 + \nu_{core})(1 - 2\nu_{core})](2Rt + t^2)}$$

(1.6)

式(1.6)表明，σ_0主要取决于基底曲率、失配应变和核壳模量比。核壳之间的失配应变可由外部刺激引起，包括热收缩、溶胀和体积生长等[26-28]。失配应变($\Delta\varepsilon$)可以通过壳和核的膨胀系数来计算，分别表示为α_{shell}和α_{core}。例如，在加热或冷却时，可通过$\Delta\varepsilon = |\alpha_{shell} - \alpha_{core}|\Delta T$来计算$\Delta\varepsilon$，$\Delta T$是温度变化。通过将核壳圆柱体简化为圆环基础模型(平面应变体系)，可以获得临界波长(λ_c)、临界应力(σ_c)和相应波数(n_c)的近似解[10,23]：

$$n_c = \left(\frac{R}{t}\right)^{\frac{3}{4}}\left[\frac{12E_{core}(1 - \nu_{shell}^2)}{E_{shell}(1 + \nu_{core})(1 - 2\nu_{core})}\right]^{\frac{1}{4}}$$

(1.7)

$$\lambda_c = \frac{2\pi R}{n_c} = 2\pi t\left(\frac{R}{t}\right)^{\frac{1}{4}}\left[\frac{E_{shell}(1 + \nu_{core})(1 - 2\nu_{core})}{12E_{core}(1 - \nu_{shell}^2)}\right]^{\frac{1}{4}}$$

(1.8)

$$\sigma_c = \left(\frac{t}{R}\right)^{\frac{1}{2}}\left[\frac{E_{shell}E_{core}}{3(1 - \nu_{shell}^2)(1 + \nu_{core})(1 - 2\nu_{core})}\right]^{\frac{1}{2}}$$

(1.9)

在式(1.7)~式(1.9)中，基底曲率在决定初始褶皱的形成和初始褶皱波长中起重要作用。与平面薄膜/基底双层体系相似，也可以通过压缩应变、临界应变和薄膜厚度来调控核壳圆柱体表面褶皱的振幅A，如式(1.10)所示。不同的是，用于触发圆柱体表面薄膜起皱的临界应变(ε_c)受到基底曲率的影响，且临界应变随曲率(t/R)的增加而增大，表明基底曲率延迟了薄膜的起皱，如式(1.11)所示。

$$A = t\left[\frac{2}{3}\left(\frac{\varepsilon}{\varepsilon_c} - 1\right)\right]^{\frac{1}{2}}$$

(1.10)

$$\varepsilon_c = \left[\frac{E_{core}(1 - \nu_{shell}^2)t}{3E_{shell}(1 + \nu_{core})(1 - 2\nu_{core})R}\right]^{\frac{1}{2}}$$

(1.11)

其中，R是圆柱形基底的半径，t表示壳层的厚度，A和λ分别表示褶皱的振幅和波长。

Yin 等[24]证明,在周向压应力下,光滑的核壳圆柱体表面起皱,可形成齿轮状褶皱形貌。Cao 等[29]研究了在壳膨胀或核收缩下核壳圆柱体的后屈曲形貌,他们发现,当变形(膨胀或收缩)远远超过表面起皱的临界值时,会促使褶皱形貌向折叠状态过渡,进而形成周期倍增的形貌。当核壳圆柱体受到轴向压缩时,壳层会屈曲为轴对称褶皱形态,然后由于曲率效应而转变为六边形失稳模式[30,31]。对于在圆柱体表面可滑动的软圆柱壳,Yang 等[32]通过实验和数值模拟验证了软壳在轴向压缩载荷下的多种失稳模式。随着轴向压缩应变的增大,光滑的壳层首先屈曲为褶皱形貌,然后一些褶皱转变为山脊,继续增加压缩应变,山脊可进一步演变成下垂的山脊。Zhang 等[33]通过有限元模拟研究了具有非均匀曲率的多层圆环面(tori)的起皱形貌演变,他们发现条纹图案倾向于在模量较低的核上形成,而六边形图案倾向于在较硬的核上形成,而由六边形和条纹组成的混合图案倾向于在具有中等模量的核上形成。由于曲率的非均匀性,在表面起皱初始阶段,圆环的内表面易形成条纹图案,而外表面易形成六边形图案,随着变形的增加,二者都转变为锯齿形和迷宫形图案。

当圆柱体的长度等于或小于圆柱体的直径时,这类核壳圆柱体近似满足平面应变条件。Zhao 等[34]报道了一系列三维(3D)相图,用于预测不同曲率薄膜/基底体系的表面起皱形貌演变。当结合在刚性圆柱体上的软壳层经历体积增长载荷时,倾向于形成折痕形貌;而黏结在柔性圆柱体表面的硬质壳层往往会形成褶皱,根据核壳材料性质和基底曲率的不同,褶皱会进一步转变为周期两倍、折叠和山脊等形貌[34-37]。通过将核壳圆柱体简化为二维(2D)圆环问题,同时考虑基底曲率和有限尺寸,Lagrange 等[38]提供了一种求解圆环中周向应力的方法,并根据无量纲的厚度和刚度比,确定了两种类型的失稳模式,包括环的局部起皱和整体屈曲。在这种简化的 2D 核壳体系中,他们的分析表明,起皱的临界应力并不显著取决于基底曲率。

在许多情况下,由多个软层构成的管状生物组织可演变为多种起皱形态,研究表明,管状组织的表面起皱与平滑肌收缩、外部机械负荷和受约束的组织生长高度相关[39-44]。Li 等[42]模拟了限域生长条件下管状黏膜层的起皱形态演变,结果表明,当黏膜的连续生长远远超过起皱阈值时,褶皱会演变为周期两倍形态。当管状组织的体积生长不均匀时,由于生长引起的不均匀应力可能会形成局部褶皱。

球体是一种曲率恒定的曲面基底,考虑一个半径为 R 的软球,该球覆盖有厚度为 t 的各向同性的壳体。随着核与壳之间的失配应变的增加,可以在壳中

产生等双轴应力,通过式(1.12)可以预测壳在预屈曲点处的压应力[43]:

$$\sigma_0 = \frac{E_{shell}E_{core}(3R^3 + 3R^2t + 3Rt^2 + t^3)\Delta\varepsilon}{3E_{core}R^3(1-\nu_{shell}) + E_{core}(1+\nu_{shell})(3R^2t + 3Rt^2 + t^3) + 2E_{shell}(1-2\nu_{core})t(3R^2 + 3Rt + t^2)}$$

$$(1.12)$$

类似核壳圆柱体,式(1.12)表明,核壳球体的表面起皱主要取决于核壳模量比和曲率。随着壳层中过应力的增加或基底曲率的变化,可在核壳球体表面诱导形成丰富的表面起皱形貌[45-48]。由于核壳球体表面后屈曲形貌的理论分析十分困难,大多数后屈曲分析研究主要基于数值模拟和实验方法。

在许多具有核壳结构的类球形植物表面,可以观察到多样的起皱形貌,例如甜瓜、脊瓜、小南瓜、脱水花粉粒和脱水豌豆[45,49-51]。Yin 等[49]基于弹性壳理论,分析了多种类球形核壳结构的表面起皱模式,并通过有限元模拟再现了许多水果和蔬菜的表面起皱形态。他们发现,椭球形核壳体系的表面起皱主要取决于三个无量纲参数:有效尺寸/厚度比、赤道半径/极半径比和核壳模量比。Li 等[45]通过理论分析和非线性数值模拟研究了核壳球体的表面起皱和后屈曲形态。核壳球体首先各向同性地收缩,然后在收缩率达到阈值时突然屈曲为周期性的酒窝状图案,以释放壳层中的压应力。随着收缩率的进一步增加,酒窝状图案演变成由规则五边形和六边形组成的图案。之后,足够大的收缩率会触发褶皱向折叠状态的过渡,酒窝状图案会完全转变为迷宫图案,从而释放更多的弹性应变能。进一步分析表明,由内部核收缩引起的褶皱向折叠的形态转变也是核壳体系求寻能量最小化的过程。

虽然已经实现了具有恒定曲率曲面起皱形态演化的模拟,但仍需简单而通用的理论模型,以及更有效的数值方法来描述和预测具有非均匀曲率表面的起皱和形貌演化规律[52,53]。

与曲率为零的平面基底相比,曲面起皱具有一些独特性:

(1)当其他参数恒定时,曲面起皱的临界应变随曲率增加而增加,黏结在具有较小曲率基底上的薄膜更容易发生表面起皱。Jia 等[54]从理论上证明,与平面基底相比,曲率延迟了生长诱导的表面起皱。Breid 等[46]发现在膨胀引起的压应力下,具有较大半径的 PDMS 球体表面更易起皱,而在具有较小半径的球体上难以形成褶皱。

(2)起皱形貌在很大程度上取决于基底曲率。以核壳球体为例,随着有效半径 R/t 的增加,六边形图案首先形成,然后通过双稳态模式转变为迷宫图案。

除了壳层厚度、核壳模量比和失配应变外,基底曲率已被证明是能够控制表面起皱的另一个重要参数[55-57]。

（3）平面基底的形变主要为单向或双向拉伸（压缩）,相比之下,曲面双层体系具有更为丰富的形变模式,包括切向压缩、轴向拉伸和法向位移,多样的变形模式赋予曲面起皱更丰富的形貌演化,也使得可以在多种几何形状的曲面基底上构筑新颖的起皱图案。

（4）与平面基底上的二维薄膜不同,曲面基底既可以是实心的,也可以是空心的,从而丰富了构筑工艺和褶皱图案的形貌。

如表 1.1 所总结,在自然界中,不仅在实心球体、圆柱体和圆锥体的表面上观察到起皱图案,而且在空心球体和管状结构的内外表面上都观察到了起皱形貌。大量的理论分析和数值模拟表明,基底曲率在塑造生物形态方面具有重要意义,例如大脑皮层的发育、消化道黏膜的折叠和植物组织表面的纹理化[58-60]。

表 1.1　自然界中观察到的典型曲面起皱图案以及相应的仿真模拟研究

生物组织	几何形态	图案	波长/m	核/壳材料	压应力	模拟	文献
大脑	球形	折叠	10^{-2}	大脑皮层	生长应力	是	[11,58]
青豆	球形	褶皱、山脊	10^{-3}	内核/表皮	脱水收缩	是	[45]
仙人掌	柱形	山脊	10^{-2}	果肉/表皮	生长应力	是	[35]
莲雾	锥形	褶皱	10^{-3}	果肉/表皮	生长应力	是	[10]
手指尖	球形和柱形	褶皱	10^{-3}	真皮/表皮	溶胀	是	[61]
胃	中空椭球	折痕	10^{-3}	肌肉/黏膜	生长应力	是	[59]
肌动脉	柱形管	周期两倍	10^{-3}	肌肉/黏膜	生长应力	是	[35]
输精管	柱形管	山脊	10^{-4}	肌肉/黏膜	生长应力	是	[35]
结肠	柱形管	折痕	10^{-2}	肌肉/黏膜	生长应力	是	[35]
牛食道	柱形管	折痕	10^{-3}	肌肉/黏膜	生长应力	是	[62]
呼吸道	柱形管	褶皱	10^{-3}	肌肉/黏膜	生长应力	是	[62]
细菌	球形和柱形	褶皱	10^{-7}	细胞质/细胞膜	渗透压	是	[63]
玫瑰花瓣	锥形	折叠	$10^{-8} \sim 10^{-5}$	果肉/表皮	生长应力	否	[3]
小肠	柱形管	折叠	$10^{-6} \sim 10^{-3}$	肌肉/黏膜	生长应力	是	[64,65]
支气管	柱形管	褶皱	$10^{-4} \sim 10^{-2}$	肌肉/黏膜	生长应力	是	[4,35]
南瓜	类球形	山脊	10^{-2}	果肉/表皮	生长应力	是	[10]
哈密瓜	类球形	褶皱	10^{-3}	果肉/表皮	生长应力	是	[10]

综上所述,基底曲率在表面起皱中的重要性主要体现在三个方面:① 曲面起皱的临界条件依赖于基底曲率的变化;② 通过调控基底曲率,可以实现表面起皱形貌的有效调控;③ 通过研究曲面双层体系的表面起皱,不仅可以更好地理解生物表面的起皱机理,还可以开发在不同几何形状的基底上制造微结构的简单方法。

1.3 表面褶皱的起皱模式

对表面起皱的力学机制进行深入的研究后发现,表面起皱的发生和形貌演化可以通过多种参数进行调节,包括薄膜与基底的模量比、基底预拉伸应变、薄膜厚度、应力施加的方式和顺序等。因此,可以根据实际需要选择合适的构筑参数,获得特定的起皱形貌。由于丰富的调控手段和多样的起皱形貌,表面起皱已经发展为一种低成本、高效率的微纳构筑方法。

在过去的几十年里,科学家对平面起皱进行了广泛而深入的研究,包括平面起皱的机理研究,以及通过平面起皱构筑功能结构。然而,在自然界中生物组织表面观察到的起皱形貌,大部分是基于曲面基底,而曲面起皱研究主要集中于理论和仿真模拟,实验室仿生构筑仍然很薄弱。曲面起皱研究对于帮助我们弄清自然界中生物表面起皱形貌的形成机制,以及研发更高维度(3D 或 4D)微纳结构的低成本构筑方法具有重要意义。本节在简要介绍平面起皱相关研究后,详细总结基于曲面起皱的微纳构筑方法研究进展。

1.3.1 平面起皱模式

如图 1.4 所示,根据起皱材料组成的不同,可以将平面起皱分为三大类:

(1)由弹性模量较高的刚性薄膜和模量较低的柔性基底构成的双层体系。硬质薄膜/弹性基底双层体系具有明显的分层结构,而且薄膜和基底之间具有一定的模量差异。

(2)具有梯度模量变化的渐变型基体。渐变型基体是指弹性模量由表及里逐渐变化的高分子材料。

(3)各向同性的均质基体。同质基体一般多为高分子胶体,其对温度和溶剂特别敏感,可利用其溶胀和去溶胀时体积的急剧变化实现表面起皱[66]。与薄膜/基底双层体系相比,基于渐变型基体和均质基体的表面起皱研究相

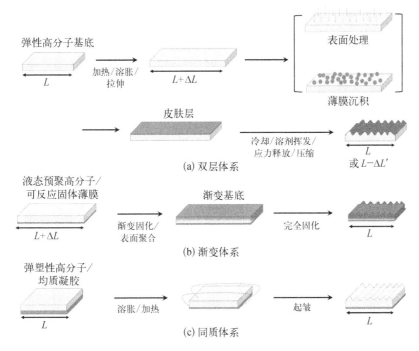

图 1.4　三种不同的平面起皱模式

对较少。

表 1.2 总结了平面起皱的一般方法。平面起皱具有以下特点：

（1）表面起皱前驱体。前驱体可以是组成不同的层状体系，也可以是具有梯度变化的渐变体系，还可以是各向同性的均质体系。以往研究主要集中于薄膜/基底双层体系的表面起皱。

（2）表面起皱的诱因。对于薄膜/基底双层体系和渐变体系，由于材料表面和内部模量的不同，在压缩载荷下，易形成失配应变，引起表面起皱。对于各向同性的均质体系，通过约束膨胀或体积生长，导致内外应力失衡，也可以触发表面起皱。

（3）表面起皱形貌调控。虽然对于不同的起皱体系，形貌调控方式有所不同，但是形貌调控的本质是相似的，即通过改变外界刺激（如应力、应变、温度、溶剂、光线等），调控薄膜与基底的模量比、基底预拉伸应变、薄膜厚度、应力施加的方式和顺序等。

表 1.2 基于平面起皱的图案化方法

体系	构筑前体	处理方式	失稳原因	调控因素	文献
层状体系	PDMS、PS、金属薄膜/基底	等离子体、紫外臭氧	预应变释放、加热/冷却、溶胀/去溶胀	热处理时间、应力方向、应变释放顺序和速度	[67-69]
	光固化涂层/基底	紫外光/加热	内外收缩不均匀	薄膜厚度、紫外照射时间	[70]
	层层自组装膜/基底	加热	溶胀/去溶胀	层层自组装膜厚度	[71]
渐变基底	巯基—烯弹性体	紫外光/加热	热膨胀、预应变释放	紫外光照射时间、氧气扩散深度	[72]
	光交联预聚高分子	可见光、紫外光	内外收缩不均匀、去溶胀	光照时间、光交联速率	[73]
均质基底	均质高分子凝胶	—	溶胀或去溶胀诱导的剧烈体积变化	调控难度较大	[12]

在平面起皱体系中,形变方式较为单一(主要为轴向应变),因此,在单一变形模式下获得的表面起皱形貌也相对简单。通过双向拉伸或增大基底预应变,可以构筑一些简单的多级起皱形貌。对于复杂多尺度表面起皱形貌的构筑,往往需要多次薄膜转移,或多次施加压缩载荷,不利于起皱形貌的精确调控。

1.3.2 曲面起皱模式

根据曲面基底的几何形状,曲面起皱体系可以分为两大类(图 1.5):

(1) 覆盖有皮肤层的实心曲面基底;

(2) 在内表面或外表面具有皮肤层的中空基底。

根据壳层和基底的弹性模量比,还可以进一步细分为具有硬质壳层的柔软基底,以及具有柔软皮肤层的硬质基底。对于中空核壳体系,皮肤层可以在中空基底的外表面,也可以在中空基底的内表面。

对于大多数情况,核壳结构的形成,以及壳层中足够大的压应力是生物组织表面起皱的两个必要条件。类似地,也可以通过构筑具有失配模量的核壳结构,然后施加外部刺激诱导核壳体系表面起皱,在曲面基底上构筑起皱图案。

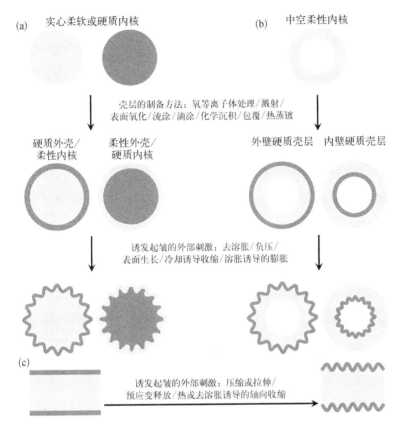

图 1.5　典型的基于曲面起皱的结构化方法

(a) 具有皮肤层的实心核壳体系;(b) 具有皮肤层的中空基底;
(c) 在核壳圆柱体上构筑环节型起皱形貌

如图 1.5 所示,用于制备核壳结构的方法包括化学方法和物理方法,例如:氧等离子体表面处理、表面化学氧化、化学气相沉积等化学途径[74],以及金属溅射、浸涂、机械包裹等物理工艺[75-79]。

通过对制备的核壳结构施加外部刺激来触发表面失稳,可以在曲面上形成褶皱图案,例如:加热/冷却、拉伸/释放、充气/放气、溶胀/去溶胀等刺激[46,77-80]。对于核壳圆柱体,轴向压缩对于构筑多功能环节状起皱图案非常重要[图 1.5(b)][81]。

对于由弹性模量不同的壳层和基底组成的核壳双层体系,内部基底的收缩和外部壳层的膨胀都可能诱导内外应变的不匹配,从而在壳层中引起压应力,当压应力达到临界值时,核壳双层体系便会以表面起皱的形式释放整个体系的势能。例如：脱水诱导的豌豆表面起皱，生长应力诱导的大脑皮层折叠。Li 等[82]通过热蒸发在 Ag 微球上制备了无机 SiO_2 壳层，由于核壳之间热收缩系数的巨大差异，通过冷却核壳微球在壳层中形成压应力，进而形成三角形和斐波那契数图案。Cao 等[48]重复了该实验，通过改变微球的半径，可观察到三角形和迷宫图案。然而，由于有限的失配应变，在 SiO_2 包覆的 Ag 微球表面，未观察到折叠和山脊等起皱形貌。

核壳球体的不均匀溶胀或体积增长也会诱导壳层内压应力的形成，进一步触发曲面起皱。以大脑皮层折叠为例，可以观察到大脑的径向和横向扩展，以及各种类型的神经胶质细胞的分化、增殖和迁移。根据分化生长理论，当皮质层的生长速度快于内层时，可以在皮质层中诱发压应力[83,84]。大量数值模拟和实验研究表明，核壳结构的不均匀膨胀在大脑皮层的形貌演化中具有重要意义[85]。例如，Tallinen 等[11]发明了一种通过溶胀核壳半球来模拟大脑皮层形态演化的简便方法。

与各向同性的核壳球体不同，各向异性柱状壳层中的压应力可以是周向的，也可以是轴向的，在不同的压缩载荷下会诱发不同的表面起皱图案[86-88]。以聚氨酯圆柱体作为核，聚氯乙烯薄膜作为壳层，可通过脱水引起的周向压应力构筑齿轮状褶皱结构，而且齿数可以通过改变核壳模量比和基底曲率来调控[24]。

与实心核壳体系相比，由弹性体构成的中空球体和管状结构的膨胀和收缩可以通过充放气实现，通过改变中空基底的内外压差，可以调节壳层中的压应力。对于具有厚壁（≥10 mm）的中空弹性体，直接从腔体中抽出空气是在壳层中产生均匀压缩的有效方法，当压应力足够大时，便会触发表面起皱。Stoop 等[47]提出一种普适性理论，以描述弹性双层体系曲面起皱形貌的演化规律。他们发现，在恒定的过应力下减小曲率或在恒定的曲率下增大过应力时，六边形褶皱形貌会逐渐转变为迷宫型折叠图案。随着曲率（h/R）的减小或过应力的增加，具有厚壁的中空基底表面硬质薄膜的起皱形态演变与实心核壳体系相似。不同的是，壳层可以结合在中空基底的内壁或外表面上。具有薄壁的中空基底能够通过充放气过程提供较大的变形，从而在巨大的失配应变下实现高压缩比起皱图案的构筑。

在自然界中，表面具有褶皱图案的微结构是普遍存在的，例如，玫瑰花瓣表面具有纳米折叠的乳突阵列，猪笼草叶片表面的山脊状锥体阵列。这些美丽的褶皱化微结构，在调节生物表面的润湿特性中起着重要作用。基于表面失稳的可控起皱适用于各种微结构的表面图案化，例如，微柱、微球、微锥、微孔和其他复杂的微体系结构[89-91]。

Li 等[89]结合光刻和可控起皱,构筑了一系列面内和面外褶皱化微结构。对聚(乙二醇)二丙烯酸酯(PEG - DA)预聚物进行选择性曝光,可获得不同几何形状的微体系结构,然后通过控制氧气扩散,在固化的微结构表面制备部分固化的聚合物层,之后通过等离子体处理可诱导微结构的表面起皱,最终获得褶皱化的微体系结构。通过调整掩膜板的形状和尺寸或更改曝光时间,可实现多种微结构的表面起皱,包括微孔、微柱、微锥,以及迷宫和围栏。这些结果表明,可控起皱是微结构表面纳米图案化,以及制备多级结构的一种强大工具,在4D 打印、仿生工程和人造器官中具有广阔的应用前景[92]。

材料的选择、核壳结构的形成,以及用于引起表面起皱的外部刺激,对于在曲面基底上构筑褶皱结构都具有重要影响。表 1.3 总结了在不同曲面基底上构筑褶皱结构的主要方法、关键参数,以及这些褶皱结构的潜在应用。

表 1.3　在曲面基底上构筑褶皱图案的主要方法和参数及这些褶皱图案的应用

核壳体系	基底材料	壳层材料	基底半径	壳层厚度	壳层形成	外部刺激	褶皱形貌	潜在应用	文献
具有硬质壳层球体	PS	Pt	0.2~5 μm	2~13 nm	溅射	溶胀	酒窝状、迷宫图案	光学调控	[75]
	Ag	SiO₂	2~8 μm	≈150 nm	热蒸发	冷却			[48]
	PDMS	SiO$_x$	4~15 μm	—	化学氧化	去溶胀			[28]
	PDMS	SiO$_x$	5~60 μm	12~13 nm	等离子体	去溶胀	酒窝状、人字形、迷宫图案	—	[27]
	PDMS	Cr	15~300 μm	25~75 nm	溅射	冷却		摩擦力调控	[76]
	PDMS	PDMS	≈11 mm	0.3~1.2 mm	表面聚合	溶胀	类大脑皮层图案	—	[11]
具有硬质壳层圆柱体	PAN	BN	3~8 μm	≈31 nm	CVD	加热	环状褶皱	表面润湿调控	[26]
	莱卡纤维	SEBS/AgNWs/CNTs	≈15 μm	—	旋涂	预应变释放	自接触折痕	水下可穿戴电子器件	[86]
	PU	AgNWs	≈50 μm	6±4 μm	刷涂	预应变释放	自接触折痕	压电纤维	[87]

续　表

核壳体系	基底材料	壳层材料	基底半径	壳层厚度	壳层形成	外部刺激	褶皱形貌	潜在应用	文献
具有硬质壳层圆柱体	SEBS	CNTs	20~225 μm	≈10^2 nm	机械包覆	预应变释放	多尺度隆起	可穿戴电子器件	[88]
			≈1 mm						[81]
	SEBS	CNTs/橡胶	2 mm	≈160 μm	喷涂和机械包覆	预应变释放	自接触折痕	应变传感器	[79]
	PU	PVC	6~13 mm	50 μm	黏附	脱水	类齿轮褶皱	—	[24]
中空球体	放线菌素	脂质单层膜	≈8 μm	—	封装	收缩	褶皱	—	[93]
	乳胶	GO	2~15 cm	0.2~2.5 μm	浸涂	放气	类大脑皮层折叠	致动器	[77]
		CNTs	2~15 cm	≈10^2 nm	黏附	放气	多尺度山脊	可充气电子器件	[94]
中空圆柱体	硅橡胶	N型派瑞林	≈1 mm	≈2 μm	CVD	拉伸/释放	高深宽比山脊	—	[74]
	乳胶	GO	0.8~5 cm	50~420 nm	浸涂	放气	多尺度山脊	可穿戴电子器件	[78]
微体系结构	细菌	石墨烯	≈0.5 μm	2.5~3 nm	物理沉积	加热、抽真空	起皱棒状体	—	[90]
	PEG-DA	PCP	10~60 μm	—	聚合	等离子体	褶皱化微结构	细胞培养	[89]
	PDMS	Ag	≈5 μm	20~200 nm	化学沉积	去溶胀	起皱柱体	压力传感器	[91]

通常选择对机械、热和化学刺激敏感的弹性聚合物作为基底材料,根据基底材料的性质,壳层材料可以是聚合物、金属和新型碳材料。核壳结构可通过表面处理、化学气相沉积、溅射、机械包覆、浇筑等工艺获得。

诱导薄膜起皱的外部刺激一般都是成对出现,包括加热/冷却、溶胀/去溶胀、拉伸/释放和充气/放气等。通过控制核壳模量比、基底曲率和失配应变等参数,可以获得多种多样的起皱图案,包括酒窝状阵列、人字形图案、迷宫形折叠,以及多尺度微体系结构,这些起皱结构在柔性电子器件、表面润湿调控、细胞培养界面和致动器等领域具有广泛的应用。

1.4　二维材料的类型及其特点

　　二维材料(二维原子晶体材料)是一类新兴的材料,是指厚度在单原子层到几个原子层厚度的层状结构材料。在层内,原子间通过较强的共价键连接;而在层间,原子间仅存在较弱的范德华力相互作用。在二维平面内,电子可以自由移动;但在垂直于平面的方向,电子运动由于量子因禁效应而受限。相比于块体材料,低维材料通常具有良好的力学柔韧性,并表现出敏锐的结构—电子响应关系,因此可以通过结构变形对材料电子性质进行有效调控。

　　二维材料的家族目前已经十分庞大,石墨烯(graphene)是其中最早、最典型代表。起皱是二维材料常见的现象。石墨烯本身具有优异的导电性、超高的机械强度和可调的光学性能,通过石墨烯薄膜的表面起皱,可以引入新的性能,获得具有优异性能的三维石墨烯材料。本节主要简单介绍二维材料的组成、基本结构和独特性质,并展望二维材料褶皱结构的应用。

1.4.1　石墨烯及其衍生物

　　石墨烯是一种具有原子层厚度的碳材料,如图 1.6(a)所示,由 sp^2 杂化的碳原子互连而成,整体呈蜂窝状结构,相邻碳原子之间的键长为 0.142 nm,石墨烯可以看成是从石墨中剥离出来的单层准二维薄膜[95,96]。根据朗道的理论计算结果,由于热力学不稳定性,完美的二维晶体是不存在的。Meyer 等[97]通过实验发现,石墨烯并不是规整的二维晶体,而是呈褶皱状态[图 1.6(b)],从实验上验证了石墨烯稳定存在的原因。Fasolino 等[98]发现热涨落的因素可以使得石墨烯表面自发的存在波纹,其波纹的高度约为 8 nm,研究证明石墨烯表面褶皱与C—C 键的柔性有关,理论上 C—C 键长度为 0.142 nm,然而实际中其键长约为

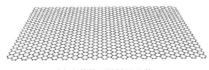
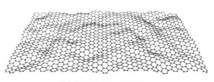

(a) 完美的石墨烯2D晶体　　　　　　(b) 起伏的褶皱石墨烯

图 1.6　石墨烯的结构示意图

0.130 nm 到 0.154 nm，键长受到了不同程度的压缩和拉伸。

石墨烯的性质取决于其独特的结构。在平行于相互连接的 sp² 杂化碳原子方向，可形成大 π 键，电子在大 π 键内可自由移动，从而赋予石墨烯超高的面内载流子迁移率[99]。由于石墨烯只有原子层厚度，石墨烯展现出超高的光透过率，单层石墨烯对白光的透过率高达 97.7%，双层石墨烯的透过率高达 95.4%[100]。碳原子丰富的成键形式，赋予碳材料家族多变的力学性能，例如，硬度超高的金刚石，超润滑石墨，以及超韧碳纳米管等。由 sp² 杂化碳原子通过六元环连接而成的石墨烯，展现出优异的力学性能，其拉伸强度达 130 GPa，杨氏模量可达 1 TPa[100]。此外，石墨烯还具有良好的导热性（优于碳纳米管）和优异的化学稳定性[101]。

石墨烯材料的制备方法可分为自下而上法、自上而下法两大类。自上而下法是从层状石墨晶体分离出单层石墨烯，制备方法包括机械剥离法、化学氧化还原法、碳纳米管剥离法等；自下而上法是从原子、分子生长得到单层石墨烯，制备方法包括晶体外延生长法、化学气相沉积法、有机合成法等。

对石墨进行氧化剥离，即可制得多层、少层，甚至单层的氧化石墨烯（graphene oxide，GO）。Hummers 法是最常用的制备氧化石墨烯的方法，即在酸性条件下利用强氧化剂对石墨进行氧化，降低石墨片层之间的范德华力，进一步超声剥离可得 GO 分散液[102]。通过氧化，可在石墨片层内部和边沿引入多种含氧基团，基团种类和含氧量与制备条件紧密关联[103]。为了对 GO 的结构进行描述，研究人员针对 GO 的官能团提出了多种模型。其中，Lerf‐Klinowski 模型被认为是描述 GO 结构最为准确的模型之一（图 1.7）[104,105]。根据此模型，GO 主要由共轭区域和缺陷区域组成，原子空位或官能团的引入是缺陷区形成的主要原因。骨架碳原子被氧化后，可能以小分子的形式脱离并形成原子空位，也可能原位形成含氧官能团。一般，羧基基团分布在氧化石墨烯的边沿，其他基团分布在面内。

GO 表面丰富的含氧官能团，使其可以很好地分散在多种极性溶剂中，有利于 GO 的储存和后续应用[106-108]。此外，通过对这些官能团进行还原、改性或接枝，可以调控 GO 表面的化学活性和表面润湿特性。与石墨烯相比，GO 的杨氏模量和断裂强度大大降低，因此具有更加柔性的片层结构[109]。共轭结构的破坏使 GO 呈现出绝缘性，通过还原去除含氧官能团，可以获得导电性良好的还原氧化石墨烯（reduced graphene oxide，RGO），常用的还原方法包括化学还原和热还原[110]。GO 在多种极性溶剂中具有良好的分散性，均匀的 GO 分散液在亲水

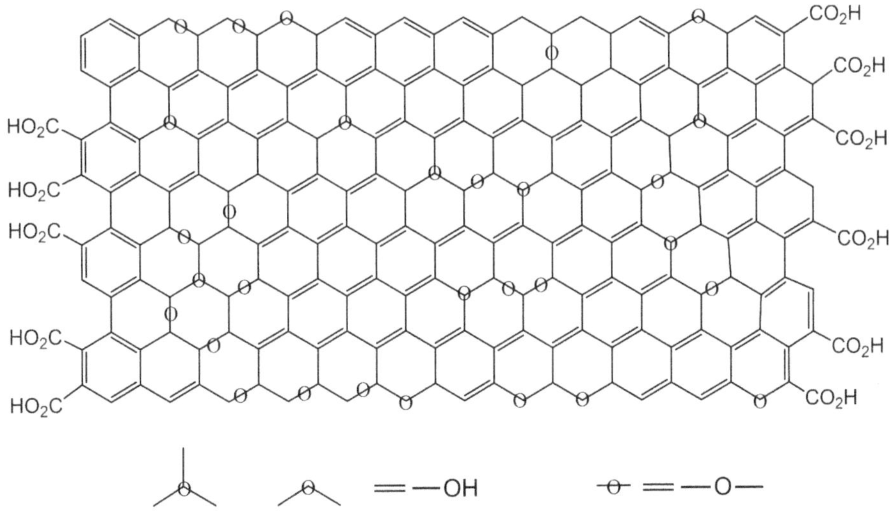

图 1.7 氧化石墨烯的结构示意图[105]

基底表面可以很好地铺展成膜,GO 与基底之间易形成氢键,可以进一步增强界面相互作用。此外,在水等特定溶剂中,当 GO 浓度达到一定临界值时,溶剂化的 GO 会形成液晶,液晶相 GO 已被广泛用于 GO 的宏观自组装,包括: GO 纤维、GO 薄膜、三维 GO 宏观组装体[111-113]。

除石墨烯及其衍生物 GO、RGO 外,与石墨烯最相近的二维碳材料的还有石墨炔。1968 年著名理论家 Baughman 通过计算认为石墨炔结构可稳定存在,但是直至 2010 年,李玉良院士课题组才在制备方面取得重要突破,成功地在铜片表面上通过化学方法合成了大面积的石墨炔薄膜[114]。

作为一种碳新型同素异形体,石墨炔是由苯环和碳炔构成的全碳材料;但与石墨烯不同,石墨炔中的碳不仅含有 sp^2 杂化型碳(苯环上的),还含有 sp 杂化碳(炔键的)。图 1.8 所示的石墨炔是由单炔、双炔、三炔等炔键将苯环共轭连接形成二维平面网络结构。石墨双炔是目前为止唯一在实验室制备得到的,额外的炔键单元使这种石墨炔的孔径增加到大约 0.25 nm。石墨炔薄膜的半导体性质与硅相近,可作为硅的重要替代品,应用于电子、半导体和材料领域。石墨炔独特的纳米级孔隙、二维层状共轭骨架结构及半导体性质等特性,使之在能源、电化学、光催化、光学、电子学等诸多领域优势显著。

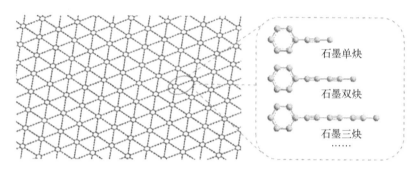

图 1.8　石墨炔的化学结构

1.4.2　碳纳米管薄膜

碳纳米管(carbon nanotube，CNT)，又名巴基管(Buckytube)，可以看作是由石墨烯片卷曲而形成的无缝中空管体，是一种一维(1D)材料。按照石墨烯片的层数不同，碳纳米管分单壁碳纳米管或称单层碳纳米管(single-walled CNT，SWCNT)、多壁碳纳米管或称多层碳纳米管(multi-walled CNT，MWCNT)。多壁碳纳米管层与层之间的距离约为 0.34 nm，层与层之间很容易捕获各种缺陷，因而多壁管的管壁上通常布满小洞缺陷。与多壁管相比，单壁管直径大小的分布范围小、缺陷少，具有更高的均匀一致性。单壁管典型直径范围为 0.6~2 nm，多壁管典型直径范围为 2~100 nm。

碳纳米管力学性能优异，杨氏模量很高(1 TPa)，拉伸强度很高(300 GPa)，在弯曲情况下不容易损坏，被认为是构造"宇宙天梯"的理想材料[115]。根据碳六边形沿轴向的不同取向，可以将其分成锯齿形、扶手椅形和螺旋形三种。其中螺旋形的碳纳米管具有手性，而锯齿形和扶手椅形碳纳米管没有手性。根据碳纳米管的结构不同，其比表面积可以高达 1 300 m^2/g，热导率达 3 500 W·m/K，电导率达 10^5 S/m，是非常理想的导电、导热添加剂[116,117]。

碳纳米管常用的制备方法主要有：电弧放电法、激光烧蚀法、化学气相沉积法(碳氢气体热解法)、固相热解法、辉光放电法、气体燃烧法及聚合反应合成法等。目前碳纳米管已经实现批量化制备，为工业化应用奠定了基础。

碳纳米管薄膜，又名巴基纸(Buckypaper)，是由碳纳米管组装形成的宏观薄膜结构，性能与碳纳米管构型、取向、缺陷程度、长径比等相关。碳纳米管薄膜可以看作一种特殊的二维材料，具有很好的力学性能、电学性能和独特的导热性能,化学性质稳定,是未来可预知的将被广泛使用的新兴材料之一。碳纳米管薄膜可应用于导电塑料、半导体器件、轻质高强复合材料、宽频段轻质电磁屏蔽、冲击防护、智能器件等领域[118-121]。图 1.9 展示了碳纳米管结构。

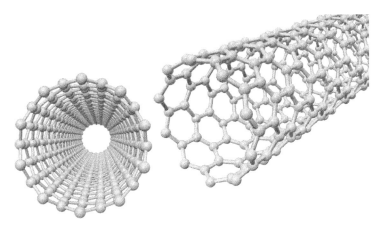

图 1.9 碳纳米管

1.4.3 非碳二维材料

二维材料是伴随着 2004 年曼彻斯特大学 Geim 小组成功分离出单原子层的石墨烯而提出的。后续又有一些其他的二维材料陆续被分离出来,如六方氮化硼(h - BN)、硼碳氮(BCN)、石墨相氮化碳(g - C₃N₄)、二硫化钼(MoS₂)、二硫化钨(WS₂)、二硒化钼(MoSe₂)、二硒化钨(WSe₂)、MXene 材料、黑磷烯(black phosphorene,BP)等[122]。图 1.10 为二维材料家族图谱。

六方氮化硼(h - BN)与硼碳氮(BCN):h - BN 是石墨烯的等电子体,也呈六元环结构,但与石墨烯性质迥异[123]。最典型的是在电学方面,石墨烯导电性能优异,而 h - BN 绝缘性能极佳,广泛应用于航天器燃烧室衬里、保护套及热屏蔽材料。其次,在热学方面,h - BN 导热性能好,耐热性强,最高可耐 3 000℃的高温。另外,在电磁波方面,h - BN 透波率高,是雷达窗口材料及战机隐身材料的首选。由于 h - BN 与石墨烯的结构相似性,引入 C 后形成的六方 BCN,性质介于石墨和 h - BN 之间,是半导体,且其禁带宽度和半导体性能具有可调性。通过改变化合物的化学组分和原子环境,可以得到从半金属到绝

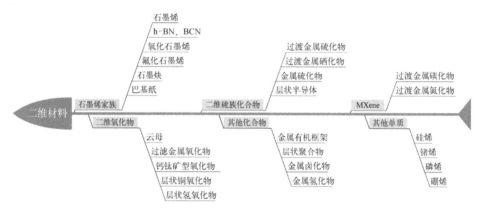

图 1.10　二维材料家族图谱

缘体、能带间隙连续可调的 BCN 半导体新材料,从而使其具有可调的光、电、热学性能[124-126]。

二硫化钼(MoS$_2$):一种典型的过渡金属硫化物二维材料,S 和 Mo 原子间有较强的共价键,结构稳定[127-129]。MoS$_2$ 半导体具有气敏性能,吸附不同气体分子时导电性能不同,加之比表面积大,适用于高性能气体传感器[130,131]。此外,MoS$_2$ 可修饰性强、生物相容性高,在生物传感分析和医学检验检测领域具有广泛应用潜力。

黑磷烯(BP):黑磷烯是单原子层厚度的黑磷[132,133]。黑磷是具有类似石墨结构的磷的同素异形体。黑磷烯呈半导体性质,具有优良的电子迁移率[约 1 000 cm^2/(V · s)],还有很高的漏电流调制率[134]。黑磷烯半导体的带隙是直接带隙,电子只需要吸收光子即可从非导体变为导体,因此黑磷烯是未来光电器件的良好候选材料,可以响应整个可见光到近红外区域的光谱。

MXene:MXene 为二维过渡金属碳化物和/或氮化物,是由 MAX 相处理得到的类石墨烯结构[135]。MAX 相的具体分子式为 M$_{n+1}$AX$_n$(n = 1、2、3),其中 M 指的是前几族的过渡金属(常见的如 Ti、Nb、Cr 等),A 指的是主族元素(常见的如 Al、Si、Ge、Sn 等),X 指的是 C 和/或 N 元素。由于 M - X 具有较强的键能,A 具有较活泼的化学活性,因此,可以通过刻蚀作用将 A 从 MAX 相中移除,从而得到类石墨烯的 2D 结构。MXene 具有优异的电学性质,目前已经广泛应用于储能电极、催化剂、离子筛分、光热转化、场效应晶体管、拓扑绝缘体等用途[136-138]。

1.5　二维材料的表面褶皱

1.5.1　二维材料的本征褶皱

由于热力学的不稳定性,完美的二维晶体是不存在的。二维晶体的稳定性是靠表面的起伏来实现的,例如石墨烯的涟漪是其能够稳定存在的条件之一[139]。透射电子显微镜的结果已揭示了悬空石墨烯晶格的纳米级起伏,这种非平面的结构可以尽量减小其自由能。同石墨烯类似,单层悬空的其他二维材料如石墨双炔也会出现波纹和起伏且会随温度的变化而波动,这种波纹的存在提高了石墨双炔结构的稳定性[140]。

起皱是二维材料常见的本征现象,在此称为本征褶皱。由于只有原子尺度的厚度,二维材料通常具有相对较低的面外刚度;当受到分子间或界面相互作用时,或者当其尺寸或质量超过某个临界值时,通常会表现出起皱的状态。以石墨烯为例,缺陷、温度扰动或者衬底的粗糙度,都可以造成二维结构的翘曲变形。另外,石墨烯在制备和转移的过程中,也会不可避免地产生随机的褶皱结构。

褶皱具有空间周期性或非周期性拓扑的微/纳米结构,赋予材料独特的声学、电学、光学、机械和生物特性,引起人们的关注。具有褶皱结构的二维材料与平整二维材料相比,在一些领域表现出独特的优势。褶皱结构是调节电子特性例如电子的平面迁移率和二维材料能隙的有效工具[141]。因为材料的热传递取决于电子传递与声子散射特性,因此褶皱也能影响热扩散率[142]。表面褶皱的存在也会影响导电特性,例如完美的石墨烯为六角晶格结构,褶皱的存在会破坏六角晶格结构,使得石墨烯降低约37%的导电性[143]。此外,褶皱还可极大改善材料的柔韧性,包括弯曲、扭曲和拉伸性等[144]。特别是,具有可调形态的动态褶皱可以实现对材料表面功能和特性进行按需调控[145]。

1.5.2　二维材料的人工褶皱

二维材料的本征褶皱是其为克服热力学涨落而采取的自发的起伏行为。如果人为通过施加应力调控褶皱的形成,在本书中称为人工褶皱,图 1.11 为石墨烯的人工褶皱。

热波动、边缘不稳定性、负热膨胀系数、预应变释放、溶剂快速蒸发等因素都可能导致二维材料起皱。以石墨烯为例,石墨烯褶皱的制备方法与一般硬质

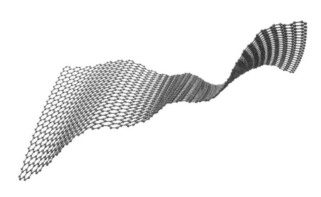

图 1.11　石墨烯的人工褶皱

薄膜的起皱方法类似,既可以直接将石墨烯薄膜转移到柔性基底表面,然后通过热收缩、预应变释放等工艺制得,也可以将石墨烯或 GO 分散液作为前体,在柔性基底表面成膜后,施加压缩应变可获得起皱薄膜[146]。

　　与石墨烯相比,GO 在很多极性溶剂中具有很好的分散性,而且 GO 片层柔顺舒展,易于成膜,是构筑石墨烯褶皱的良好前体。Chen 等[147]将 GO 分散液涂覆到热收缩高分子基底表面,通过控制收缩方向和收缩次序,构筑了一系列具有特定拓扑形貌的石墨烯褶皱结构,包括 1D 山脊形貌、2D 褶皱结构和 3D 多级结构。采用相似的热收缩方法,Lee 等[148]将石墨烯沉积在图案化基底表面,在热收缩诱导的压应力下,获得了不同取向和特征尺寸的石墨烯褶皱图案。

　　二维材料褶皱的制备方法主要是基于平面基底的变形,也可以通过曲面起皱获得褶皱或褶皱复合物[149-151]。例如,基于小液滴、纳米颗粒等曲面基底,通过毛细干燥法可以在微尺度层面诱导二维材料片层起皱。Luo 等[149]利用载气将含有 GO 片层的小液滴通入高温管式炉,小液滴迅速干燥并产生向内的压应力,GO 片层卷曲为具有褶皱结构的纳米小球,通过改变氧化石墨烯的浓度可调控褶皱小球的起皱程度。

　　上述二维材料人工褶皱的构筑方法主要归属于预拉伸基底收缩的方式,参见图 1.2(b),即首先对弹性体基底进行预应变;然后将 2D 材料沉积到预应变衬底上;最后,基底的应变被释放,2D 材料随之出现周期性排列的褶皱或波纹[145-148]。二维材料中的褶皱同时存在波谷处的压缩应变和波峰处的拉伸应变[141]。

　　事实上,二维材料也可以通过弯曲基底、图案化基底、直接拉伸、晶格失配等其他方式引入更复杂的面内或内外变形[145]，如表 1.4 所示。这一领域属于更广泛的二维材料应变工程的范畴。从表 1.4 可以看出，预拉伸基底、直接拉伸、探针压痕或图案化基底的方式均可以引入较大的应变，最高可达 30%，说明二维材料因其柔性而具有极大的应变潜力。

表 1.4　二维材料引入应变的方式

应变引入方式	二维材料	应变类型	应变范围/%	性能表征方法	文献
预拉伸基底	MoS_2	拉伸与压缩	2.5	荧光光谱	[152]
	BP	拉伸与压缩	30	光学吸收带	[153]
弯曲基底	石墨烯	拉伸	1.3	拉曼光谱	[154]
	MoS_2	拉伸	1.49	荧光光谱	[155]
	WS_2	拉伸	5.68	荧光光谱	[155]
图案化基底	石墨烯	压缩	1~2	拉曼光谱	[156]
	石墨烯	拉伸	6~20	拉曼光谱	[157]
两面压差	MoS_2	双轴拉伸	5.6	荧光光谱	[158]
探针压痕	石墨烯	拉伸	12	力学性能	[100]
直接拉伸	石墨烯	拉伸	12.5	拉曼光谱	[159]
晶格失配	$WSe_2 - MoS_2$	拉伸与压缩	1.76	扫描隧道显微镜	[160]

1.5.3　二维材料褶皱的应用

褶皱结构的引入可以调控石墨烯的电学、力学、光学和表面润湿特性[142-164]。例如，Chen 等[147]发现褶皱化程度越高的石墨烯薄膜具有更高的电容。Wang 等[165]验证了 1D 有序氧化石墨烯褶皱图案可以调控细胞的排列方向。Zang 等[166]以褶皱化石墨烯薄膜作为电极，与介电弹性体组装后，获得了具有大形变量的致动器，通过施加电压，可以调控石墨烯薄膜的光透过率和表面润湿特性。褶皱结构的引入不仅可以改善石墨烯的可拉伸性能，还为石墨烯基应变传感器的设计提供了新的思路[144]。表面起皱结构的引入赋予材料新的性能，新性能又催生新应用，褶皱化薄膜材料在生化防护、电磁屏蔽、可穿戴电子器件和致动器等领域具有广泛应用前景[8]。

具体到石墨烯而言,表 1.5 展示了石墨烯或 GO 褶皱的制备方法和应用领域,包括收缩方式、基底材料、形变大小和应用领域[80,81,147-167]。石墨烯褶皱可以通过平面基底的 1D 和 2D 收缩获得,结合薄膜的多次转移,利用多次基底收缩,可以构筑多尺度石墨烯褶皱。石墨烯褶皱还可以通过曲面基底的 3D 收缩制备,通过液滴的快速蒸发,在毛细力驱动下自组装为褶皱小球,或通过中空乳胶基底的收缩,获得具有超高面积压缩比的石墨烯起皱薄膜。

表 1.5　石墨烯或氧化石墨烯褶皱的制备方法和应用领域

收缩方式	基底材料	预应变/%	压缩应变/%	形变方向	应　用	文献
1D/2D 收缩	PS	~100	~50	多次序列变形	超疏水、电化学	[147]
	PS	~70	—	多次序列变形	刚度分析	[148]
	硅橡胶	0~400	—	1D、2D 变形	透光率调控	[161]
	PDMS	0	~50	2D 变形	油水分离	[162]
	铜箔	0		2D 变形	—	[163]
	硅橡胶	1.5~50	—	1D 变形	细胞附着	[165]
	丙烯酸基弹性体	0~400	0~80	1D、2D 变形	表面润湿调控、致动器	[166]
	PTFE、尼龙	2~3	—	1D 变形	抗细菌黏附表面	[167]
3D 收缩	乳胶	22~378	11~67	同时 3D 变形	超疏水、致动器	[80]
	乳胶	330~530		3D 变形	化学防护、应变传感	[81]
	液滴	—		3D 变形	微生物燃料电池	[149]

1.6　小结

表面起皱是自然界中普遍存在的现象,生物组织依此形成具有特定功能的褶皱结构。厘清表面起皱的力学机制,对于理解大自然中生物表面的起皱机理和仿生构筑多功能表面褶皱结构尤为重要。按照起皱基底不同,起褶可分为平面起皱与曲面起皱。与曲率为零的平面基底相比,曲面起皱具有一些独特性。曲面起皱研究目前尚不充分。本书重点探讨曲面起皱工艺。

二维材料是指厚度在单原子层到几个原子层厚度的层状结构材料。完美的二维晶体是不存在的。二维材料天生具有褶皱。人为施加应力调控褶皱的形成(即人工褶皱)可以调控石墨烯等二维材料的电学、力学、光学和表面润湿特性,进而拓展其在细胞培养界面、柔性传感器件、生化防护涂层、电磁屏蔽涂层、致动器、半球形光电探测器、微透镜阵列等领域的特殊应用。

为便于读者阅读,全书共分9章。前述第一篇第1章为表面褶皱概述,简述表面起皱的机理与应用进展。后续第二篇第2章至第6章重点介绍各类起皱工艺及其形貌,第三篇第7章至第9章介绍表面褶皱的性能及其应用。具体而言,第2章与第3章分别为各向同性与各向异性收缩起皱工艺,以及由其构筑的类大脑皮层、类泡桐树皮与类象鼻形貌;第4章至第6章介绍三类具备宏观周期结构的图案化褶皱工艺,以及由其构筑的规则条纹、表面阵列等多级褶皱图案;第7章至第9章介绍表面褶皱的表界面、力学、电学性能及其在柔性电子、液滴操控、传感与致动、电磁屏蔽与吸收等领域的应用。

参考文献

［1］ Wang L, Castro C E, Boyce M C. Growth Strain-Induced Wrinkled Membrane Morphology of White Blood Cells ［J］. Soft Matter, 2011, 7(24): 11319 − 11324.

［2］ Hallett M B, Von Ruhland C J, Dewitt S. Chemotaxis and the Cell Surface-Area Problem ［J］. Nature Reviews Molecular Cell Biology, 2008, 9(8): 662.

［3］ Feng L, Zhang Y, Xi J, et al. Petal Effect: A Superhydrophobic State with High Adhesive Force ［J］. Langmuir, 2008, 24(8): 4114 − 4119.

［4］ Itoh H, Nishino M, Hatabu H. Architecture of the Lung: Morphology and Function ［J］. Journal of Thoracic Imaging, 2004, 19(4): 221 − 227.

［5］ Ben A M, Jia F. Anisotropic Growth Shapes Intestinal Tissues During Embryogenesis ［J］. Proceedings of the National Academy of Sciences of the United States of America, 2013, 110(26): 10525 − 10530.

［6］ Fernández V, Llinares-Benadero C, Borrell V. Cerebral Cortex Expansion and Folding:

What Have We Learned? [J]. The EMBO Journal, 2016, 35(10): 1021 – 1044.

[7] Johnson M H. Functional Brain Development in Humans [J]. Nature Reviews Neuroscience, 2001, 2(7): 475 – 483.

[8] Tan Y, Hu B, Song J, et al. Bioinspired Multiscale Wrinkling Patterns on Curved Substrates: An Overview [J]. Nano-Micro Letters, 2020, 12(1): 101.

[9] Sharon E, Marder M, Swinney H L. Leaves, Flowers and Garbage Bags: Making Waves [J]. American Scientist, 2004, 92(3): 254 – 261.

[10] Yin J, Chen X, Sheinman I. Anisotropic Buckling Patterns in Spheroidal Film/Substrate Systems and Their Implications in Some Natural and Biological Systems [J]. Journal of the Mechanics and Physics of Solids, 2009, 57(9): 1470 – 1484.

[11] Tallinen T, Chung J Y, Biggins J S, et al. Gyrification from Constrained Cortical Expansion [J]. Proceedings of the National Academy of Sciences of the United States of America, 2015, 111(35): 12667 – 12672.

[12] Kang M K, Huang R. Effect of Surface Tension on Swell-Induced Surface Instability of Substrate-Confined Hydrogel Layers [J]. Soft Matter, 2010, 6(22): 5736 – 5742.

[13] Yoon J, Kim J, Hayward R C. Nucleation, Growth, and Hysteresis of Surface Creases on Swelled Polymer Gels [J]. Soft Matter, 2010, 6(22): 5807 – 5816.

[14] Cai S, Bertoldi K, Wang H, et al. Osmotic Collapse of a Void in an Elastomer: Breathing, Buckling and Creasing [J]. Soft Matter, 2010, 6(22): 5770 – 5777.

[15] Cao Y, Hutchinson J. From Wrinkles to Creases in Elastomers: The Instability and Imperfection-Sensitivity of Wrinkling [J]. Proceedings of the Royal Society A Mathematical Physical & Engineering Sciences, 2012, 468: 94 – 115.

[16] Rhee D, Lee W K, Odom T W. Crack-Free, Soft Wrinkles Enable Switchable Anisotropic Wetting [J]. Angewandte Chemie International Edition, 2017, 129(56): 6523 – 6527.

[17] Chen P Y, Liu M, Valentin T M, et al. Hierarchical Metal Oxide Topographies Replicated from Highly Textured Graphene Oxide by Intercalation Templating [J]. ACS Nano, 2016, 10(12): 10869 – 10879.

[18] Hou J, Li Q, Han X, et al. Swelling/Deswelling-Induced Reversible Surface Wrinkling on Layer-by-Layer Multilayers [J]. Journal of Physical Chemistry B, 2014, 118(49): 14502 – 14509.

[19] Goel P, Kumar S, Sarkar J, et al. Mechanical Strain Induced Tunable Anisotropic Wetting on Buckled PDMS Silver Nanorods Arrays [J]. ACS Applied Materials & Interfaces, 2015, 7(16): 8419 – 8426.

[20] Chung J Y, Nolte A, Stafford C M. Surface Wrinkling: A Versatile Platform for Measuring Thin-Film Properties [J]. Advanced Materials, 2011, 23(3): 349 – 368.

[21] Khang D Y, Jiang H, Huang Y, et al. A Stretchable Form of Single-Crystal Silicon for

High-Performance Electronics on Rubber Substrates [J]. Science, 2006, 311: 208 - 212.

[22] Jiang H, Khang D Y, Song J, et al. Finite Deformation Mechanics in Buckled Thin Films on Compliant Supports [J]. Proceedings of the National Academy of Sciences of the United States of America, 2007, 104(40): 15607 - 15612.

[23] Chen X, Yin J. Buckling Patterns of Thin Films on Curved Compliant Substrates with Applications to Morphogenesis and Three-dimensional Micro-Fabrication [J]. Soft Matter, 2010, 6(22): 5667 - 5680.

[24] Yin J, Bar-Kochba E, Chen X. Mechanical Self-Assembly Fabrication of Gears [J]. Soft Matter, 2009, 5(18): 3469 - 3474.

[25] Wang L, Pai C L, Boyce M C, et al. Wrinkled Surface Topographies of Electrospun Polymer Fibers [J]. Applied Physics Letters, 2009, 94(15): 151916.

[26] Tan Y L, Yan J, Chu Z Y. Thermal-Shrinking-Induced Ring-Patterned Boron Nitride Wrinkles on Carbon Fibers [J]. Carbon, 2019, 152: 532 - 536.

[27] Li Q, Han X, Hou J, et al. Patterning Poly(dimethylsiloxane) Microspheres via Combination of Oxygen Plasma Exposure and Solvent Treatment [J]. Journal of Physical Chemistry B, 2015, 119(42): 13450 - 13461.

[28] Yin J, Han X, Cao Y, et al. Surface Wrinkling on Polydimethylsiloxane Microspheres via Wet Surface Chemical Oxidation [J]. Scientific Reports, 2014, 4: 5710.

[29] Cao Y P, Li B, Feng X Q. Surface Wrinkling and Folding of Core-Shell Soft Cylinders [J]. Soft Matter, 2011, 8(2): 556 - 562.

[30] Zhao Y, Cao Y, Feng X Q, et al. Axial Compression-Induced Wrinkles on a Core-Shell Soft Cylinder: Theoretical Analysis, Simulations and Experiments [J]. Journal of the Mechanics & Physics of Solids, 2014, 73: 212 - 227.

[31] Xu F, Potier-Ferry M. On Axisymmetric/Diamond-Like Mode Transitions in Axially Compressed Core-Shell Cylinders [J]. Journal of the Mechanics and Physics of Solids, 2016, 94: 68 - 87.

[32] Yang Y, Dai H H, Xu F, et al. Pattern Transitions in a Soft Cylindrical Shell [J]. Physical Review Letters, 2018, 120(21): 215503.

[33] Zhang X, Mather P T, Bowick M J, et al. Non-Uniform Curvature and Anisotropic Deformation Control Wrinkling Patterns on Tori [J]. Soft Matter, 2019, 15(26): 5204 - 5210.

[34] Zhao R, Zhao X. Multimodal Surface Instabilities in Curved Film-Substrate Structures [J]. Journal of Applied Mechanics, 2017, 84(8): 081001.

[35] Dervaux J, Couder Y, Guedeau-Boudeville M A, et al. Shape Transition in Artificial Tumors: From Smooth Buckles to Singular Creases [J]. Physical Review Letters, 2011, 107(1): 018103.

[36] Jin L, Cai S, Suo Z. Creases in Soft Tissues Generated by Growth [J]. Europhysics Letters,

2011, 95(6): 64002.

[37] Jia F, Li B, Cao Y P, et al. Wrinkling Pattern Evolution of Cylindrical Biological Tissues with Differential Growth [J]. Physical Review E, 2015, 91(1): 012403.

[38] Lagrange R, López J F, Terwagne D, et al. From Wrinkling to Global Buckling of a Ring on a Curved Substrate [J]. Journal of the Mechanics and Physics of Solids, 2016, 89: 77 – 95.

[39] Yang W, Fung T C, Chian K S, et al. Instability of the Two-Layered Thick-Walled Esophageal Model under the External Pressure and Circular Outer Boundary Condition [J]. Journal of Biomechanics, 2007, 40(3): 481 – 490.

[40] Wiggs B R, Hrousis C A, Drazen J M, et al. On the Mechanism of Mucosal Folding in Normal and Asthmatic Airways [J]. Journal of Applied Physiology, 1997, 83(6): 1814 – 1821.

[41] Hrousis C A, Wiggs B J R, Drazen J M, et al. Mucosal Folding in Biologic Vessels [J]. Journal of Biomechanical Engineering, 2002, 124(4): 334 – 341.

[42] Li B, Cao Y P, Feng X Q. Growth and Surface Folding of Esophageal Mucosa: A Biomechanical Model [J]. Journal of Biomechanics, 2011, 44(1): 182 – 188.

[43] Moulton D E, Goriely A. Circumferential Buckling Instability of a Growing Cylindrical Tube [J]. Journal of the Mechanics & Physics of Solids, 2011, 59(3): 525 – 537.

[44] Moulton D E, Goriely A. Possible Role of Differential Growth in Airway Wall Remodeling in Asthma [J]. Journal of Applied Physiology, 2011, 110(4): 1003 – 1012.

[45] Li B, Jia F, Cao Y P, et al. Surface Wrinkling Patterns on a Core-Shell Soft Sphere [J]. Physical Review Letters, 2011, 106(23): 234301.

[46] Breid D, Crosby A J. Curvature-Controlled Wrinkle Morphologies [J]. Soft Matter, 2013, 9(13): 3624 – 3630.

[47] Stoop N, Lagrange R, Terwagne D, et al. Curvature-Induced Symmetry Breaking Determines Elastic Surface Patterns [J]. Nature Materials, 2015, 14(3): 337 – 342.

[48] Cao G, Chen X, Li C, et al. Self-Assembled Triangular and Labyrinth Buckling Patterns of Thin Films on Spherical Substrates [J]. Physical Review Letters, 2008, 100(3): 036102.

[49] Yin J, Cao Z, Li C, et al. Stress-Driven Buckling Patterns in Spheroidal Core/Shell Structures [J]. Proceedings of the National Academy of Sciences of the United States of America, 2008, 105(49): 19132 – 19135.

[50] Katifori E, Alben S, Cerda E, et al. Foldable Structures and the Natural Design of Pollen Grains [J]. Proceedings of the National Academy of Sciences of the United States of America, 2010, 107(17): 7635 – 7639.

[51] Cerda E, Mahadevan L. Geometry and Physics of Wrinkling [J]. Physical Review Letters, 2003, 90: 074302.

[52] López Jiménez F, Stoop N, Lagrange R, et al. Curvature-Controlled Defect Localization in Elastic Surface Crystals [J]. Physical Review Letters, 2016, 116(10): 104301.

[53] Zhao Y, Zhu H, Jiang C, et al. Wrinkling Pattern Evolution on Curved Surfaces [J]. Journal of the Mechanics and Physics of Solids, 2020, 135: 103798.

[54] Jia F, Pearce S P, Goriely A. Curvature Delays Growth-Induced Wrinkling [J]. Physical Review E, 2018, 98(3): 033003.

[55] Hohlfeld E, Davidovitch B. Sheet on a Deformable Sphere: Wrinkle Patterns Suppress Curvature-Induced Delamination [J]. Physical Review E, 2015, 91(1): 012407.

[56] Bayly P V, Okamoto R J, Xu G, et al. A Cortical Folding Model Incorporating Stress-Dependent Growth Explains Gyral Wavelengths and Stress Patterns in the Developing Brain [J]. Physical Biology, 2013, 10(1): 016005.

[57] Budday S, Steinmann P, Goriely A, et al. Size and Curvature Regulate Pattern Selection in the Mammalian Brain [J]. Extreme Mechanics Letters, 2015, 4: 193 - 198.

[58] Razavi M J, Zhang T, Li X, et al. Role of Mechanical Factors in Cortical Folding Development [J]. Physical Review E, 2015, 92(3): 032701.

[59] Li B, Cao Y P, Feng X Q, et al. Mucosal Wrinkling in Animal Antra Induced by Volumetric Growth [J]. Applied Physics Letters, 2011, 98(15): 1814.

[60] 谢伟华, 尹思凡, 李博, 等. 管腔结构软组织的三维形貌失稳[J]. 物理学报, 2016, 65(18): 188704.

[61] Yin J, Gerling G J, Chen X. Mechanical Modeling of a Wrinkled Fingertip Immersed in Water [J]. Acta Biomaterialia, 2010, 6(4): 1487 - 1496.

[62] Li B, Cao Y P, Feng X Q, et al. Surface Wrinkling of Mucosa Induced by Volumetric Growth: Theory, Simulation and Experiment [J]. Journal of the Mechanics & Physics of Solids, 2011, 59(4): 758 - 774.

[63] Schwarz H, Koch A L. Phase and Electron Microscopic Observations of Osmotically Induced Wrinkling and the Role of Endocytotic Vesicles in the Plasmolysis of the Gram-Negative Cell Wall [J]. Microbiology, 1995, 141(12): 3161 - 3170.

[64] Xie W H, Li B, Cao Y P, et al. Effects of Internal Pressure and Surface Tension on the Growth-Induced Wrinkling of Mucosae [J]. Journal of the Mechanical Behavior of Biomedical Materials, 2014, 29: 594 - 601.

[65] Poling H M, David W, Nicole B, et al. Mechanically Induced Development and Maturation of Human Intestinal Organoids in Vivo [J]. Nature Biomedical Engineering, 2018, 2(6): 429 - 442.

[66] 谭银龙, 蒋振华, 楚增勇. 高分子基体表面褶皱的仿生构筑、微观调控及其应用[J]. 高分子学报, 2016(11): 1508 - 1521.

[67] Bowden N, Brittain S, Evans A G, et al. Spontaneous Formation of Ordered Structures in

Thin Films of Metals Supported on an Elastomeric Polymer [J]. Nature, 1998, 393(6681): 146 – 149.

[68] Genzer J, Fischer D A, Efimenko K. Fabricating Two-Dimensional Molecular Gradients via Asymmetric Deformation of Uniformly-Coated Elastomer Sheets [J]. Advanced Materials, 2003, 15(18): 1545 – 1547.

[69] Lin P C, Yang S. Spontaneous Formation of One-Dimensional Ripples in Transit to Highly Ordered Two-Dimensional Herringbone Structures Through Sequential and Unequal Biaxial Mechanical Stretching [J]. Applied Physics Letters, 2007, 90(24): 310.

[70] Gan Y, Jiang X, Yin J. Self-Wrinkling Patterned Surface of Photocuring Coating Induced by the Fluorinated POSS Containing Thiol Groups (F-POSS-SH) as the Reactive Nanoadditive [J]. Macromolecules, 2012, 45(18): 7520 – 7526.

[71] Tang Z, Wang Y, Podsiadlo P, et al. Biomedical Applications of Layer-by-Layer Assembly: From Biomimetics to Tissue Engineering [J]. Advanced Materials, 2007, 19(7): 3203 – 3224.

[72] Ma S J, Mannino S J, Wagner N J, et al. Photodirected Formation and Control of Wrinkles on a Thiolene Elastomer [J]. ACS Macro Letters, 2013, 2(6): 474 – 477.

[73] Park S K, Kwark Y J, Moon J, et al. Finely Formed, Kinetically Modulated Wrinkle Structures in UV-Crosslinkable Liquid Prepolymers [J]. Macromolecular Rapid Communications, 2015, 36(22): 2006 – 2011.

[74] Takei A, Jin L, Fujita H, et al. High-Aspect-Ratio Ridge Structures Induced by Plastic Deformation as a Novel Microfabrication Technique [J]. ACS Applied Materials & Interfaces, 2016, 8(36): 24230 – 24237.

[75] 杨秀,尹健,韩雪,等.单分散聚苯乙烯微球的表面皱纹化[J].高分子学报,2016(3): 337 – 344.

[76] Yuan H, Wu K, Zhang J, et al. Curvature-Controlled Wrinkling Surfaces for Friction [J]. Advanced Materials, 2019, 31(25): 1900933.

[77] Tan Y, Chu Z, Jiang Z, et al. Gyrification-Inspired Highly Convoluted Graphene Oxide Patterns for Ultralarge Deforming Actuators [J]. ACS Nano, 2017, 11(7): 6843 – 6852.

[78] Song J, Tan Y, Chu Z, et al. Hierarchical Reduced Graphene Oxide Ridges for Stretchable, Wearable, and Washable Strain Sensors [J]. ACS Applied Materials & Interfaces, 2019, 11(1): 1283 – 1293.

[79] Wang R, Jiang N, Su J, et al. A Bi-Sheath Fiber Sensor for Giant Tensile and Torsional Displacements [J]. Advanced Functional Materials, 2017, 27(35): 1702134.

[80] Naraghi M, Chasiotis L, Kahn H, et al. Mechanical Deformation and Failure of Electrospun Polyacrylonitrile Nanofibers as a Function of Strain Rate [J]. Applied Physics Letters, 2007, 91(15): 124.

[81]　Liu Z F, Fang S, Moura F A, et al. Hierarchically Buckled Sheath-Core Fibers for Superelastic Electronics, Sensors, and Muscles [J]. Science, 2015, 349(6246): 400−404.

[82]　Li C, Zhang X, Cao Z. Triangular and Fibonacci Number Patterns Driven by Stress on Core/Shell Microstructures [J]. Science, 2005, 309(5736): 909−911.

[83]　Götz M, Huttner W B. The Cell Biology of Neurogenesis [J]. Nature Reviews Molecular Cell Biology, 2005, 6(10): 777−788.

[84]　Stahl R, Walcher T, De Juan Romero C, et al. Trnp1 Regulates Expansion and Folding of the Mammalian Cerebral Cortex by Control of Radial Glial Fate [J]. Cell, 2013, 153(3): 535−549.

[85]　Goriely A, Geers M G D, Holzapfel G A, et al. Mechanics of the Brain: Perspectives, Challenges, and Opportunities [J]. Biomechanics and Modeling in Mechanobiology, 2015, 14(5): 931−965.

[86]　Zhang Y, Zhang W, Ye G, et al. Core-Sheath Stretchable Conductive Fibers for Safe Underwater Wearable Electronics [J]. Advanced Materials Technologies, 2020, 5: 1900880.

[87]　Wei Y, Chen S, Yuan X, et al. Multiscale Wrinkled Microstructures for Piezoresistive Fibers [J]. Advanced Functional Materials, 2016, 26(28): 5078−5085.

[88]　Wang H, Liu Z, Ding J, et al. Downsized Sheath-Core Conducting Fibers for Wearable Superelastic Wires, Biosensors, Supercapacitors, and Strain Sensors [J]. Advanced Materials, 2016, 28(25): 4998−5007.

[89]　Li M, Hakimi N, Perez R, et al. Microarchitecture for a Three-Dimensional Wrinkled Surface Platform [J]. Advanced Materials, 2015, 27(11): 1880−1886.

[90]　Deng S, Gao E, Wang Y, et al. Confined, Oriented, and Electrically Anisotropic Graphene Wrinkles on Bacteria [J]. ACS Nano, 2016, 10(9): 8403−8412.

[91]　Gao N, Zhang X, Liao S, et al. Polymer Swelling Induced Conductive Wrinkles for an Ultrasensitive Pressure Sensor [J]. ACS Macro Letters, 2016, 5(7): 823−827.

[92]　González-Henríquez C M, Sarabia-Vallejos M A, Rodriguez-Hernandez J. Polymers for Additive Manufacturing and 4D-Printing: Materials, Methodologies, and Biomedical Applications [J]. Progress in Polymer Science, 2019, 94: 57−116.

[93]　Ito H, Nishigami Y, Sonobe S, et al. Wrinkling of a Spherical Lipid Interface Induced by Actomyosin Cortex [J]. Physical Review E, 2015, 92(6): 062711.

[94]　Wang R, Liu Z, Wan G, et al. Controllable Preparation of Ordered and Hierarchically Buckled Structures for Inflatable Tumor Ablation, Volumetric Strain Sensor, and Communication via Inflatable Antenna [J]. ACS Applied Materials & Interfaces, 2019, 11(11): 10862−10873.

[95]　Slonczewski J C. Band Structure of Graphite [J]. Physical Review, 1958, 109(2): 2238−2239.

[96] Geim A K, Novoselov K S. The Rise of Graphene [J]. Nature Materials, 2007, 6(3):
183 – 191.

[97] Meyer J, Geim A, Katsnelson M, et al. The Structure of Suspended Graphene Sheets [J].
Nature, 2007, 466(7131): 60 – 63.

[98] Fasolino A, Los J H, Katsnelson M I. Intrinsic Ripples in Graphene [J]. Nature
Materials, 2007, 6(11): 858 – 861.

[99] Novoselov K S, Geim A K, Morozov S V, et al. Electric Field Effect in Atomically Thin
Carbon Films [J]. Science, 2004, 306(5696): 666 – 669.

[100] Lee C, Wei X, Kysar J W, et al. Measurement of the Elastic Properties and Intrinsic
Strength of Monolayer Graphene [J]. Science, 2008, 321(5887): 385 – 388.

[101] Balandin A A, Ghosh S, Bao W, et al. Superior Thermal Conductivity of Single-Layer
Graphene [J]. Nano Letters, 2008, 8(3): 902 – 907.

[102] Hummers W S, Offeman R E. Preparation of Graphitic Oxide [J]. Journal of American
Chemical Society, 1958, 208: 1334 – 1339.

[103] Dimiev A M, Tour J M. Mechanism of Graphene Oxide Formation [J]. ACS Nano, 2014,
8(3): 3060 – 3068.

[104] He H, Riedl T, Lerf A, et al. Solid-State NMR Studies of the Structure of Graphite Oxide
[J]. The Journal of Physical Chemistry B, 1996, 100(51): 19954 – 19958.

[105] Lerf A, He H, Forster M, et al. Structure of Graphite Oxide Revisited [J]. The Journal
of Physical Chemistry B, 1998, 102(23): 4477 – 4482.

[106] Paredes J I, Villar-Rodil S, Marti Nez-Alonso A, et al. Graphene Oxide Dispersions in
Organic Solvents [J]. Langmuir, 2008, 24(19): 10560.

[107] Konios D, Stylianakis M M, Stratakis E, et al. Dispersion Behaviour of Graphene Oxide
and Reduced Graphene Oxide [J]. Journal of Colloid & Interface Science, 2014, 430:
108 – 112.

[108] Liang Y, Wu D, Feng X, et al. Dispersion of Graphene Sheets in Organic Solvent
Supported by Ionic Interactions [J]. Advanced Materials, 2010, 21(17): 1679 – 1683.

[109] Cao C H,Daly M, Singh C V, et al. High Strength Measurement of Monolayer Graphene
Oxide [J]. Carbon, 2015, 81: 497 – 504.

[110] Nagase S, Gao X, Jang J. Hydrazine and Thermal Reduction of Graphene Oxide:
Reaction Mechanisms, Product Structures, and Reaction Design [J]. The Journal of
Physical Chemistry C, 2010, 114(2): 832 – 842.

[111] Liu Y, Xu Z, Gao W, et al. Graphene and Other 2D Colloids: Liquid Crystals and
Macroscopic Fibers [J]. Advanced Materials, 2017, 29(14): 1606794.

[112] Xu Z, Sun H, Zhao X, et al. Ultrastrong Fibers Assembled from Giant Graphene Oxide
Sheets [J]. Advanced Materials, 2013, 25(2): 187 – 193.

[113] Liu Z, Li Z, Xu Z, et al. Wet-Spun Continuous Graphene Films [J]. Chemistry of Materials, 2014, 26(23): 6786-6795.

[114] 周劲媛,张锦,刘忠范.石墨双炔的合成方法[J].物理化学学报,2018,34(9): 977-991.

[115] Coleman J N, Khan U, Blau W J, et al. Small but Strong: A Review of the Mechanical Properties of Carbon Nanotube-Polymer Composites [J]. Carbon, 2006, 44(9): 1624-1652.

[116] Pop E, Mann D, Wang Q, et al. Thermal Conductance of an Individual Single-Wall Carbon Nanotube above Room Temperature [J]. Nano Letters, 2006, 6(1): 96-100.

[117] Jawey A, Guo J, Wang Q, et al. Ballistic Carbon Nanotube Field-effect Transistors [J]. Nature, 2003, 424(6949): 654-657.

[118] Cooper S M, Chuang H F, Cinke M, et al. Gas Permeability of a Buckypaper Membrane [J]. Nano Letters, 2003, 3(2): 189-192.

[119] Zhang G Q, Zheng J P, Liang R, et al. Lithium-Air Batteries Using SWNT/CNF Buckypapers as Air Electrodes [J]. Journal of the Electrochemical Society, 2010, 157(8): 953-956.

[120] Meng C, Liu C, Fan S. Flexible Carbon Nanotube/Polyaniline Paper-like Films and Their Enhanced Electrochemical Properties [J]. Electrochemistry Communications, 2009, 11(1): 186-189.

[121] Kang I, Schulz M J, Kim J H, et al. A Carbon Nanotube Strain Sensor for Structural Health Monitoring [J]. Smart Material Structures, 2006, 15(3): 737.

[122] 常诚,陈伟,陈也,等.二维材料最新研究进展[J].物理化学学报,2021,37(12): 2108017.

[123] Liu L, Feng Y P, Shen Z X. Structural and Electronic Properties of h-BN[J]. Physical Review, 2003, 68(10): 104102.

[124] Kaner R B, Kouvetakis L, Warble C E, et al. Boron-Carbon-Nitrogen Materials of Graphite-Like Structure [J]. Materials Research Bulletin, 1987, 22: 399-401.

[125] Ci L, Song L, Jin C, et al. Atomic Layers of Hybridized Boron Nitride and Graphene Domains [J]. Nature Materials, 2010, 9: 430-435.

[126] Raidongia K, Nag A, Hembram K P S S, et al. BCN: A Graphene Analogue with Remarkable Adsorptive Properties [J]. Chemistry-A European Journal, 2010, 16: 149-157.

[127] Bertolazzi S, Brivio J, Kis A. Stretching and Breaking of Ultrathin MoS_2[J]. ACS Nano, 2011, 5(12): 9703-9709.

[128] Mak K F, Lee C, Hone J, et al. Atomically Thin MoS_2: A New Direct-Gap Semiconductor [J]. Physical Review Letters, 2010, 105(13): 136805.

[129] Conley H J, Wang B, Ziegler J I, et al. Bandgap Engineering of Strained Monolayer and Bilayer MoS_2[J]. Nano Letters, 2013, 13(8): 3626-3630.

[130] Perkins F K, Friedman A L, Cobas E, et al. Chemical Vapor Sensing with Monolayer MoS$_2$[J]. Nano Letters, 2013, 13(2): 668 − 673.

[131] He Q, Zeng Z, Yin Z, et al. Fabrication of Flexible MoS$_2$ Thin-film Transistor Arrays for Practical Gas-sensing Applications [J]. Small, 2012, 8(19): 2994 − 2999.

[132] Fei R, Yang L. Strain-Engineering the Anisotropic Electrical Conductance of Few-layer Black Phosphorus [J]. Nano Letters, 2014, 14(5): 2884 − 2889.

[133] Wei Q, Peng X. Superior Mechanical Flexibility of Phosphorene and Few-layer Black Phosphorus [J]. Applied Physics Letters, 2014, 104(25): 372 − 398.

[134] Li L, Yu Y, Ye G J, et al. Black Phosphorus Field-effect Transistors [J]. Nature Nanotechnology, 2014, 9(5): 372 − 377.

[135] Naguib M, Mashtalir O, Carle J, et al. Two-Dimensional Transition Metal Carbides [J]. ACS Nano, 2012, 6: 1322 − 1331.

[136] Naguib M, Come J, Dyatkin B, et al. MXene: A Promising Transition Metal Carbide Anode for Lithium-ion Batteries [J]. Electrochemistry Communications, 2012, 16(1): 61 − 64.

[137] Naguib M, Mochalin V N, Barsoum M W, et al. 25th Anniversary Article: MXenes: A New Family of Two-Dimensional Materials [J]. Advanced Materials, 2014, 26(7): 992 − 1005.

[138] Khazaei M, Arai M, Sasaki T, et al. Novel Electronic and Magnetic Properties of Two-Dimensional Transition Metal Carbides and Nitrides [J]. Advanced Functional Materials, 2013, 23(17): 2185 − 2192.

[139] Fasolino A, Los J H, Katsnelson M I. Intrinsic Ripples in Graphene [J]. Nature Materials, 2007, 6(11): 858 − 861.

[140] Cranford S W, Buehler M J. Mechanical Properties of Graphyne [J]. Carbon, 2011, 49(13): 4111 − 4121.

[141] Sun Y, Liu K. Strain Engineering in Functional 2 − Dimensional Materials [J]. Journal of Applied Physics, 2019, 125(8): 082402.

[142] Shafiquea A, Shin Y H. Strain Engineering of Phonon Thermal Transport Properties in Monolayer 2H-MoTe$_2$[J]. Physical Chemistry Chemical Physics, 2017, 19(47): 32072 − 32078.

[143] Yu Z, Sun L Z, Zhang C X, et al. Transport Properties of Corrugated Graphene Nanoribbons [J]. Applied Physics Letters, 2010, 96(17): 173101.

[144] Wang Y, Yang R, Shi Z, et al. Super-Elastic Graphene Ripples for Flexible Strain Sensors [J]. ACS Nano, 2011, 5(5): 3645 − 3650.

[145] Xu X, Liang T, Kong D, et al. Strain Engineering of Two-Dimensional Materials for Advanced Electrocatalysts [J]. Materials Today Nano, 2021, 14: 100111.

[146] Chen P Y, Liu M, Wang Z, et al. From Flatland to Spaceland: Higher Dimensional Patterning with Two-Dimensional Materials [J]. Advanced Materials, 2017, 29(23): 1605096.

[147] Chen P Y, Sodhi J, Qiu Y, et al. Multiscale Graphene Topographies Programmed by Sequential Mechanical Deformation [J]. Advanced Materials, 2016, 28(18): 3564 − 3571.

[148] Lee W K, Kang J, Chen K S, et al. Multiscale, Hierarchical Patterning of Graphene by Conformal Wrinkling [J]. Nano Letters, 2016, 16(11): 7121 − 7127.

[149] Luo J, Jang H D, Sun T, et al. Compression and Aggregation-Resistant Particles of Crumpled Soft Sheets [J]. ACS Nano, 2011, 5(11): 8943 − 8949.

[150] Chen Y, Guo F, Jachak A, et al. Aerosol Synthesis of Cargo-Filled Graphene Nanosacks [J]. Nano Letters, 2012, 12(4): 1996 − 2002.

[151] Mao S, Wen Z, Kim H, et al. A General Approach to One-Pot Fabrication of Crumpled Graphene-Based Nanohybrids for Energy Applications [J]. ACS Nano, 2012, 6(8): 7505 − 7513.

[152] Castellanos-Gomez A, Roldan R, Cappelluti E, et al. Local Strain Engineering in Atomically Thin MoS_2[J]. Nano Letters, 2013, 13(11): 5361 − 5366.

[153] Quereda J, San-Jose P, Parente V, et al. Strong Modulation of Optical Properties in Black Phosphorus through Strain Engineered Rippling [J]. Nano Letters, 2016, 16(5): 2931 − 2937.

[154] Mohiuddin T M G, Lombardo A, Nair R R, et al. Uniaxial Strain in Graphene by Raman Spectroscopy: G Peak Splitting, Gruneisen Parameters, and Sample Orientation [J]. Physical Review B, 2009, 79(20): 205433.

[155] Li Z W, Lv Y W, Ren L W, et al. Efficient Strain Modulation of 2D Materials via Polymer Encapsulation [J]. Nature Communications, 2020, 11: 1151.

[156] Gill S T, Hinnefeld J H, Zhu S Z, et al. Mechanical Control of Graphene on Engineered Pyramidal Strain Arrays [J]. ACS Nano, 2015, 9(6): 5799 − 5806.

[157] Tomori H, Kanda A, Goto H, et al. Introducing Nonuniform Strain to Graphene Using Dielectric Nanopillars [J]. Applied Physics Express, 2011, 4: 075102.

[158] Lloyd D, Liu X H, Christopher J W, et al. Band Gap Engineering with Ultralarge Biaxial Strains in Suspended Monolayer MoS_2[J]. Nano Letters, 2016, 16(9): 5836 − 5841.

[159] Garza H H P, Kievit E W, Schneider G F, et al. Controlled, Reversible, and Nondestructive Generation of Uniaxial Extreme Strains (>10%) in Graphene [J]. Nano Letters, 2014, 14(7): 4107 − 4113.

[160] Zhang C, Li M Y, Tersoff J, et al. Strain Distributions and Their Influence on Electronic Structures of $WSe_2 - MoS_2$ Laterally Strained Heterojunctions [J]. Nature Nanotechnology,

2018, 13: 152 - 158.

[161] Thomas A V, Andow B C, Suresh S, et al. Controlled Crumpling of Graphene Oxide Films for Tunable Optical Transmittance [J]. Advanced Materials, 2015, 27(21): 3256 - 3265.

[162] Feng C, Yi Z, She F, et al. Superhydrophobic and Superoleophilic Micro-Wrinkled Reduced Graphene Oxide as a Highly Portable and Recyclable Oil Sorbent [J]. ACS Applied Materials & Interfaces, 2016, 8: 9977 - 9985.

[163] Meng L, Su Y, Geng D, et al. Hierarchy of Graphene Wrinkles Induced by Thermal Strain Engineering [J]. Applied Physics Letters, 2013, 103: 251610 - 251614.

[164] Deng S, Vikas B. Wrinkled, Rippled and Crumpled Graphene: An Overview of Formation Mechanism, Electronic Properties, and Applications [J]. Materials Today, 2016, 19(4): 197 - 212.

[165] Wang Z, Tonderys D, Leggett S E, et al. Wrinkled, Wavelength-Tunable Graphene-Based Surface Topographies for Directing Cell Alignment and Morphology [J]. Carbon, 2016, 97: 14 - 24.

[166] Zang J, Ryu S, Pugno N, et al. Multifunctionality and Control of the Crumpling and Unfolding of Large-Area Graphene [J]. Nature Materials, 2013, 12: 321 - 325.

[167] Zou F, Zhou H, Jeong D Y, et al. Wrinkled Surface-Mediated Antibacterial Activity of Graphene Oxide Nanosheets [J]. ACS Applied Materials & Interfaces, 2016, 9(2): 1343 - 1351.

第二篇　工艺与形貌

第 2 章　各向同性收缩工艺与表面褶皱的形貌调控

2.1　引言

　　对于平面起皱工艺,有两个相互垂直的维度是独立可调的[1];对于曲面起皱工艺,理论上则有三个相互垂直的维度是独立可调的[2,3]。如果各个维度收缩(或伸长)速率是同步的,形成的褶皱形貌往往具有各向同性(isotropic)的特征;如果各个维度收缩(或伸长)速率不同,或者有先后顺序不同,则形成的形貌会有显著不同,呈现不同取向特征,即各向异性(anisotropic)[4-7]。

　　各向同性和各向异性本义是指物理性质在不同的方向进行测量得到的结论。如果各个方向的测量结果是相同的,说明其物理性质与取向无关,就称为各向同性。如果物理性质和取向密切相关,不同取向的测量结果迥异,就称为各向异性。图 2.1 为各向同性收缩与各向异性收缩。

　　在本书中,将各个维度同步收缩或伸长的起皱工艺称为各向同性起皱工

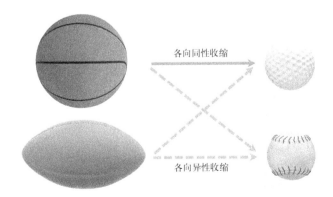

图 2.1　各向同性收缩与各向异性收缩

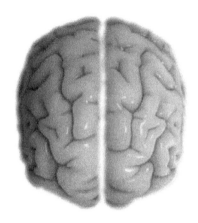

图 2.2 大脑皮层表面褶皱

艺,将各个维度长度不同步变化的起皱工艺称为各向异性起皱工艺。

对于曲面而言,如果需要三个维度同步变化,则需要其以球面形式同步变化。自然界中曲面基底表面褶皱图案的形成,主要是由于相对刚性的皮肤和柔软衬底之间的力学失稳。人的大脑皮层可以看作是球面变化的结果(图 2.2)[8,9]。大脑皮层依据组织结构和细胞构筑等方面的特征,可以划分为外层的新皮层(90%)和内部的旧皮层(10%)。以人脑为例,新皮层就是包裹在大脑最外层的绝大多数脑组织,褶皱形成的脑沟回。新皮层的褶皱结构,允许在有限的颅骨空间内容纳更大面积的皮层[8]。若将褶皱全部展开,面积可达 $2\,200\ cm^2$,大小正好相当于一张报纸。

虽然大脑皮层褶皱的生理机制尚不清楚,目前普遍接受的假设是:皮质层的切向扩张产生切向压缩应力,导致大脑皮层褶皱的形成[9]。由于大脑皮层复杂的结构和高度折叠的形貌,大脑皮层褶皱图案的仿生构筑一直是生物工程领域非常具有挑战性的课题。

Tallinen 等[10]以 PDMS 半球为基底,然后在其表面沉积一层可溶胀的涂层,将双层体系置于特定溶剂中,控制浸泡时间使外层薄膜适当溶胀,产生切向压缩应力,外层膜屈曲为类大脑皮层图案。之后,他们利用 3D 打印技术,成功复制了 22 周婴儿大脑的几何形态,然后在其表面构建可溶胀涂层,使用溶胀的方法模仿了大脑皮层的褶皱过程,相似地,压缩应力由表面层的膨胀产生。

2.2 基于氧化石墨烯的类大脑皮层表面褶皱

气球是充满空气或某种别的气体的一种密封袋。气球种类有很多,一般的玩具气球是利用天然乳胶生产出来的气球,纯乳胶气球系由 100% 纯天然的乳胶制成,未添加任何填充物或替代品。气球从形状上可以分为球形气球和异形气球(如柱状、心形、圆环、拱门等)。气球充气前后直径可达数十倍以上,因而提供了良好的构造二维材料人工褶皱的基底。

　　本节以片层舒展、成膜性能好的二维材料氧化石墨烯 GO 作为起皱薄膜,以乳胶球形气球为起皱基底,通过充放气的方式仿生构筑类大脑皮层的褶皱结构。

　　本书中,统一用 WGO 表示直接由 GO 获得的、未经过还原处理的氧化石墨烯褶皱(wrinkled graphene oxide, WGO);统一用 WG 表示由 WGO 还原后得到的石墨烯褶皱,即还原氧化石墨烯褶皱(wrinkled reduced graphene oxide, WG)。

2.2.1　构筑工艺

1. GO 的制备与表征

　　如图 2.3 所示,采用修正的 Hummers 法制备 GO[11],该方法包括低温、中温、高温三个过程。

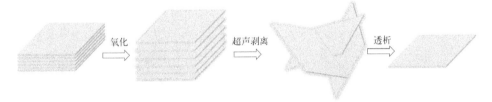

图 2.3　修正的 Hummers 法制备 GO[11]

典型的制备过程如下:

　　在冰水浴条件下,用量筒取 50 mL 浓硫酸倒入干净的烧杯中,待体系温度降至 −3℃ 以下,往烧杯中加入 2 g 石墨和 1 g 硝酸钠。一小时后,缓慢加入 6 g 高锰酸钾,控制体系温度不超过 10℃,反应 3 h。以上为低温反应阶段,主要为硫酸分子在石墨之间插层。

　　之后,将烧杯转移至恒温水浴锅,温度控制在 39℃,持续搅拌反应 40 min,此为中温反应阶段。然后,向混合液中缓慢加入 160 mL 去离子水,95℃ 条件下搅拌反应 30 min,此步为高温反应,目的是使其水解彻底。

　　而后加入 120 mL 去离子水终止反应,加入 30 mL 体积浓度为 30% 的双氧水,反应 20 min 后再加入 80 mL 体积浓度为 10% 的盐酸溶液。通过离心除去过量的酸及副产物,使用去离子水洗至中性,将所得混合液置于超声仪中,超声剥离 60 min。最后,将超声剥离所得分散液在 3 000 r/min 转速下,离心 30 min,取上层液。

　　采用傅里叶变换红外光谱仪(FTIR)可对 GO 的分子结构进行表征,根据红外谱图中吸收峰的位置和形状,可以推断所制备 GO 的化学结构、含氧基团种类。通过 X 射线光电子能谱(XPS)表征,可获取样品的元素组成和含量、分子结构、化学键方面的信息。

图 2.4(a)为所得 GO 的红外谱图。从图中可看出,在 3 000~3 700 cm^{-1}范围内有一个较宽的吸收峰,可归属于—OH 的伸缩振动峰。1 730 cm^{-1}处的吸收峰归属于羧基上的 C=O 伸缩振动峰;在 1 150 cm^{-1}处的吸收峰归属于 C—O 的振动吸收峰[12]。分析表明,制备的 GO 具有丰富的含氧官能团,如—OH、C=O 和 C—O 等[13]。相同的结果也可从 XPS 谱图得出[图 2.4(b)],并且,经过分峰拟合发现,所制备的 GO 的 C/O 比约为 2.0。

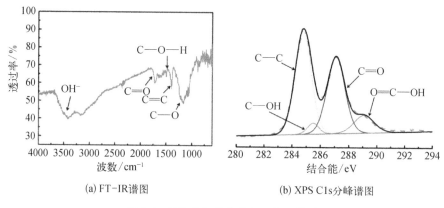

(a) FT-IR谱图 (b) XPS C1s分峰谱图

图 2.4 GO 的红外光谱与光电子能谱

2. 乳胶基底和 GO 的形貌表征

采用扫描电子显微镜(SEM)和原子力显微镜(AFM)可观测 GO 片层大小、层数及其表面起伏形貌,采用透射电子显微镜(TEM)可对 GO 的细微结构进行表征。

图 2.5(a)为乳胶基底表面的 SEM 图像,可知乳胶基底表面并不光滑,带有大量的铆钉状隆起。图 2.5(b)为室温下自然干燥、未经过人工起皱的 GO 薄膜的 SEM 图像,可见 GO 片层均匀的铺展在粗糙的乳胶基底上。在无人为应变施加的自然条件下,GO 薄膜在溶剂挥发诱导的内生应力下形成随机分布的微褶皱。

图 2.5(c)展示的 TEM 图像可看出所制备 GO 纳米片柔顺舒展,由其左上角插入的电子衍射图像可知,所制备的 GO 仍显示出较强的晶态[11]。石墨烯的理论厚度为 0.34 nm,GO 片层由于存在官能团与褶皱,AFM 测试的厚度在 1.0 nm 左右[12,13]。图 2.5(d)中 AFM 图像展示的 1 nm 高度的两个台阶,正好是单层 GO 与双层 GO 的叠加区。

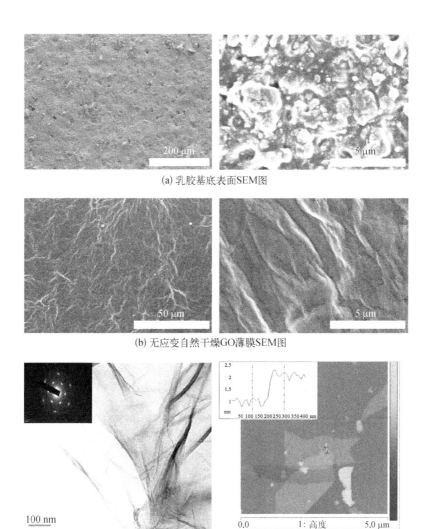

(a) 乳胶基底表面SEM图

(b) 无应变自然干燥GO薄膜SEM图

(c) GO片层的TEM图

(d) GO片层的AFM图

图 2.5　乳胶基底和 GO 片层的形貌表征

3. WGO 表面褶皱图案的构筑

　　WGO 表面褶皱的构筑流程包括基底预拉伸、表面涂覆 GO、基底预应变释放 3 个步骤。所使用的乳胶基底包括球形气球和柱形气球,在乳胶基底表面涂覆 GO 之前,先用体积浓度为 95% 的乙醇溶液清洗乳胶基底,将基底置于乙醇溶液中,超声浸泡 20 分钟,取出后用蒸馏水冲洗,40℃烘箱中烘干后备用。

如图 2.6 所示,通过充入空气的方法使基底处于预拉伸的状态,然后用两个吸盘将其固定,通过旋转浸涂法在其表面涂覆 GO,而后室温条件下干燥,形成一层均匀的 GO 薄膜。旋转速度控制在 30 r/min,一直持续到涂层干燥为止。接着,缓慢释放基底内的空气,基底缓慢收缩,GO 薄膜随着基底的收缩而收缩,受到向内的压缩应力,当压缩应力超过一定临界值时,形成高度折叠的 WGO。WGO 涂层由于具有了褶皱,颜色比 GO 涂层显著加深,见图 2.6(c)。除了旋转浸涂法之外,还可以直接刷涂或喷涂 GO 分散液,对比来看,旋转浸涂法成膜性更好、膜厚更均一。

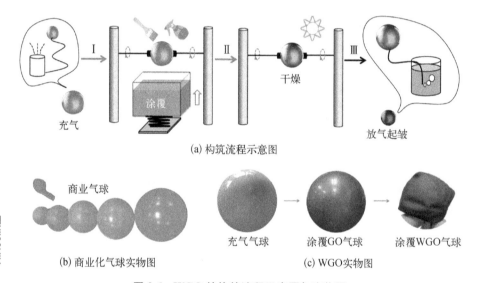

(a) 构筑流程示意图

(b) 商业化气球实物图　　　　　　　(c) WGO实物图

图 2.6　WGO 的构筑流程示意图与实物图

如图 2.7 所示,可以中空乳胶球体为基底,以 GO 为起皱薄膜,使用各向同性三维一步收缩起皱法构筑类大脑皮层的 WGO 图案。将 GO 分散液旋转浸涂在充气的中空球体表面,然后自然风干,形成一层均匀的 GO 涂层。如前所述,在乳胶气球表面有大量的铆钉状凸起,这些凸起为 GO 片层提供锚固点,有利于加强 GO 片层与基底之间的相互作用力。GO 不仅可以平滑乳胶球体表面,并在溶剂挥发诱导的内生压缩应力作用下形成随机分布的褶皱图案。通过缓慢排出乳胶气球中的空气,导致 GO 薄膜体积收缩,受到切向的压缩应力。随着切向应变的增加,GO 膜自组装为高度折叠的类大脑皮层图案,实现超大面积 GO 薄膜在有限体积内的组装。

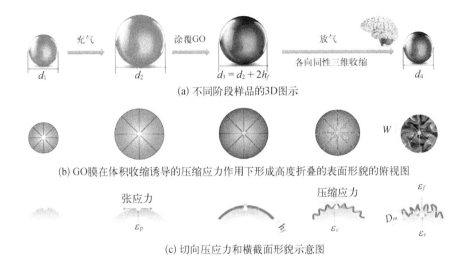

(a) 不同阶段样品的3D图示

(b) GO膜在体积收缩诱导的压缩应力作用下形成高度折叠的表面形貌的俯视图

(c) 切向压应力和横截面形貌示意图

图 2.7　仿大脑皮层 WGO 的构筑流程示意图

典型 WGO 样品制备过程中的工艺参数如表 2.1 所示,未充气气球、充气气球、充气 GO/胶乳双层体系和空气排出后的双层体系的直径分别表示为 d_1、d_2、d_3 和 d_4,其中,$d_3 = d_2 + 2h_f \approx d_2$;这是因为,充气气球的直径 d_2 远远大于 GO 膜层厚度 h_f。基底的拉伸预应变和 GO 膜的压缩应变分别为 $\varepsilon_p = (d_2 - d_1)/d_1$ 和 $\varepsilon_c = (d_3 - d_4)/d_3 \approx (d_2 - d_4)/d_2$。由于 d_4 的值高于 d_1,意味着空气排出后,乳胶基底并未恢复至最初的状态,双层体系中乳胶基底内存在残余拉伸应变,其值为 $\varepsilon_r = (d_4 - d_1)/d_1$。大脑皮层的褶皱程度通常用折叠指数(gyrification index, GI)量化,其值等于褶皱前表面积与褶皱后表面积之比[10],即这里 GI = $(d_3/d_4)^2 \approx (d_2/d_4)^2$。

表 2.1　基于球形基底的褶皱加工条件和各种参数

构 筑 参 数	图 2.5 (b)	图 2.9 (a)	图 2.9 (b)	图 2.9 (c)	图 2.9 (d)	图 2.11 (a)	图 2.11 (b)	图 2.11 (c)	图 2.11 (d)
d_1/cm	5.0	5.0	5.0	5.0	5.0	5.0	5.0	5.0	5.0
$d_2 \approx d_3$/cm	5.0	6.1	10.0	18.1	23.9	11.8	12.0	11.9	12.1
d_4/cm	5.0	5.4	6.2	7.5	8.0	6.5	6.6	6.6	6.7
$\varepsilon_p = (d_2 - d_1)/d_1$/%	0	22	100	262	378	140	140	140	140
$\varepsilon_r = (d_4 - d_1)/d_1$/%	0	8	24	50	60	30	32	30	34

续　表

构 筑 参 数	图 2.5 (b)	图 2.9 (a)	图 2.9 (b)	图 2.9 (c)	图 2.9 (d)	图 2.11 (a)	图 2.11 (b)	图 2.11 (c)	图 2.11 (d)
$\varepsilon_c = (d_3 - d_4)/d_3/\%$	0	11	38	59	67	45	45	45	45
$GI = (d_3/d_4)^2$	1.0	1.3	2.6	5.8	8.9	3.3	3.3	3.3	3.3
$C_{GO}/(\text{mg/mL})$	6.0	6.0	6.0	6.0	6.0	2.0	3.0	5.0	7.0
$h_f/\mu m$	2.0	2.0	2.0	2.0	2.0	0.5	0.7	1.4	2.5
$W/\mu m$	—	—	9.6	5.8	2.3	1.5	2.9	3.6	7.9
$D_{max}/\mu m$	2.0	18.4	23.0	30.2	36.4	17.0	22.4	29.4	38.6
$h_s/\mu m$	206.0	162.8	139.5	89.5	73.1	134.1	120.5	105.7	87.5
$t = D_{max} + h_s/\mu m$	208.0	181.2	162.5	119.7	109.5	151.1	142.9	135.1	126.1

通过改变充气气球直径 d_2,可调控基底的切向预拉伸应变(22% ~ 378%),同时可调节 GO 膜的切向压缩应变(11% ~ 67%)。相应地,其 GI 可从 1.3 调节至 8.9,如此高的折叠指数是构筑类大脑皮层 WGO 图案的关键。此外,W 和 D_m 分别为 GO 褶皱的宽度和最大深度,也可以用于表征和量化 GO 褶皱状态。

GO 涂层的厚度 h_f 可通过改变涂覆用 GO 分散液的浓度调控(图 2.8)。GO 薄膜厚度由样品横截面测量所得,图中数据为 50 次测量的平均值。由图 2.8(a)可知,涂层厚度随 GO 分散液浓度的增加而呈线性增加。GO 涂层的厚度可以通过改变 GO 分散液的浓度来调控,当 GO 浓度从 2.0 mg/mL 增加至 7.0 mg/mL 时,涂层厚度由 0.5 μm 增加至 2.5 μm。图 2.8(b)展示了不同浓度 GO 分散液在同一光强下拍摄的照片,可知,当浓度为 2 mg/mL 时,分散液为棕黄色液体,随着 GO 浓度的增加,分散液的颜色越来越深,当浓度为 7 mg/mL 时,分散液为

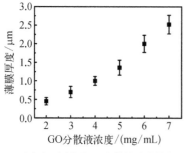
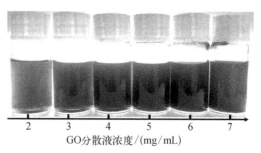

(a) 涂层厚度随 GO 分散液浓度的变化　　　(b) 不同浓度 GO 分散液在同一光强下拍摄的照片

图 2.8　GO 分散液的浓度与表面涂层厚度的关系

黏稠状棕黑色液体。

2.2.2 形貌调控

球面起皱的理论分析结果表明[14]：在核壳模量比不变时,基于球面起皱的表面褶皱图案的形貌、尺度与薄膜的厚度和体系的收缩程度有关。因此,通过调节基底预拉伸应变和GO薄膜厚度,可以得到不同形貌、不同尺度的WGO褶皱图案。

首先,固定GO涂层的厚度,增加基底预拉伸应变,研究WGO褶皱图案的形貌演化规律。如图2.9(a)所示,褶皱表面的SEM图像表明,GO膜在相对较低的预拉伸应变(ε_p = 22%, GI = 1.3)下倾向于收缩成类巴基球褶皱图案,类似于橘子皮脱水后的表面形貌;而图2.9(b)的横截面显示褶皱呈齿轮状,存在轻微的脱

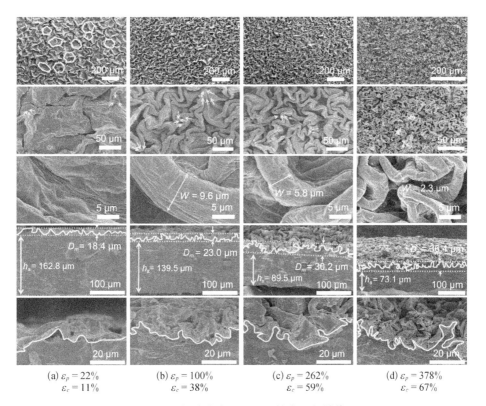

(a) ε_p = 22%   (b) ε_p = 100%   (c) ε_p = 262%   (d) ε_p = 378%
　　ε_c = 11%   　　ε_c = 38%   　　ε_c = 59%   　　ε_c = 67%

图 2.9　不同预拉伸应变下 WGO 的表面与横截面形貌

GO 膜的压缩应变分别为 ε_c=11%、38%、59%和67%,其厚度控制在 2.0 μm 左右,
起皱轮廓用线条标示,表面上的箭头表示几个褶皱的汇合点

黏现象,说明在相对较低的预拉伸应变下薄膜与基底之间的相互作用力比较弱。

如图 2.9(b)至 2.9(d)所示,当基底的预拉伸应变增加到 100% 以上时,类巴基球表面褶皱转化为高度折叠结构,形成类大脑皮层高度折叠图案[15]。以前文献中所用基底的预应变范围较窄,导致释放预应变后薄膜和基底之间的失配应变较小,从而减少了高度折叠图案的形成概率[16,17];由于乳胶气球拉伸性能优异,以其作为柔性基底,使用充气的方法增加基底的预应变(最高可达400%),通过放气的方法释放预应变,可获得高度折叠的 WGO 图案。同时在类大脑皮层尺寸较大的褶皱表面,还可以观察到低一级微褶皱。从图 2.9 样品横截面 SEM 图可以看出,随着基底预拉伸应变的增加,收缩后乳胶基底的厚度逐渐减小,从侧面说明了基底内残余拉伸应变随着预拉伸应变的增加而增加。当最大预拉伸应变 $\varepsilon_p = 378\%$ 时,构筑的 WGO 具有最大折叠指数(GI = 8.9),同时其残余拉伸应变也最大,达 $\varepsilon_r = 60\%$。

控制基底预拉伸应变为 140%,进一步研究了 GO 薄膜的厚度与所形成WGO 褶皱图案形貌的关系,如图 2.10 所示。在该基底预拉伸应变下,所有样品都呈现出类大脑皮层的褶皱形貌。从样品表面 SEM 图可知,随着 GO 涂层厚度的增加,类大脑皮层褶皱的尺度也越来越大,褶皱的"沟""回"越来越稀疏。

由图 2.10 样品横截面 SEM 图可知,随着 GO 薄膜厚度的增加,收缩后乳胶基底的厚度变小,意味着基底内的残余拉伸应变随涂层厚度的增加而增大。间接地表明了 GO 薄膜越厚,在相同压缩应力作用下使其收缩就越困难,所形成的褶皱图案越稀疏($h_f = 2.5$ μm)。相反,如图 2.10(a)所示,当 GO 涂层厚度较薄时($h_f = 0.5$ μm),在相同压缩应力作用下,GO 薄膜越容易收缩为密集的褶皱图案;然而当薄膜厚度较薄时,薄膜与基底之间模量差异不够大、相互作用力较弱,在收缩过程中可能会脱黏。图 2.10(a)横截面 SEM 图也印证了这一点,GO膜与基底之间有明显的间隙,较厚的 GO 膜不易脱黏。

对 WGO 褶皱的尺度进行分析发现,如图 2.11(a)所示,随着预应变的增加,释放预应变后 GO 薄膜被压缩的程度就越大,表现在褶皱的宽度 W 显著降低,褶皱的最大深度 D_m 急剧增大。这意味着 GO 薄膜和乳胶基底之间的相互作用随着预应变的增加而增大,主要是由于在基底收缩过程中,乳胶基底表面的铆钉状凸起将褶皱的 GO 薄膜紧紧地锚定在基底表面,同时基底也被高度折叠的GO 薄膜紧紧夹住,从而形成类大脑皮层高度折叠图案。此外,如图 2.11(b)所示,WGO 褶皱宽度和褶皱最大深度随着涂层厚度的增加而呈现上升趋势,与球面起皱理论分析结果一致[14]。

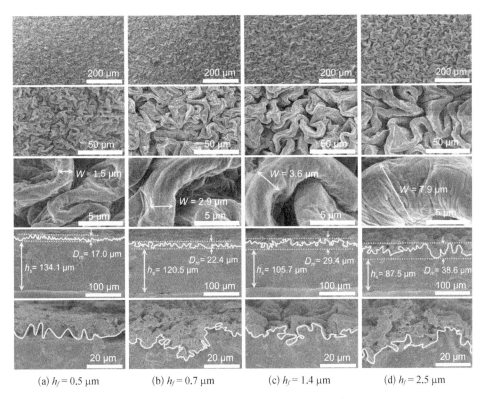

(a) $h_f = 0.5\ \mu m$　　(b) $h_f = 0.7\ \mu m$　　(c) $h_f = 1.4\ \mu m$　　(d) $h_f = 2.5\ \mu m$

图 2.10　不同 GO 厚度条件下 WGO 的表面和截面形貌

基底的拉伸预应变约 140%

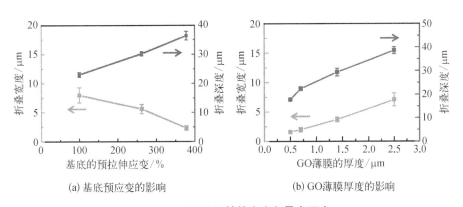

(a) 基底预应变的影响　　　　(b) GO薄膜厚度的影响

图 2.11　WGO 褶皱的宽度和最大深度

总之,从形貌上看,表面褶皱图案的形成可以实现有限体积内更大的面积堆积;从应力或能量角度看,薄膜在应力作用下起皱,既是一种缓解应力的方式,也是一种降低体系能量的有效途径[15]。然而,已有研究仅仅从理论模拟的角度分析了大应变条件下曲面起皱机理及可能形成的形貌,未见相关的实验工作报道。

中空乳胶气球完美的球形,以及巨大的拉伸比,为本实验奠定了良好的基础。通过充放气的方法可以大范围调控基底与薄膜之间的不匹配程度。随着应变不匹配程度的增加,球体表面的硬质薄膜首先收缩为类巴基球褶皱图案,然后进一步折叠,最终形成迷宫型褶皱图案。通过调节基底预拉伸应变和 GO 薄膜厚度,可以得到不同形貌、不同尺度的 WGO 褶皱图案。该结果从实验上验证了已有理论模拟的正确性,为今后基于球面基底表面褶皱图案的构筑提供了新的思路。

2.2.3 性能表征

由于 GO 富含羧基、羟基、环氧基等含氧官能团,本身是亲水材料,经褶皱化后形成的 WGO 同样具有本征亲水特性,但由于 WGO 表面具有起伏特征,增加了表面粗糙度,可以在一定程度上增加疏水性。此外,利用疏水剂处理,或者将 GO 还原为 RGO(使 WGO 变为 WG),可以减少 GO 中的含氧官能团数量,同样可以提高疏水性能。可以通过水接触角分析亲疏水性能。

另外,还原后的 WG 还具有明显提升的导电性能,对拉伸应变具有敏感特性,可以用作柔性应变传感器。作为双层非对称薄膜材料,WGO/橡胶复合体系还具有溶剂刺激影响性能,可以用于柔性致动器。

相关结果参见后续第 3 章与第 7 章至第 9 章。

2.3 基于碳纳米管薄膜的类大脑皮层表面褶皱

完美的球形基底比较容易实现各向同性的三维收缩,因此,寻找合适的球形基底就可能实现不同的外界刺激手段,从而丰富类大脑皮层表面褶皱的构筑工艺。除了气球的完美球形易于调控之外,高吸水性树脂(super absorbent polymer, SAP)构造的"水宝宝"也是一种完美的球形。

SAP 是一种含有羧基等强亲水性基团并具有一定交联度的水溶胀型高分子聚合物,吸水量可达自身质量的数百倍,吸水速度非常快[18,19]。常见的成分包括聚丙烯酸盐类、聚丙烯腈类、醋酸乙烯酯共聚物和聚乙烯醇类等合成系高吸水性树脂,以及淀粉系、纤维素系、壳聚糖系等天然系高吸水性树脂。目前,大多数商品化的高吸水性树脂属于丙烯酸盐系,其吸水倍率一般都在 1 000 倍以上。例如,由聚丙烯酸钠(sodium polyacrylate,SP)制成的 SAP 由于吸水性好、价格适中、安全性能较好,所以被广泛应用于一次性的纸尿布、成人失禁用品及妇女卫生用品中[19]。

"水宝宝"可以通过吸水膨胀、脱水收缩实现各向同性的收缩工艺[20-23]。本节以碳纳米管(CNT)和 GO 作为起皱材料,以球形的聚丙烯酸钠吸水树脂为起皱基底,通过吸水膨胀、干燥收缩的方式仿生构筑类大脑皮层的高度折叠结构。

本书中,统一用 WT 表示由 CNT 薄膜(即巴基纸)得到的碳纳米管褶皱(wrinkled carbon nanotube paper/wrinkled buckypaper,WT)。

2.3.1　构筑工艺

以充分吸水膨胀的球形 SP 为基底,以 CNT 或 GO 作为起皱壳层,构筑核壳结构的多级褶皱结构。实验过程主要分为三部分:

(1)涂层分散液的配制。以 2.0 wt% CNT 水基分散液和 1.0 wt% GO 水基分散液为原料,通过加入去离子水稀释为不同浓度的分散液或不同浓度的混合液。

(2)三维褶皱小球的构筑。以不同直径的吸水树脂小球为基底(见表 2.2),将其浸泡在去离子水中充分吸水膨胀,然后浸泡在不同浓度的分散液中使其表面吸附一层分散液,烘箱干燥使其缓慢收缩,构筑三维 WT 褶皱。

表 2.2　SP 小球基底褶皱构筑参数

小球类型	d_1/mm	$d_2 \approx d_3$/mm	d_4/mm	ε_p/%	GI
S	1.80	7.68	1.89	327	16.5
M	2.10	11.57	2.14	451	29.2
L	2.50	15.99	2.59	540	38.1

(3)三维 WT 褶皱的表征。对制备的三维 WT 褶皱小球进行 SEM 形貌表征,分析不同小球尺寸、分散液浓度、烘干温度及烘干时间对 WT 褶皱形貌的影响。

实验过程中使用 2.0 wt%的多壁碳纳米管水浆料为原料,加去离子水稀释为浓度 0.5 wt%和 1.0 wt%的分散液,简记为 0.5%MWCNT、1.0%MWCNT 和 2.0%MWCNT;以 0.4 wt%的单壁碳纳米管水浆料为原料,加水稀释为 0.04 wt%、

0.08 wt% 和 0.12 wt% 的分散液,简记为 0.04%SWCNT、0.08%SWCNT 和 0.12% SWCNT,用来构筑不同厚度的褶皱涂层。

用小球的预拉伸应变或制备应变(ε_p)来量化褶皱膜的变形程度。定义为

$$\varepsilon_p = (d_2 - d_1)/d_1 \approx (d_3 - d_1)/d_1 \qquad (2.1)$$

其中,d_1、d_2、d_3 分别是吸水膨胀的小球直径、涂覆 CNT 或 GO 分散液后的小球直径和干燥收缩后小球直径。

与气球收缩工艺相似,也可以用折叠指数表示变形程度。

$$GI = (d_3/d_4)^2 \approx (d_2/d_4)^2 \qquad (2.2)$$

根据 S、M、L 三种小球的直径计算其预拉伸应变,则 $\varepsilon_S \approx 327\%$,$\varepsilon_M \approx 451\%$,$\varepsilon_L \approx 540\%$;$GI_S = 16.5$,$GI_M = 29.2$,$GI_L = 38.1$。与气球相比,吸水性树脂的表面的折叠指数显著提高了,可以产生更丰富的表面褶皱形貌[24-27]。

图 2.12(a)展示了基于球形 SP 基底的各向同性褶皱制备过程示意图,其中不同阶段样品的光学图片如图 2.12(b)所示。可见初始小球光滑透明,涂覆 CNT 形成核壳结构小球后,变形为表面极其粗糙的黑色小球。在 SP 小球自身吸水膨胀的过程中,以 M 球为例,如图 2.12(c)所示,可以看到,在初始阶段,小球外层最先开始吸水膨胀,呈不规则的葡萄状态,随着吸水量的增加,逐渐变得光滑,浸泡 24 h 体积达到最大状态,呈完美圆球形,为各向同性收缩奠定了基础。

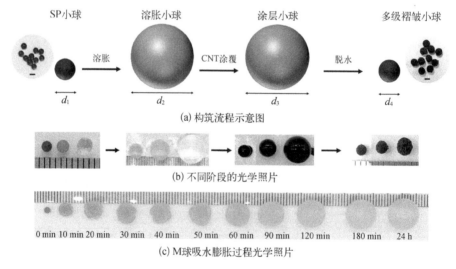

(a) 构筑流程示意图

(b) 不同阶段的光学照片

(c) M球吸水膨胀过程光学照片

图 2.12 球形吸水树脂基底碳纳米管三维褶皱构筑流程示意图

　　研究了 S 球和 L 球在浸泡吸水和烘干过程中的质量变化,以此来指导后续样品的制备。每个尺寸的小球各取 5 个样品进行测试,结果如图 2.13 所示。

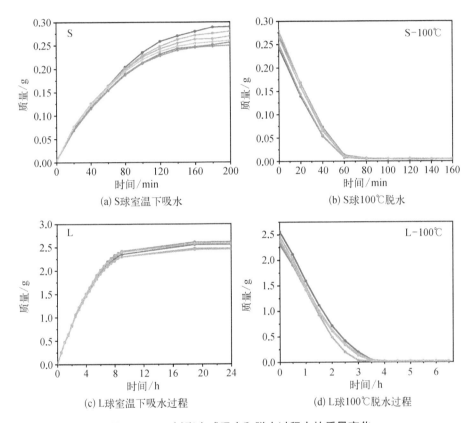

(a) S球室温下吸水　　　　　　　　　(b) S球100℃脱水

(c) L球室温下吸水过程　　　　　　　(d) L球100℃脱水过程

图 2.13　SP 树脂小球吸水和脱水过程中的质量变化

　　可见,在室温条件下,S 球在 0~120 min 处于快速吸水阶段,之后质量缓慢增加,至 200 min 左右达到饱和状态,100℃条件下脱水干燥至恒重的时间约为 60 min。与之对应,由于球的体积变大,L 球达到吸水平衡的时间需要在 9 h 以上,之后重量缓慢增加,至 20 h 左右达到饱和状态,100℃条件下脱水干燥至恒重的时间也延长至 3.5 h 左右。

　　有意思的是,SP 小球自身经吸水膨胀与脱水干燥后,其表面亦不再光滑,呈现粗糙的微褶皱状(图 2.14)。这种 SP 小球的自发形成的褶皱有利于后续构筑更紧密的核壳结构褶皱。

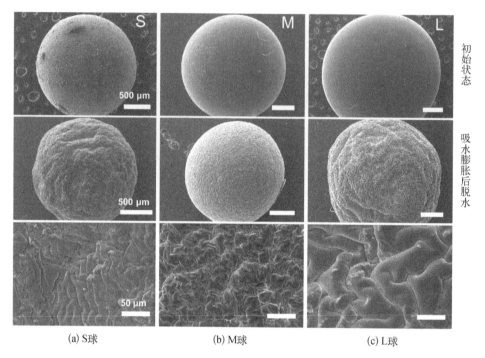

(a) S球　　　　　　　　(b) M球　　　　　　　　(c) L球

图 2.14　不同 SP 小球初始状态和吸水膨胀后烘干状态 SEM 图像

2.3.2　形貌调控

1. 球形基底尺寸(收缩应变)对褶皱形貌的影响

　　如前所述,收缩应变是调控表面褶皱形貌的重要手段。由于小球吸水后膨胀程度不同,其干燥后的收缩应变不同。以三种不同尺寸的吸水树脂小球为基底,浸泡 2.0 wt% CNT 分散液后,放置于 100℃烘箱中干燥 24 h,利用 SEM 观察微观形貌,结果如图 2.15 所示。

　　可以看出所有小球都可以呈现出了类大脑皮层的多级褶皱。为统计方便,将尺寸较小、最初形成的褶皱定义为一级褶皱(宽度用 W_1 表示),将尺寸较大、后期形成的褶皱定义为二级褶皱(宽度用 W_2 表示)。如图 2.16 所示,随着小球尺寸增加(收缩应变从 306% 变化到 517%,GI 指数从 16.5 增加到 38.1),形成的一级褶皱折叠平均宽度从 3.8 μm 左右增加到 8.3 μm 左右。小球尺寸越小,形成的褶皱折叠越密集;小球尺寸越大,形成的褶皱折叠宽度越大。即小球尺寸越大,吸水干燥收缩应变越大,形成的褶皱越强。同时,形成的二级褶皱折叠平均

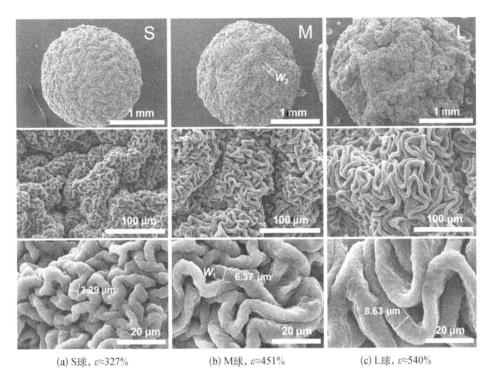

(a) S球，$\varepsilon \approx 327\%$　　　　(b) M球，$\varepsilon \approx 451\%$　　　　(c) L球，$\varepsilon \approx 540\%$

图 2.15　基底收缩应变对 WT 褶皱形貌的影响（2.0%MWCNT，100℃干燥 24 h）

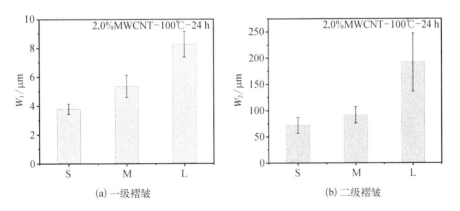

(a) 一级褶皱　　　　　　　　　　　(b) 二级褶皱

图 2.16　S、M、L 小球在相同条件下形成的褶皱尺寸

宽度从 72 μm 左右增加到 192 μm 左右,L 球在热收缩脱水过程中过大的体积收缩应变容易导致表面的塌陷,形成更深的山谷状的二级褶皱结构,如图 2.15(c)。

这一结果似乎与图 2.9 和图 2.11(a) 中 WGO 褶皱宽度随压缩应变或预拉伸应变增加而变窄的结果相反[24]。两种工艺最大的不同在于,前述气球表面的 GO 涂层是在涂层充分干燥后再收缩,而在 SP 树脂小球中,CNT 涂层是边干燥边收缩的。即树脂小球脱水收缩过程中,CNT 涂层是呈湿润状态的,这样在小球收缩时,CNT 涂层不一定完全同步收缩,而随小球的收缩可能使涂层变厚,因而表现出涂层变厚、一级褶皱变宽的结果。

2. 分散液浓度对褶皱形貌的影响

进一步调控 CNT 分散液浓度,查看分散液浓度对表面褶皱形貌的影响。即以充分吸水饱和的 S 球为基底,浸泡不同浓度的 MWCNT 分散液,放置于 100℃烘箱中干燥 2 h 使其脱水收缩,SEM 观察其微观形貌,如图 2.17 所示。

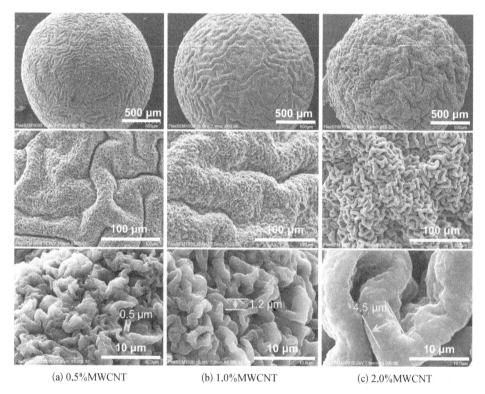

(a) 0.5%MWCNT   (b) 1.0%MWCNT   (c) 2.0%MWCNT

图 2.17　S 球浸泡不同浓度 MWCNT 分散液形成的褶皱 SEM 图像(100℃干燥 24 h)

可以看到,当分散液浓度为 0.5 wt%时,如图 2.17(a)所示,所形成一级褶皱细密、深度较浅,二级褶皱同样细且浅;随着分散液浓度增加[图 2.17(c)],一级褶皱宽度显著增加,褶皱变深,二级褶皱也更宽、更深。中间浓度的 1.0 wt%表面褶皱处于中间状态,更接近于 0.5 wt%的形貌[图 2.17(b)]。这一结果符合预期,即在核壳模量比和核半径不变的情况下,球面褶皱的齿数与壳层厚度成反比,壳层越薄,齿数越密集[14]。相对于小球体积而言,分散液的浓度更适合调控表面褶皱的形貌。

从图 2.18 中可以看出,随着分散液浓度增加,形成的一级褶皱折叠平均宽度从 0.9 μm 左右增加到 5.9 μm 左右;形成的二级褶皱折叠平均宽度从 41 μm 左右增加到 94 μm 左右,分散液浓度越高,形成的涂层越厚,形成的折叠尺寸越大。

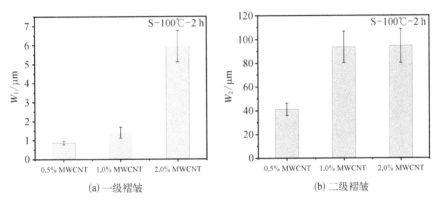

图 2.18 S 球浸泡不同浓度 MWCNT 分散液形成的褶皱尺寸

以充分吸水饱和的 L 球为基底,浸泡不同浓度的 SWCNT 分散液,放置于 100℃烘箱中干燥 6 h,SEM 观察其微观形貌,如图 2.19 所示。可以看到,SWCNT 分散液制备的样品一级褶皱结构呈现尖峰状,因为分散液浓度低,形成的涂层厚度薄。从图 2.20 中 SWCNT 制备的样品同样可以看到,在核壳模量比和核半径固定的情况下,随着分散液浓度提高,一级褶皱和二级褶皱尺寸都在变大,形成的褶皱折叠越稀疏。

3. 烘干温度与烘干时间对褶皱形貌的影响

如前所述,由于小球是边干燥边收缩,因而 CNT 涂层本身的含水量受烘干过程中水分挥发速率的影响。为考察烘干条件对褶皱形貌的影响,以 S 球为基底,浸泡 2.0 wt% MWCNT 分散液,放置于 60、100 和 120℃烘箱中烘干不同时间,SEM 观察其微观形貌,如图 2.21 所示。

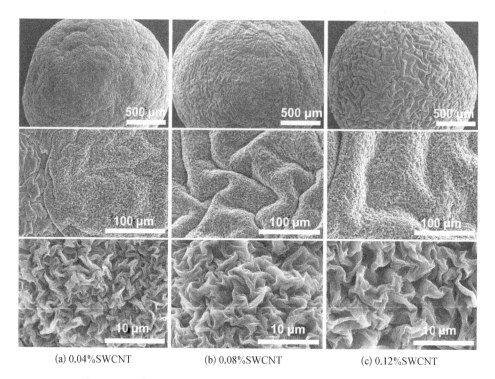

(a) 0.04%SWCNT   (b) 0.08%SWCNT   (c) 0.12%SWCNT

图 2.19 L 球浸泡不同浓度 SWCNT 分散液形成褶皱的 SEM 图像

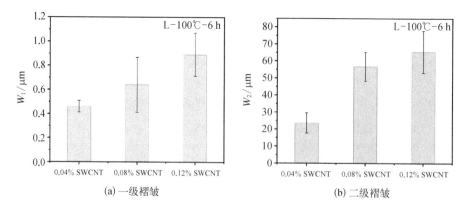

(a) 一级褶皱   (b) 二级褶皱

图 2.20 L 球浸泡不同浓度 SWCNT 分散液形成的褶皱尺寸

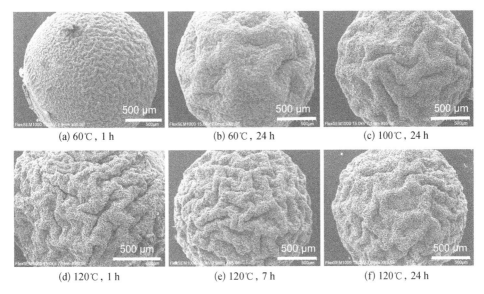

(a) 60℃, 1 h　　　　　　(b) 60℃, 24 h　　　　　　(c) 100℃, 24 h

(d) 120℃, 1 h　　　　　　(e) 120℃, 7 h　　　　　　(f) 120℃, 24 h

图 2.21　S 球烘干温度与时间对 WT 褶皱形貌的影响

烘干条件对一级褶皱形貌没有明显影响,但随着烘干温度升高,二级褶皱更宽、更深,因为烘干温度越高,水分蒸发的越快,相同时间内,基底的皱缩越明显。与 60℃条件相比,同样 1 h 烘干时间,120℃条件下很容易就出现了较显著的二级褶皱,这当然是由于 120℃水分快速脱除造成的。

此外,在较低温度下小球收缩初期体积收缩均匀,可以出现比较规则的宏观形貌,但在充分干燥时小球反而容易出现较大的凹陷式二级褶皱。反之,高温下小球初期就形成了较深的二级褶皱,这种二级褶皱在充分干燥后仍然保留下来。

4. 原材料对表面褶皱形貌的影响

CNT 是一维软材料,GO 是二维软材料,虽然有 CNT 与 GO 的本征模量都很高[28,29],但由于 CNT 交织成的薄膜比较复杂,加之薄膜厚度影响模量,因此用 GO 替换 CNT 对实际褶皱形貌影响还是需要实验验证。以 L 小球为基底,浸泡三种不同浓度的 GO 分散液,置于 100℃烘箱中干燥 20 h,SEM 观察其表面形貌,如图 2.22 所示。

由图 2.22(a)可以看出,在分散液浓度很低时(0.1 wt%),GO 薄膜很薄,收缩后在表面形成的一级褶皱非常细密,且二级褶皱不显著;随着分散液浓度从 0.1 wt%提高到 1.0 wt%[图 2.22(c)],GO 薄膜明显变厚,收缩后形成一级褶皱与二级褶皱均明显变宽。与 WT 褶皱相比,WGO 褶皱可以在一定程度上观察到

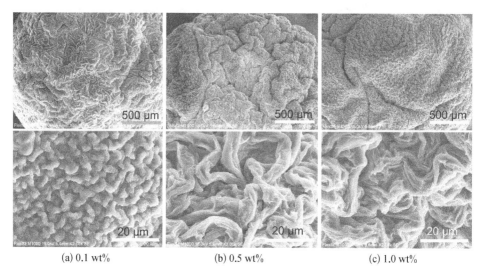

(a) 0.1 wt%　　　　　　(b) 0.5 wt%　　　　　　(c) 1.0 wt%

图 2.22　GO 分散液浓度对表面褶皱形貌的影响

二维 GO 的柔软层状结构,比如图 2.22(b)与 2.22(c)放大图上的薄纱状的层状结构。

　　这一方面是因为 CNT 直径很细,形成的涂层是大量 CNT 交织形成的网络(即"巴基纸")[30],通过 SEM 不容易观察清楚 CNT 的单根纤维形貌,相对而言,GO 层片可以达到微米级别,在 SEM 可以观察到;另一方面,GO 具有较大的二维表面,平铺到小球表面时会阻碍水分挥发[31],这会导致在 100℃烘箱中干燥时,内部气态的蒸汽可能会使 GO 片层张开,从而导致表面的 GO 片层排布并不规则。

　　基于碳纳米管水分散液良好的分散性,功能性材料可以分散在其中并掺杂到褶皱结构中。分别尝试在 MWCNT 分散液中加入颗粒状的四氧化三铁(Fe_3O_4)微球、PS 微球及片状的 GO,研究其对褶皱形貌的影响。即按一定比例将 Fe_3O_4、PS 微球和 GO 分散液分别加入 2%MWCNT 分散液中,超声使其分散均匀,然后以 S 小球为基底浸涂吸附涂层后在 100℃烘干 6 h,所制备的样品微观形貌如图 2.23 所示。

　　可以看到,掺杂颗粒状物质对褶皱形貌没有明显影响,不论是纳米尺寸的 Fe_3O_4 粒子还是微米尺寸的 PS 微球,都能被碳纳米管交织的三维网络包裹在其中[图 2.23(a,b)]。而在一维 CNT 中掺杂二维的片状 GO 制备出来的褶皱结构更加多样,呈现出更加复杂的三级褶皱结构[图 2.23(c)]。

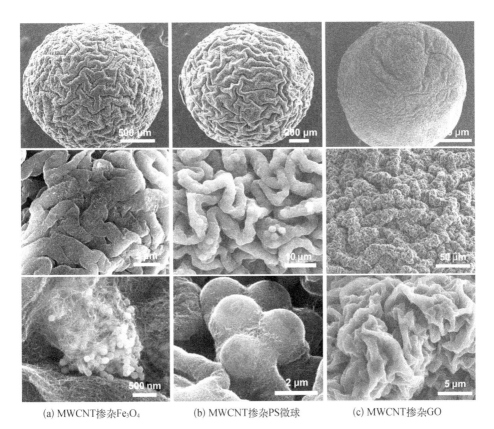

(a) MWCNT掺杂Fe₃O₄　　　　(b) MWCNT掺杂PS微球　　　　(c) MWCNT掺杂GO

图 2.23　MWCNT 分散液掺杂不同物质制备的褶皱 SEM 图像

　　总之,与气球基底相似,在高吸水性树脂小球表面涂覆 CNT 或 GO 也可以构筑类大脑皮层结构的表面褶皱。区别在于二者收缩方式不同,前者为以气体为介质,后者以水为介质,都是比较环保的方式。另外,吸水性树脂小球的折叠指数明显高于气球,因此,其表面褶皱的形貌都是比较显著的"沟""回"图案。尤其重要的是,闭合的表层与基底通过褶皱锚固在一起,具有较好的结合力,成为一种简易的水基表面涂层制备方法,不需要任何胶黏剂,为制造新型核-壳结构的微球提供了新的方案。

2.3.3　性能表征

　　由图 2.15 所展示的 SEM 图像可知,不同直径小球制备的碳纳米管三维褶皱具有特殊的山脊和山峰状结构,即在基底收缩过程中,薄膜随着基底的收缩而起皱,褶皱之间相互挤压形成山脊状结构,脊汇聚在一起形成山峰状结构,相关图案的制备过程具有不可复制性。这种褶皱图案的形貌细节结构与指纹十分相似,含有脊终止和脊分叉信息点,与指纹具有类似的识别特征和模式。加之表面褶皱具有易于制备、可调控和无序等特点,因此,动态可变的褶皱图案可以作为动态指纹,具有防伪的物理不可克隆性(physically unclonable functions,PUF)。

例如,Xie 等[32]利用含有少量碳纳米管 CNT 的聚二甲氧基硅烷 PDMS 作为弹性基底,可光交联的聚合物为刚性表层,构筑双层褶皱体系,制备出红外响应的动态表面褶皱图案,实现了指纹状褶皱图案的擦除/再生循环。通过褶皱体系所制备的表面图案,不能复制细节结构完全相同另一个表面褶皱,即表面褶皱形貌具有唯一性;利用自上而下(如压印的方法)虽然可以完全复制褶皱图案的形貌,但是这种方法得到的表面图案不具备动态可调性。此外,利用二维材料如 GO 或 MXene 构筑的多级褶皱,以及激光诱导褶皱图案也被成功用于物理不可克隆的防伪[33,34]。

为展示小球表面褶皱的防伪潜力,利用软件对 500 倍放大倍数下 S、M、L 球的 SEM 图像进行处理,提取褶皱形貌特征,如图 2.24 所示。

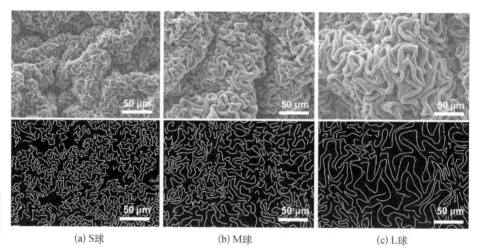

|(a) S球|(b) M球|(c) L球|

图 2.24 S、M、L 球形成的褶皱形貌及特征图像

其中,白色线条代表褶皱取向,红色的点代表褶皱挤压出的峰(脊终止或脊分叉),可以看出,小球尺寸越小,褶皱折叠越密集,脊终止和脊分叉信息点越多,与指纹具有类似的识别特征。同时,由于小球可以遇水膨胀,可以进行擦除/再生循环,因此,小球褶皱形貌具有应用于不可克隆的防伪策略的良好潜力。

由于碳纳米管是良好的电损耗材料,表面涂覆碳纳米管构筑的核壳结构小球还具有良好的电磁散射与吸收特性,可以用作电磁波吸收材料,相关性能表征与应用参见第 9 章。

2.4　小结

人的大脑皮层可以看作是球面变化的结果。通常认为大脑皮质层的切向扩张产生切向压缩应力,导致大脑皮层褶皱而形成沟回结构。由于大脑皮层复杂的结构和高度折叠的形貌,大脑皮层褶皱图案的仿生构筑一直是生物医学工程领域非常具有挑战性的课题。

从柔软的 GO 和 CNT 分散液出发,通过涂覆球形气球、球形高吸水树脂,利用气球可以充放气调节大小的特性,利用吸水树脂吸水膨胀、胶水收缩的特性,通过三维各向同性收缩工艺,仿生构筑了类大脑皮层的高度折叠结构。

对于气球而言,通过充气可以简便调控基底的预拉伸应变,可实现多级仿生褶皱的一步法可控制备,其褶皱图案的纹路可以通过调节气球充气大小、GO 薄膜厚度进行调控。对于高吸水性树脂而言,脱水干燥过程虽然相对较慢,但折叠指数远高于气球,提供了更多可能性,并且其褶皱图案的纹路可以通过调节树脂小球大小、干燥速率、GO 或 CNT 薄膜厚度等进行调控。

参考文献

[1]　Choi W M, Song J, Khang D Y, et al. Biaxially Stretchable "Wavy" Silicon Nanomembranes [J]. Nano Letters, 2007, 7(6): 1655－1663.

[2]　Tan Y, Hu B, Song J, et al. Bioinspired Multiscale Wrinkling Patterns on Curved Substrates: An Overview [J]. Nano-Micro Letters, 2020, 12(1): 101.

[3]　Sharon E, Marder M, Swinney H L. Leaves, Flowers and Garbage Bags: Making Waves [J]. American Scientist, 2004, 92(3): 254－261.

[4]　Amar M, Jia F. Anisotropic Growth Shapes Intestinal Tissues During Embryogenesis [J]. Proceedings of the National Academy of Sciences of the United States of America, 2013, 110(26): 10525－10530.

[5]   Yin J, Chen X, Sheinman I. Anisotropic Buckling Patterns in Spheroidal Film/Substrate
        Systems and Their Implications in Some Natural and Biological Systems [J]. Journal of the
        Mechanics and Physics of Solids, 2009, 57(9): 1470 – 1484.

[6]   Goel P, Kumar S, Sarkar J, et al. Mechanical Strain Induced Tunable Anisotropic Wetting
        on Buckled PDMS Silver Nanorods Arrays [J]. ACS Applied Materials & Interfaces,
        2015, 7(16): 8419 – 8426.

[7]   Yang Y, Dai H H, Xu F, et al. Pattern Transitions in a Soft Cylindrical Shell [J].
        Physical Review Letters, 2018, 120(21): 215503.

[8]   Johnson M H. Functional Brain Development in Humans [J]. Nature Reviews Neuroscience,
        2001, 2(7): 475 – 483.

[9]   Li B, Cao Y P, Feng X Q, et al. Mucosal Wrinkling in Animal Antra Induced by
        Volumetric Growth [J]. Applied Physics Letters, 2011, 98(15): 153701.

[10] Tallinen T, Chung J Y, Biggins J S, et al. Gyrification from Constrained Cortical Expansion
        [J]. Proceedings of the National Academy of Sciences of the United States of America,
        2015, 111(35): 12667 – 12672.

[11] Hummers W S, Offeman R E. Preparation of Graphitic Oxide [J]. Journal of American
        Chemical Society, 1958, 208: 1334 – 1339.

[12] Dimiev A M, Tour J M. Mechanism of Graphene Oxide Formation [J]. ACS Nano, 2014,
        8(3): 3060 – 3068.

[13] Lerf A, He H, Forster M, et al. Structure of Graphite Oxide Revisited [J]. The Journal of
        Physical Chemistry B, 1998, 102(23): 4477 – 4482.

[14] Li B, Jia F, Cao Y P, et al. Surface Wrinkling Patterns on a Core-Shell Soft Sphere [J].
        Physical Review Letters, 2011, 106(23): 234301.

[15] Cao G, Chen X, Li C, et al. Self-Assembled Triangular and Labyrinth Buckling Patterns of
        Thin Films on Spherical Substrates [J]. Physical Review Letters, 2008, 100(3): 036102.

[16] Chen X, Yin J. Buckling Patterns of Thin Films on Curved Compliant Substrates with
        Applications to Morphogenesis and Three-Dimensional Micro-Fabrication [J]. Soft Matter,
        2010, 6(22): 5667 – 5680.

[17] 杨秀,尹健,韩雪,等.单分散聚苯乙烯微球的表面皱纹化[J].高分子学报,2016(3):
        337 – 344.

[18] Laftah W A, Hashim S, Ibrahim A N. Polymer Hydrogels: A Review[J]. Polymer-Plastics
        Technology and Engineering, 2011, 50(14): 1475 – 1486.

[19] Ullah F, Othman M B H, Javed F, et al. Classification, Processing and Application of
        Hydrogels: A Review [J]. Materials Science & Engineering C, 2015, 57: 414 – 433.

[20] Kang M K, Huang R. Effect of Surface Tension on Swell-Induced Surface Instability of
        Substrate-Confined Hydrogel Layers [J]. Soft Matter, 2010, 6(22): 5736 – 5742.

[21] Yoon J, Kim J, Hayward R C. Nucleation, Growth, and Hysteresis of Surface Creases on Swelled Polymer Gels [J]. Soft Matter, 2010, 6(22): 5807-5816.

[22] Hou J, Li Q, Han X, et al. Swelling/Deswelling-Induced Reversible Surface Wrinkling on Layer-by-Layer Multilayers [J]. The Journal of Physical Chemistry B, 2014, 118(49): 14502-14509.

[23] Yin J, Han X, Cao Y, et al. Surface Wrinkling on Polydimethylsiloxane Microspheres via Wet Surface Chemical Oxidation [J]. Scientific Reports, 2014, 4: 5710.

[24] Takei A, Jin L, Fujita H, et al. High-Aspect-Ratio Ridge Structures Induced by Plastic Deformation as a Novel Microfabrication Technique [J]. ACS Applied Materials & Interfaces, 2016, 8(36): 24230-24237.

[25] Trindade A C, Canejo J P, Pinto L F V, et al. Wrinkling Labyrinth Patterns on Elastomeric Janus Particles [J]. Macromolecules, 2011, 44(7): 2220-2228.

[26] Shao Z C, Zhao Y, Zhang W, et al. Curvature Induced Hierarchical Wrinkling Patterns in Soft Bilayers [J]. Soft Matter, 2016, 12: 7977-7982.

[27] Trindade A C, Canejo J P, Teixeira P I C, et al. First Curl, then Wrinkle [J]. Macromolecular Rapid Communications, 2013, 34(20): 1618-1622.

[28] Lee C, Wei X, Kysar J W, et al. Measurement of the Elastic Properties and Intrinsic Strength of Monolayer Graphene [J]. Science, 2008, 321(5887): 385-388.

[29] Coleman J N, Khan U, Blau W J, et al. Small but Strong: A Review of the Mechanical Properties of Carbon Nanotube-Polymer Composites [J]. Carbon, 2006, 44(9): 1624-1652.

[30] Cooper S M, Chuang H F, Cinke M, et al. Gas Permeability of a Buckypaper Membrane [J]. Nano Letters, 2003, 3(2): 189-192.

[31] Chen P Y, Zhang M, Liu M, et al. Ultra-Stretchable Graphene-Based Molecular Barriers for Chemical Protection, Detection, and Actuation [J]. ACS Nano, 2018, 12(1): 234-244.

[32] Xie M, Lin G, Ge D, et al. Pattern Memory Surface (PMS) with Dynamic Wrinkles for Unclonable Anticounterfeiting [J]. ACS Materials Letters, 2019, 1(1): 77-82.

[33] Jing L, Xie Q, Li H, et al. Multigenerational Crumpling of 2D Materials for Anticounterfeiting Patterns with Deep Learning Authentication [J]. Matter, 2020, 3(6): 2160-2180.

[34] Martinez P, Papagiannouli I, Descamps D, et al. Laser Generation of Sub-Micrometer Wrinkles in a Chalcogenide Glass Film as Physical Unclonable Functions [J]. Advanced Materials, 2020, 32(38): 2003032.

第3章　各向异性收缩工艺与表面褶皱的形貌调控

3.1　引言

对于三维空间的各向同性收缩,利用球形基底同步变化即可以实现各向同性收缩工艺。然而自然界很多物体并非完美的球形,如椭球形、圆柱形、锥形,其表面的褶皱图案往往也是非均匀分布的,或者说有一定取向的。例如,在自然界中,存在各种各样基于圆柱面的褶皱图案。典型的案例如,手指在水中长时间浸泡后形成条状皱纹图案,蚯蚓表面呈环节状故而被命名为环节动物,大象鼻子表面生有可伸展的环节褶皱,泡桐树皮表面形成沿轴向取向的粗糙纹路[1-3]。

图 3.1 展示了泡桐树皮由平滑表面向粗糙纹路的演化过程,树干生长引起的张应力对树皮表面纹路的形成起着重要的作用。起皱的树皮不仅可以缓解由树干生长引起的张应力,还可以保护树干免受外界的侵蚀[3]。图 3.2 展示了大象鼻子柔韧有力的环节褶皱。大象的鼻子由纯肌肉构成,没有任何关节或骨头,但它既能将树木连根拔起,又能小心翼翼地采摘单个树叶,表面巨大的褶皱使其活动范围非常大[4]。

图 3.1　泡桐树表皮在生长过程中的形貌演化

与各向同性收缩球面起皱相比,圆柱面起皱更加复杂一些[5-7]。圆柱体既可以沿径向收缩,也可以沿轴向收缩,这两种收缩状态可以单独存在,也可同时

图 3.2　大象鼻子柔韧有力的环节褶皱

发生。其中,单纯径向收缩或单纯轴向收缩起皱相对容易实现,但如果要求基底能够同时发生径向和轴向收缩,但收缩率不同,较难实现。本章重点分析各向异性收缩过程中的褶皱构筑工艺及其形貌调控手段。

3.2　基于氧化石墨烯的类泡桐树皮表面褶皱

本节以中空圆柱体乳胶为基底,通过充放气实现基底的各向异性膨胀和收缩,以 GO 为起皱薄膜,采用各向异性收缩圆柱面起皱法仿生构筑类泡桐树皮多级褶皱图案。通过改变 GO 涂层的厚度可调控氧化石墨烯褶皱(wrinkled graphene oxide,WGO)的形貌和尺度,然后用水合肼蒸气原位还原 GO,可得还原氧化石墨烯褶皱(wrinkled reduced graphene oxide,WG)。通过施加外部应变可调节相邻褶皱的接触和断开,从而对薄膜的电阻进行调控。

3.2.1　构筑工艺

如图 3.3 所示,选用不同形状的乳胶气球作为基底,以 GO 作为起皱薄膜,采用维度控制收缩法构筑多级褶皱结构。首先采用充气法对乳胶基底进行预拉伸,然后在预拉伸的基底表面涂上 GO 乙醇分散液,室温下自然干燥,形成均匀的 GO 薄膜,然后通过放气的方式释放预拉伸应变。基底和 GO 涂层之间的

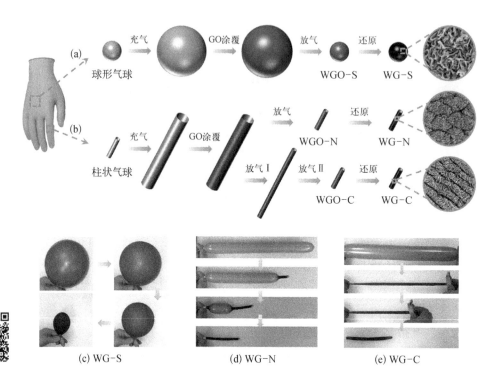

图 3.3　基于乳胶气球基底的石墨烯褶皱的构筑示意图及其光学图像

（a）WG-S 的构筑过程及其形貌示意图；（b）WG-N 和 WG-C 的构筑过程及其形貌示意图；
（c~e）构筑的光学图像

应变不匹配会形成 WGO。在 100℃ 条件下，将 WGO 在水合肼蒸汽中原位还原，得到石墨烯褶皱，即 WG。

图 3.3（a）展示了基于球形基底的各向同性一步收缩制备方法，将基于球形基底制备所得的各向同性石墨烯褶皱表示为 WG-S。图 3.3（b）展示了基于柱形基底的各向异性收缩法，采用柱形气球作为基底时，进一步使用了两种不同的收缩方法：一步自然收缩法和两步控制收缩法。当通过控制收缩法制备石墨烯褶皱时，基底首先保持轴向长度不变，沿周向收缩，当周向收缩完毕后，再进一步沿轴向收缩。将基于柱形基底的各向异性石墨烯褶皱标记为 WG-N 和 WG-C，分别对应于自然收缩和控制收缩。图 3.3（c~e）分别展示了 WG-S，WG-N 及 WG-C 三种不同样品制备过程的光学图像，更为直观地显示了不同样品的不同收缩方式。

当采用不同的基底形状时,所得到的褶皱形貌不同,即使对于同一形状的基底来说,当采用不同的收缩方式时,得到的褶皱形貌也不相同。为了进一步调控褶皱形状和尺寸,通过调节石墨烯褶皱的制备参数来研究褶皱形貌的影响因素。

不同类型的石墨烯褶皱的构筑参数如表 3.1 和表 3.2 所示,GO 乙醇分散液的浓度为 c_{GO},GO 涂层厚度为 h_f,一级褶皱(G_1)和二级褶皱(G_2)宽度分别为 W_1 和 W_2。初始球形/柱形乳胶气球基底的直径为 d_1,充气后直径变化为 d_2,柱形乳胶气球充气前后长度分别为 l_1 和 l_2。在基底预拉伸过程中,对基底施加的预拉伸应变又称制备应变,对于球形基底来说制备应变在任意方向都是相同的,记为 ε_p,其值为 $\varepsilon_p = (d_2 - d_1)/d_1$(此处暂未考虑实际压缩应变值)。而对于柱形基底来说,由于基底本身的各向异性,其制备应变在周向和轴向上不同,分别记为 ε_{p-c} 和 ε_{p-a},其中 $\varepsilon_{p-c} = (d_2 - d_1)/d_1$,$\varepsilon_{p-a} = (l_2 - l_1)/l_1$。石墨烯褶皱的褶皱程度用折叠指数 GI 量化,GI 值等于褶皱前表面积与褶皱后表面积之比,对于球形基底来说,GI $= (d_2/d_1)^2$,对于柱形基底,GI $= (d_2 l_2/d_1 l_1)^2$。

表 3.1　WG‐S 的构筑参数

制 备 参 数	WG‐S		
$c_{GO}/(mg/mL)$	1.0	2.0	3.0
h_f/nm	约 50	约 230	约 420
W_1/nm	540	689	1100
d_1/cm	6.0		
d_2/cm	20.4		
$\varepsilon_p = (d_2 - d_1)/d_1/\%$	240		
GI $= (d_2/d_1)^2$	22.9		

表 3.2　WG‐N 和 WG‐C 的构筑参数

制 备 参 数	WG‐N			WG‐C		
$c_{GO}/(mg/mL)$	1.0	2.0	3.0	1.0	2.0	3.0
h_f/nm	约 50	约 230	约 420	约 50	约 230	约 420

续　表

制 备 参 数	WG - N			WG - C		
W_1/nm	186	651	791	279	414	657
$W_2/\mu\text{m}$	—	—	—	6.4	7.5	21.9
d_1/cm	0.8			0.8		
d_2/cm	5.0			5.0		
$\varepsilon_{p-c} = (d_2 - d_1)/d_1 /\%$	530			530		
l_1/cm	7.0			7.0		
l_2/cm	30.1			30.1		
$\varepsilon_{p-a} = (l_2 - l_1)/l_1 /\%$	330			330		
$\text{GI} = (d_2 l_2/d_1 l_1)^2$	26.9			26.9		

图 3.4 分别定义了球形和柱形基底的轴向和周向方向("a"和"c"分别表示"轴向"和"周向"),以便于区分图案的各向异性,同时也可用来表示后加拉伸方向,或者表示电阻值、接触角的各向异性。

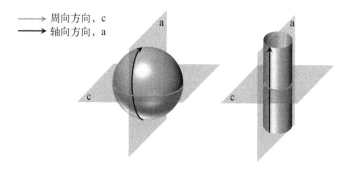

图 3.4　球形基底和柱形基底的周向和轴向示意图

3.2.2　形貌调控

采用不同形状的基底和不同的收缩方式所得到的 WG 具有不同的表面形貌,如图 3.5 所示。图 3.5(a~c)分别展示了 WG - S、WG - N 和 WG - C 的表面形貌,所有石墨烯褶皱的表面形貌都由多级微结构构成。从整体上看,WG - S

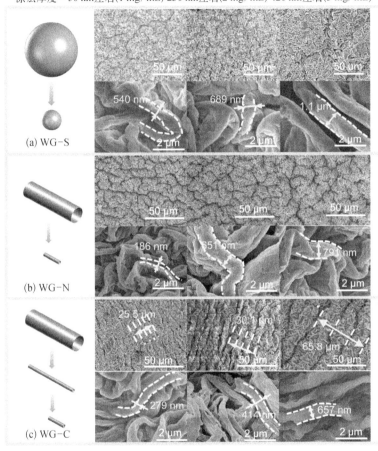

涂层厚度 = 50 nm左右(1 mg/mL) 230 nm左右(2 mg/mL) 420 nm左右(3 mg/mL)

图 3.5 不同涂层厚度的石墨烯褶皱的 SEM 图像

是各向同性的,这是由于基底形状和收缩方式都是各向同性的,基底在各个方向的制备应变 ε_p 都为 240%。而对于基于柱形基底所形成的表面形貌,多级结构程度更大,取向性也更为明显。其中,WG-N 显示为取向性的网眼结构,这里的取向性是由基底形状的各向异性产生的,基底在预拉伸时,周向的制备应变 ε_{p-c} 为 530%,而轴向应变 ε_{p-a} 只有 330%,因而在两个方向上产生的应变不匹配,从而导致褶皱形貌的各向异性。WG-C 呈现为类平行微结构,通过控制收缩法制得的 WG-C 取向性比自然收缩法制得的 WG-N 更加明显,这是因为除了基底本身存在的各向异性外,控制收缩方法也存在各向异性,两者共同作用从而导致 WG - C 取向性更明显。

为了简化描述,定义具有较小尺寸、先生成的褶皱为一级褶皱(用 G_1 表示),具有更大尺寸、次级生成的褶皱为二级褶皱(用 G_2 表示)。对于 WG - C 来说,G_1 和 G_2 分别分布于周向和轴向。为了探索多级取向石墨烯褶皱的形成机理,记录了柱形气球预拉伸和释放应力的过程,如图3.6所示。

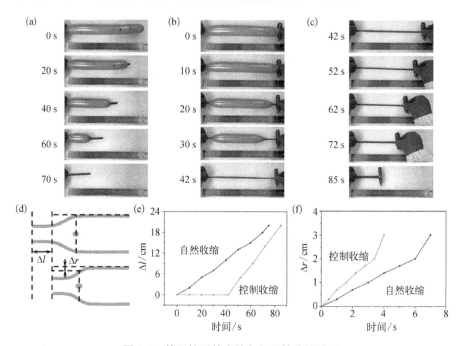

图3.6　基于柱形基底的各向异性收缩过程

(a)柱形基底自然收缩过程;(b)柱形基底控制收缩保持轴向长度不变的周向收缩过程;
(c)柱形基底控制收缩轴向收缩过程;(d)轴向位移和周向位移示意图;
(e)轴向位移随记录时间变化曲线;(f)周向位移随记录时间变化曲线

在自然收缩时,柱形气球逐渐从一端开始收缩,柱形气球的尾部首先收缩为半球,然后进一步收缩为更小的柱形。与球形基底同时各向同性收缩不同,柱形基底的收缩是不同步的且是各向异性的。定义轴向位移为 Δl,周向位移为 Δr,可以发现,Δl 随时间增加而线性增长,而 Δr 会在应力到达某一值时发生突变,Δr 的突然减小主要是由气球体积的突然减小所致。气球体积与气球内部气压有关,气球内部气压等于外部大气压和乳胶本身引起的压力之和。在临界状态,乳胶本身引起的压力会发生突变,从而引起气球体积的变化,在 G_2 的形成过程中起到重要作用。

　　除了上述不步时收缩过程,在轴向和周向的不同预拉伸应力(不成比例的拉伸所致)在多级取向褶皱形成过程中也起到了重要作用。如表 3.1 和表 3.2 所示,柱形气球的初始直径和长度分别为 0.8 cm 和 7.0 cm,完全充气后,直径和长度增长为 5.0 cm 和 30.1 cm,因此,在周向和轴向方向的制备应变分别为 530% 和 330%。在周向方向相对较大的制备应变会使得褶皱宽度变窄,褶皱图案更加密集,即形成一级褶皱 G_1。而对于 WG - N 来说,G_1 和 G_2 几乎同时生成并相互交织在一起,而对于 WG - C 来说,G_1 和 G_2 的生成是完全分开的,当 G_1 的生成结束后 G_2 才开始生成。因此,尽管 WG - N 和 WG - C 都是多级结构,但是 WG - C 取向性更明显。

　　石墨烯褶皱的表面形貌也会随着表面涂层厚度的变化而变化。涂层厚度与 GO 分散液的浓度有关,故改变 GO 分散液浓度可以调节石墨烯褶皱的表面形貌。如图 3.5 所示,G_1 和 G_2 的宽度随着 GO 浓度的增加而增加。比如,当 GO 浓度从 1.0 mg/mL 增加至 3.0 mg/mL 时,WG - C 的 G_1 和 G_2 宽度分别从 279 nm 和 6.4 μm 增加至 651 nm 和 21.9 μm。显然,G_2 的宽度要大于 G_1,这是由于在初期阶段 G_1 先形成,然后随着不匹配应力增加到一定程度时,G_2 在 G_1 的基础上形成,所以其宽度更大。随着 GO 涂层厚度的增加,在相同的压缩应力作用下收缩更困难,所形成的褶皱图案相对稀疏,而当 GO 涂层较薄时,更易于涂层收缩,所形成的图案也越密集。

　　石墨烯褶皱的制备应变对褶皱形貌具有显著影响(图 3.7)。图 3.7(a~d)的制备应变分别为 13%、126%、240% 和 353%,从图中可以看出,当涂层厚度固定时(h_f 约为 230 nm),增加制备应变,褶皱宽度逐渐减少(从 2.35 μm 减少至 259 nm),形成的褶皱更加密集。

3.2.3　性能表征

1. 电学性能

采用水合肼原位还原的方法,在 100℃ 下将 WGO 在水合肼蒸汽中还原成 WG。图 3.8(a) 显示了石墨烯褶皱在不同还原时间下的红外谱图,可以看出,随着还原反应时间的增长,含氧官能团逐渐减少,还原程度逐步提高。当还原时间长达 15 h 时,WGO 可看作已完全还原为 WG。除此以外,还测试了经过不同还原时间处理的石墨烯褶皱的电阻值[图 3.8(b)],可以看出,当还原时间从 5 h 增长到 10 h 时,石墨烯褶皱的电阻值迅速减少,继续增加还原时间到 15 h,电阻

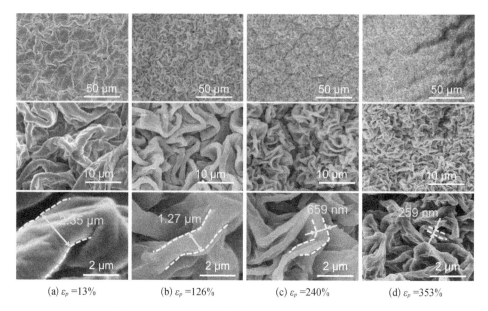

(a) $\varepsilon_p=13\%$　　　(b) $\varepsilon_p=126\%$　　　(c) $\varepsilon_p=240\%$　　　(d) $\varepsilon_p=353\%$

图 3.7　不同制备应变条件下 WG‐S 的 SEM 图像

下降幅度变缓。当经过相同的还原时间,增加涂层厚度时,可以发现电阻值急剧减少;当还原时间都为 15 h,GO 分散液浓度从 1.0 mg/mL 增加到 4.0 mg/mL 时,石墨烯褶皱的电阻从 62.3 kΩ 急剧减少到 6.7 kΩ。

　　测试了不同类型褶皱的电学性能[图 3.8(c)]。褶皱的电阻随浓度变化而变化,从图中可以看出,随着 GO 浓度的增加,电阻降低,与图 3.8(b)变化趋势相同。除此以外,对于不同类型的褶皱,其电阻值大小存在不同,WG‐N 的电阻小于 WG‐C,这是由于 WG‐N 的褶皱无序程度更高。相较于 WG‐C 的有序结构来说,WG‐N 的网眼结构会提供更多的褶皱接触点,从而导致电阻值相对较小。

　　除此以外,取向石墨烯褶皱的周向电阻显著大于轴向电阻,也就是说,石墨烯褶皱的电学性能也存在各向异性。这是因为沿周向的初级褶皱尺度较小,相互搭接形成“短路”程度较小,而沿轴向分布的二级褶皱的尺度更大,相互搭接形成“短路”的程度较大。

　　2. 亲疏水性能

　　利用接触角(contact angle,CA)可以分析褶皱样品的亲疏水性能(图 3.9)。从图中可以看出 WG 的接触角远大于 WGO[图 3.9(a,b)],这是由于在还原过程中含氧官能团(如—COOH 和—OH)被消除,所以接触角增大[8]。除此以外,

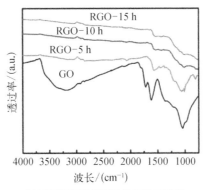

(a) 不同还原时间样品的红外光谱图

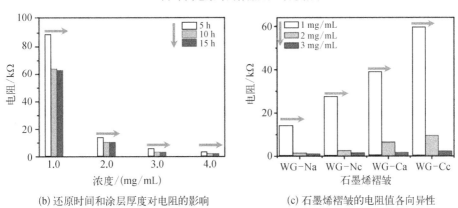

(b) 还原时间和涂层厚度对电阻的影响

(c) 石墨烯褶皱的电阻值各向异性

图 3.8 石墨烯褶皱的红外光谱与电阻值

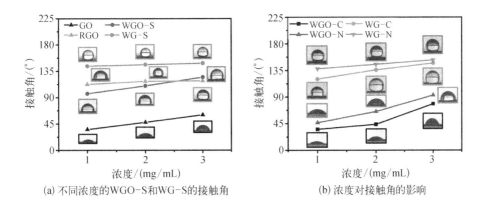

(a) 不同浓度的WGO-S和WG-S的接触角

(b) 浓度对接触角的影响

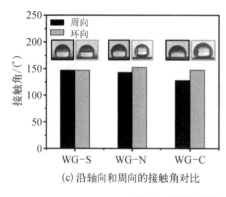

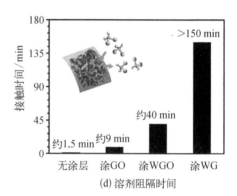

图 3.9　不同类型 WGO 和 WG 的接触角

接触角也随着 GO 浓度的增加而增大,GO 浓度越大,涂层厚度越厚,褶皱宽度越宽,从而导致表面粗糙度的增大,接触角也随之增大。WG 的接触角都大于 120°(疏水),部分大于 150°(超疏水)。但是由于部分 WG 是由基底各向异性收缩所致,所以接触角也可能具有各向异性。

从图 3.9(c)可以看出,基于柱形基底的石墨烯褶皱,无论是自然收缩还是控制收缩,它们的接触角在不同方向上互不相同,沿轴向的接触角更大,显示了 WG-N 和 WG-C 在亲疏水性质上的各向异性。但是对于 WG-S 来说,无论是沿轴向还是周向,其接触角几乎保持相同,所以其在亲疏水方面是各向同性的。随着制备应变的增加,接触角在逐渐增加。这是由于制备应变的增加,会导致单位面积内的褶皱数量增加,褶皱宽度变小,表面粗糙度增加,从而增大了接触角。

3. 溶剂阻隔性能

很多密封场合需要高性能的阻隔膜,来阻碍气体分子或液体分子在外部环境和所需的内部微环境之间的传输。由于理想的单层石墨烯对气体和液体是不渗透的,因此层状 RGO 常用作分子或溶剂阻隔剂[9-11]。但是传统的致密有序分子结构阻隔材料在小拉伸应变下容易断裂,因此,为阻隔膜增加可拉伸性将拓宽其应用范围,能够应用于包装、纺织品和柔性器件。

实验中选择二氯甲烷(DCM)作为溶剂,将气球、涂有 GO 的气球、涂有 WGO 的气球和涂有 WG 的气球分别与 DCM 直接接触,测气球爆炸或放气的时间,用以衡量石墨烯褶皱的化学防护性能(图 3.10)。

充气的气球与溶液接触时间越长,意味溶剂阻隔性能越好。无涂层的纯气球与 DCM 直接接触时,接触部位由于发生了溶胀,最后在 1.5 min 左右即发生

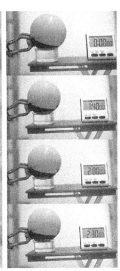

接触时间约1.5 min　　接触时间约9 min　　接触时间约40 min　　接触时间>150 min

(a) 纯气球　　　　　(b) 涂覆GO气球　　　(c) 涂覆WGO气球　　　(d) 涂覆WG气球

图 3.10　通过与 DCM 直接接触研究不同气球的溶剂阻隔效应

爆炸；当在气球表面涂有 GO 和 WGO 时，气球分别可以保持 9 min 和 40 min 不发生爆炸或泄漏。令人惊讶的是，如果涂上 WG，气球可以与 DCM 直接接触超过 150 min 而不发生泄漏或爆炸[图 3.9(d)、图 3.10(d)]。这些结果表明，石墨烯褶皱柔性薄膜具有良好的阻隔性能，可以应用于消防员制服或化学防护服。

例如，Chen 等[12]借助上述方法在橡胶基底构筑了石墨烯褶皱涂层，可实现 1 500%的面积应变，可以作为具有超拉伸特性的分子屏障膜。这些涂层在大变形下能够保持阻隔功能，可以与曲面共形。这种石墨烯/聚合物双层结构还通过不对称聚合物溶胀将化学刺激转化为机械变形和电阻变化，从而起到传感器或致动器的作用。

3.3　基于硼碳氮薄膜的象鼻型环节表面褶皱

在碳纤维表面进行微纳结构的可控制造，有利于调节其表面的物理与化学特性，并且当碳纤维用于复合材料增强体或者用作导电织物时，能够改变碳纤维表面的润湿性能，增强其与基体的相互作用[13]。虽然在圆柱形结构上可以构造出各种分层屈曲的周期性结构,然而,未见在碳纤维上开展图案化周期褶皱研究[14]。

由于与石墨晶格参数相似,六方氮化硼(h-BN)被证明是碳纤维上的一种有前途的涂层材料,可以增强碳纤维的抗氧化、界面结合和微波吸收性能[15]。根据碳含量不同,h-BN内引入碳形成的六方硼碳氮(h-BCN)具有性能可调的电学、光学性能[16-19]。尽管化学气相沉积(CVD)和浸涂广泛用于在碳纤维上制备BN涂层[20,21],但尚未报道通过与BCl₃的固相气体化学反应从聚丙烯腈(PAN)前驱体纤维开始制备BN表层。

大象鼻子上的纬度图案是圆柱形基底上的环节状表面褶皱,从力学的角度来看,由外界刺激引起的表面不稳定因素在软芯外壳的屈曲中起着重要作用[22]。受此启发,提出了一种在碳纤维上制备环状硼碳氮(BCN)褶皱的热收缩方法。它不仅提供了在碳纤维上制造有序微观结构的策略,而且为PAN纤维的稳定化提供了有效的解决方案。

3.3.1　构筑工艺

图3.11为实验装置示意图。PAN纤维置于管式炉中。原料气为BCl₃和NH₃,载气为高纯氮气。管式炉按预定程度升温,原料气则按配比循环通入管式炉中。BCl₃用作交联剂,与PAN纤维的氰基反应,形成中间层,该中间层可进一步与NH₃交联以形成刚性BCN表层。在热收缩驱动的轴向应力下,表层可以起皱形成特定褶皱。

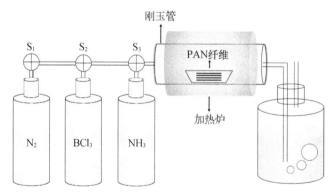

图3.11　碳纤维表面环节状褶皱制备装置示意图

表3.3为碳纤维表面褶皱的构筑工艺参数。其中PAN-B是指纯粹利用BCl₃交联PAN纤维然后碳化得到的碳纤维;PAN-BN是利用BCl₃与NH₃循环

交联处理然后碳化得到的碳纤维。后续数字为其具体的交联温度,缺省条件下指的是230℃交联处理得到的碳纤维。从表中可以看到,只有在230℃利用 BCl_3 与 NH_3 循环交联处理的 PAN-BN 纤维(PAN-BN-230)才能形成环节型褶皱。

表 3.3　碳纤维表面环节型褶皱的构筑参数

制备参数	PAN-B-230	PAN-BN-170	PAN-BN-230	PAN-BN-290
交联气体	BCl_3	BCl_3/NH_3	BCl_3/NH_3	BCl_3/NH_3
交联温度/℃	230	170	230	290
停留时间/min	60	60	60	60
碳化温度/℃	900	900	900	900
碳化气氛	N_2	N_2	N_2	N_2
纤维直径/μm	10.1	7.9	14.5	11.0
是否形成环节褶皱	否	否	是	否

　　PAN 纤维转化为碳纤维过程中面临质量的损失与密度的升高,因此纤维体积要收缩[23,24]。对于两端没有固定的圆柱形纤维,在热收缩过程中存在着两种收缩模型:一种是径向收缩,另一种是轴向收缩。通常情况下,如图 3.12(a)所示,对于化学和物理成分均匀的纤维,这两种收缩同时发生,从而导致碳纤维直

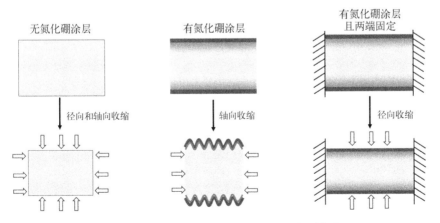

图 3.12　PAN 基碳纤维热处理过程的收缩模型

径变细、长度变短。对于具有刚性外壳涂层的软纤维[图 3.12(b)],由于轴向收缩,可导致核壳纤维直径的增加。是否形成环节褶皱,取决于所形成刚性 BN 涂层的厚度与热处理时的收缩率,当二者处于较佳的匹配状态时,则会形成褶皱[PAN-BN-230,图 3.13(a)],否则不会。另外,如果 PAN 纤维的两端被固定,轴向收缩将被抑制,此时,纤维的直径将减小[图 3.13(b)]。

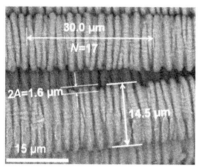 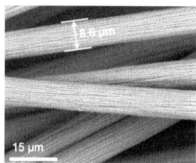

(a) 两端无固定的PAN-BN纤维形貌　　　　(b) 两端固定的PAN-BN纤维形貌

图 3.13　张力对碳纤维表面形貌的影响

3.3.2　形貌调控

深入理解环节的形成机理,需要弄清楚两个重要影响因素:一是热交联温度的影响,另一个是 BN 组分在纤维内的形成与分布,即热交联气氛的影响。

1. 热交联气氛的影响

与 BCl_3 与 NH_3 循环交联处理获得的 PAN-BN 碳纤维相比[图 3.14(b)],纯粹利用 BCl_3 交联 PAN 纤维无法形成环节褶皱[图 3.14(a)],这表明 NH_3 的引入对于 BN 涂层和褶皱的形成至关重要。与 PAN-B 碳纤维相比[图 3.14(c)],PAN-BN 碳纤维的 FTIR 光谱显示出更强的 B—N 峰和较弱的 C≡N 峰,这一结果表明,NH_3 的引入不仅有利于 BN 的生产,而且有利于 PAN 纤维的交联[24]。NH_3 可以与残留的 B—Cl 键进一步反应形成 B—N 键,引入致密 BN 可能性大大增加。

利用 X 射线光电子通谱(XPS)分析了 PAN-B 和 PAN-BN 碳纤维的元素组成与键合情况。发现两者都含有 B、C、N 和 O 元素[图 3.15(a)],显然由于 NH_3 的引入,及其与 BCl_3 的循环反应,PAN-BN 纤维中 B 和 N 的特征峰比 PAN-B 纤维的特征峰更强。根据分峰拟合分析[图 3.15(b, c)],PAN-BN 纤维 B1s 中的 190.6 eV 峰值和 N1s 中的 398.3 eV 峰值可归属于 B—N 键的形成,而 B1s

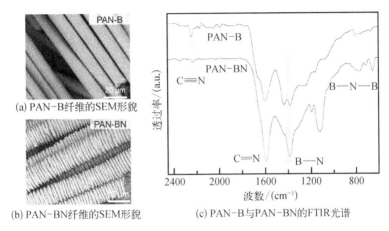

(a) PAN−B纤维的SEM形貌

(b) PAN−BN纤维的SEM形貌

(c) PAN−B与PAN−BN的FTIR光谱

图 3.14　PAN−B 和 PAN−BN 碳纤维的 SEM 和 FTIR

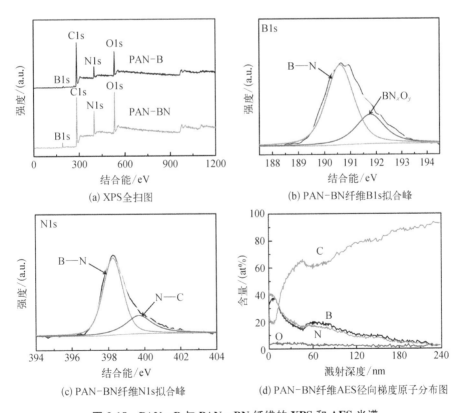

(a) XPS全扫图

(b) PAN−BN纤维B1s拟合峰

(c) PAN−BN纤维N1s拟合峰

(d) PAN−BN纤维AES径向梯度原子分布图

图 3.15　PAN−B 与 PAN−BN 纤维的 XPS 和 AES 光谱

中 191.8 eV 的峰值可归属于 BN_xO_y 的 B—O 键的形成[24-26]。O 的引入可能来源于交联过程中 BCl_3 的水解。399.7 eV 处的峰值可归属于 N—C 键[25]。这些结果与 FTIR 具有一致的结论。

为了去除残余的 O，对 PAN - BN 碳纤维进行了 1 600℃的超高温处理。然后对处理过的纤维进行俄歇电子能谱（AES）表征，以阐明包括 B、C、N 和 O 在内的各种元素在纤维中的径向分布。结果如图 3.15(d)所示，纤维表层主要包含 B、C、N 三种元素，其中 B 和 N 元素的原子浓度都约为 40%，这比纤维表面上 C 元素的原子含量高近一倍。当溅射深度增加到 45 nm 时，B 和 N 元素的原子浓度从 40 at%急剧下降到 14 at%，而 C 元素的原子含量从 20 at%迅速增加到 65 at%。B 和 N 随着溅射深度进一步增加到 240 nm 而逐渐减小。对 PAN - BN 碳纤维截面进行能谱分析，结果与 AES 分析一致。这表明通过新提出的 BCl_3 与 NH_3 循环交联法获得了具有深度梯度的 BCN 壳层。

将 PAN - BN 碳纤维切成薄片，用电子束减薄，然后进行透射电子显微镜（TEM）观察。如图 3.16 所示，TEM 表明 B(C)N 壳层由非晶区和结晶区组成，结晶区位于中间。BCN 涂层的总厚度约为 31 nm，结晶区域的厚度约为 11 nm，进一步印证了无机化渐变层的形成。

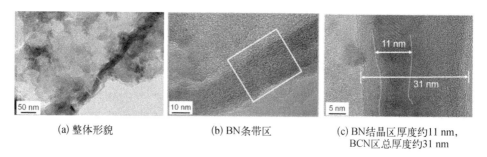

(a) 整体形貌　　　　　　(b) BN条带区　　　　　　(c) BN结晶区厚度约11 nm，
　　　　　　　　　　　　　　　　　　　　　　　　　BCN区总厚度约31 nm

图 3.16　PAN - BN 纤维截面的 TEM 形貌

2. 热交联温度的影响

为了分析热交联温度对 BN 褶皱形成的影响，研究了纤维组成与形貌随温度的变化情况。图 3.17(a)为纤维的收缩率随温度的变化规律。在 PAN 前驱体纤维从 50℃到 400℃的热收缩过程中，可以观察到三个明显的区间。由于许多研究表明，化学交联反应主要发生在区间 II，因此分别选择区间 II 的起始点（170℃）、中间点（230℃）和结束点（290℃）作为关键控制温度。

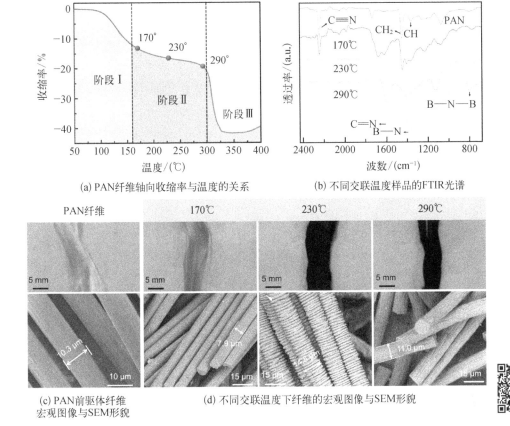

(a) PAN纤维轴向收缩率与温度的关系

(b) 不同交联温度样品的FTIR光谱

(c) PAN前驱体纤维宏观图像与SEM形貌

(d) 不同交联温度下纤维的宏观图像与SEM形貌

图 3.17　热交联温度对纤维组成与褶皱形成的影响

PAN 前驱体纤维的热交联主要涉及两类化学反应：环化反应和脱氢反应[25]。环化反应可以将 C≡N 键转化为 C≡N 基团，而脱氢反应可以将 CH_2 基团转化为 CH 基[25]。如图 3.17(b) 所示，对于在 230℃ 和 290℃ 热交联的样品，2 241 cm^{-1} 的 C≡N 特征峰几乎完全消失，说明 C≡N 键可以转换成 C=N 键。然而，对于 170℃ 热交联的样品，这一特征峰仍然显著；并且由 CH_2 基团产生的 1 446 cm^{-1} 特征峰仍然很高，表明 170℃ 条件下环化反应、脱氢反应均较弱[25]。位于 1 374^{-1} 和 801 cm^{-1} 处的吸收峰显著变强，分别归属于新生成的 B—N 和 B—N—B 键[27]。这些结果表明，使用 BCl_3 和 NH_3 作为交联剂，可以在 230℃ 下实现 PAN 纤维的表面 BN 硬化与交联。

图 3.17(c,d)展示了 PAN 前驱体纤维与不同温度热交联纤维的宏观图像与 SEM 形貌。PAN 前驱体纤维呈白色,表面覆盖有密集的轴向凹槽[3.17(c)]。这是由于其在湿法纺丝制备过程中,有较强的轴向拉伸应力与滑轮摩擦所致。170℃热交联后的纤维变为棕黄色[图 3.17(d)],该温度下 PAN 纤维本身会产生一定的环化反应,但此时纤维直径虽然缩小(从 10.3 μm 减小到 7.9 μm),但并无褶皱形成。230℃以上热交联的纤维全部呈黑色。

值得注意的是,只有当稳定温度约为 230℃时,才可诱导环状褶皱的形成,而较低温度(如 170℃)和较高温度(如 290℃)都不利于充分交联和刚性涂层的形成。对于 290℃,即区间 Ⅱ 的结束点,PAN 无机化速率较快,无法实现充分交联。高温区 Ⅲ 虽然收缩率足够大,但由于无法形成有效的硬化层,难以形成环状褶皱。对于 230℃热交联的纤维,轴向收缩引起的轴向压缩应力远高于径向收缩引起的环向应力,导致直径增加(从 10.3 μm 增加到 14.5 μm)。在所有纤维表面上均可以观察到类似的轴向凹槽,这源自 PAN 前驱体纤维,表明所得纤维的表面形貌受 PAN 前驱体纤维的原始形态的影响。

综合热交联温度与热交联气氛的影响,图 3.18 描绘了 PAN 前驱体纤维的环节状褶皱的形成过程。由于 C≡N 键的存在,BCl_3 可以交联 PAN 纤维,NH_3 可以与 B—Cl 键反应并生成刚性 BN 表层[24,25]。由于 BCl_3 和 NH_3 的气体循环向 PAN 固体内扩散,B、N 元素从表面向纤维内部呈深度梯度变化。热收缩将引起沿轴向的压缩应力,并且在约 230℃时形成环状褶皱[图 3.18(c)]。

此外,由于 PAN 纤维的收缩程度会随着加热温度的升高而增加,因此可以通过改变温度来调整 BN 褶皱的形态和特征尺寸。随着温度从 230℃升高到 450℃,皱纹的平均波长从 1.8 μm 降低到 0.9 μm[图 3.18(c)和 3.18(d)]。与此一致,纤维直径从 14.5 μm 减小到 13.1 μm。随着温度进一步升高到 900℃,可以观察到褶皱进一步凸起[图 3.18(e)]。900℃处理后,褶皱的波长和纤维的直径分别约为 1.4 μm 和 11.9 μm。与聚合物基底上的聚合物褶皱或一些无机屈曲结构不同[9],碳纤维上获得的环节状褶皱即使在高温下也是稳定的。此外,即使经过长时间超声处理,这些褶皱结构也不会被破坏,表现出优异的稳定性。

对于纤维结构来说,存在轴向与周向不同的应变。轴向和周向失配应变分别与收缩前后纤维的长度、直径相关。对于两侧固定或者具有一定张力的纤维,由于在一定程度上抑制了轴向收缩,可以不产生环节褶皱,如图 3.13(b)。所得碳纤维的直径在张力作用下可以维持较小的水平。这一结果表明,通过在

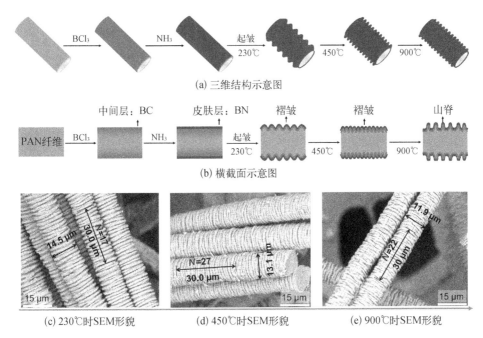

(a) 三维结构示意图

(b) 横截面示意图

(c) 230℃时SEM形貌   (d) 450℃时SEM形貌   (e) 900℃时SEM形貌

图 3.18 PAN－BN 纤维表面褶皱 SEM 形貌及其形成示意图

热收缩过程中改变外部轴向张力,也可以在纤维上实现环节褶皱的可控调控。事实上,碳纤维生产过程中通常需要施加张力,可以抑制褶皱并提高纤维强度。

3.3.3 性能表征

图 3.19(a)展示了 BCl_3 和 NH_3 与 PAN 纤维循环交联反应机理。BCl_3 虽然可以与 PAN 纤维表层发生反应,但是由于存在残留的 B—Cl,无法持续下去形成致密 BN 层。引入 NH_3 与 B—Cl 键反应,形成额外的 B—N 键,可以获得具有深度梯度的 BN 涂层。值得一提的是,在纤维上形成 BN 皮肤层是产生环状皱纹的必要前提。对于由硬壳和软芯组成的圆柱形纤维,压缩或拉伸系统可能会导致芯和壳之间的失配应变,一旦应力超过临界值,就会出现外壳表面起皱[22,27-31]。如果轴向收缩引起的轴向压缩应力远高于径向收缩引起的环向应力,则会产生环节褶皱[图 3.19(b)]。

碳纤维上的图案化微观结构对调整其表面润湿性能具有重要意义[23]。大自然为研究人员提供了许多灵感来制造具有特殊润湿性能的人造纤维,例如由

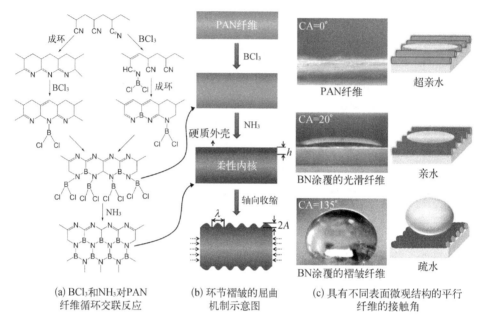

(a) BCl₃和NH₃对PAN   (b) 环节褶皱的屈曲   (c) 具有不同表面微观结构的平行
纤维循环交联反应   机制示意图   纤维的接触角

图 3.19　环节状褶皱纤维的化学结构和亲疏水性能

周期关节组成的蜘蛛纤维能够从空气中收集微滴,仙人掌上的分级锥形纤维有
利于高效的水输送[6]。为了研究纤维的表面润湿性能,对三种不同表面微观结
构的纤维的接触角进行了表征。与没有褶皱图案的其他纤维相比,覆盖有环状
褶皱的碳纤维表现出独特的润湿行为。如图 3.19(c)所示,原始 PAN 纤维和覆
盖有光滑 BN 涂层的碳纤维表现出超亲水性,而覆盖有环状褶皱的碳纤维则表
现出很强的疏水性,接触角约为 135°。因此,获得的具有周期性环状褶皱的纤
维可用以制造自清洁衣物、集水器、防冰涂层和高性能复合材料等用途[5,24]。

3.4　小结

自然界存在各种各样基于圆柱面的褶皱图案。比如大象鼻子表面的环节
褶皱,泡桐树皮表面沿轴向取向的粗糙纹路。与各向同性收缩球面起皱相比,
圆柱面起皱更加复杂一些。圆柱体既可以沿径向收缩,也可以沿轴向收缩,这
两种收缩状态可以单独存在,也可同时发生。实现维度的单独调控为丰富褶皱

图案提供了新的可能,但也带来了新的挑战。

以圆柱体气球为基底,以 GO 为起皱薄膜,通过充放气实现基底的各向异性膨胀和收缩,可以仿生构筑类泡桐树皮多级褶皱图案。所得多级褶皱明显具有取向性。从 PAN 前驱体纤维出发,通过 BCl$_3$ 和 NH$_3$ 循环交联处理,原位生成无机硬化层,在热收缩驱动的轴向压缩应力下,可以诱导纤维上形成类似象鼻的环状褶皱。在纤维上引入环状褶皱后,可以实现从超亲水性到疏水性的转变。

参考文献

[1] Yin J, Gerling G J, Chen X. Mechanical Modeling of a Wrinkled Fingertip Immersed in Water [J]. Acta Biomaterialia, 2010, 6(4): 1487 – 1496.

[2] Boudaoud A. An Introduction to the Mechanics of Morphogenesis for Plant Biologists [J]. Trends in Plant Science, 2010, 15(6): 353 – 360.

[3] Clair B, Alteyrac J, Gronvold A, et al. Patterns of Longitudinal and Tangential Maturation Stresses in Eucalyptus Nitens, Plantation Trees [J]. Annals of Forest Science, 2013, 70(8): 801 – 811.

[4] Huang Q, Wang P, Wang Y, et al. Kinematic Analysis of Bionic Elephant Trunk Robot Based on Flexible Series-Parallel Structure [J]. Biomimetics, 2022, 7: 228.

[5] Tan Y L, Hu B R, Song J, et al. Bioinspired Multiscale Wrinkling Patterns on Curved Substrates: An Overview [J]. Nano-Micro Letters, 2020, 12: 101.

[6] 谭银龙,蒋振华,楚增勇.高分子基体表面褶皱的仿生构筑、微观调控及其应用[J].高分子学报,2016,11: 1508 – 1521.

[7] Chen P Y, Liu M, Wang Z, et al. From Flatland to Spaceland: Higher Dimensional Patterning with Two-Dimensional Materials [J]. Advanced Materials, 2017, 29: 1605096.

[8] Hummers W S, Offeman R E. Preparation of Graphitic Oxide [J]. Journal of the American Chemical Society, 1958, 80(6): 1339.

[9] Xu L, Teng J, Li L, et al. Hydrophobic Graphene Oxide as a Promising Barrier of Water Vapor for Regenerated Cellulose Nanocomposite Films [J]. ACS Omega, 2019, 4(1): 509 – 517.

[10] Wang J, Zhang P, Liang B, et al. Graphene Oxide as an Effective Barrier On a Porous Nanofibrous Membrane for Water Treatment [J]. ACS Applied Materials & Interfaces, 2016, 8(9): 6211 – 6218.

[11] Su Y, Kravets V G, Wong S L, et al. Impermeable Barrier Films and Protective Coatings

Based on Reduced Graphene Oxide [J]. Nature Communications, 2014, 5: 4843.

[12] Chen P Y, Zhang M, Liu M, et al. Ultra-Stretchable Graphene-Based Molecular Barriers for Chemical Protection, Detection, and Actuation [J]. ACS Nano, 2018, 12(1): 234 – 244.

[13] Liu Y, Kumar S. Recent Progress in Fabrication, Structure, and Properties of Carbon Fibers [J]. Polymer Reviews, 2012, 52: 234 – 258.

[14] An F, Zhou P, Lu C, et al. Tuning the Surface Grooves of Carbon Fibers by Dry-Jet Gel-Spinning [J]. Carbon, 2019, 143: 200 – 203.

[15] Golberg D, Bando Y, Huang Y, et al. Boron Nitride Nanotubes and Nanosheets [J]. ACS Nano, 2010, 4: 2979 – 2993.

[16] Kaner R B, Kouvetakis L, Warble C E, et al. Boron-Carbon-Nitrogen Materials of Graphite-like Structure [J]. Materials Research Bulletin, 1987, 22: 399 – 401.

[17] Ci L, Song L, Jin C, et al. Atomic Layers of Hybridized Boron Nitride and Graphene Domains [J]. Nature Materials, 2010, 9: 430 – 435.

[18] Raidongia K, Nag A, Hembram K P S S, et al. BCN: A Graphene Analogue with Remarkable Adsorptive Properties [J]. Chemistry-A European Journal, 2010, 16: 149 – 157.

[19] Kang Y, Chu Z Y, Zhang D J, et al. Incorporate Boron and Nitrogen into Graphene to Make BCN Hybrid Nanosheets with Enhanced Microwave Absorbing Properties [J]. Carbon, 2013, 61: 200 – 208.

[20] Xu Z, Chen Y, Li W, et al. Preparation of Boron Nitride Nanosheet-Coated Carbon Fibres and Their Enhanced Antioxidant and Microwave-Absorbing Properties [J]. RSC Advances, 2018, 8: 17944 – 17949.

[21] Badakhsh A, Han W, Jung S C, et al. Preparation of Boron Nitride-Coated Carbon Fibers and Synergistic Improvement of Thermal Conductivity in Their Polypropylene-Matrix Composites [J]. Polymers, 2019, 11(12): 2009.

[22] Jia F, Cao Y, Zhao Y, et al. Buckling and Surface Wrinkling of An Elastic Graded Cylinder with Elastic Modulus Arbitrarily Varying Along Radial Direction [J]. International Journal of Applied Mechanics, 2014, 6: 1450003.

[23] Edie D D. The Effect of Processing on the Structure and Properties of Carbon Fibers [J]. Carbon, 1998, 36(4): 345 – 362.

[24] Frank E, Hermanutz F, Buchmeiser M R. Carbon Fibers: Precursors, Manufacturing, and Properties [J]. Macromolecular Materials & Engineering, 2012, 297(6): 493 – 501.

[25] Nunna S, Naebe M, Hameed N, et al. Investigation of Progress of Reactions and Evolution of Radial Heterogeneity in the Initial Stage of Thermal Stabilization of PAN Precursor Fibers [J]. Polymer Degradation & Stability, 2016, 125: 105 – 114.

[26] Zhang X, Kitao T, Piga D, et al. Carbonization of Single Polyacrylonitrile Chains in

Coordination Nanospaces [J]. Chemical Science, 2020, 11(39): 10844 - 10849.

[27] Feng Y, Jiao W, Fan Y, et al. Scalable Exfoliation For Large-Size Boron Nitride Nanosheets by Low Temperature Thermal Expansion-Assisted Ultrasonic Exfoliation [J]. Journal of Materials Chemistry C, 2017, 5: 6359 - 6368.

[28] Chen X, Yin J. Buckling Patterns of Thin Films on Curved Compliant Substrates with Applications to Morphogenesis and Three-Dimensional Micro-Fabrication [J]. Soft Matter, 2010, 6(22): 5667 - 5680.

[29] Wang L, Pai C L, Boyce M C, et al. Wrinkled Surface Topographies of Electrospun Polymer Fibers [J]. Applied Physics Letters, 2009, 94(15): 2598.

[30] Moulton D E, Goriely A. Circumferential Buckling Instability of a Growing Cylindrical Tube [J]. Journal of the Mechanics & Physics of Solids, 2011, 59(3): 525 - 537.

[31] Cao Y P, Li B, Feng X Q. Surface Wrinkling and Folding of Core-Shell Soft Cylinders [J]. Soft Matter, 2011, 8(2): 556 - 562.

第4章 图案化褶皱工艺与条纹状宏观形貌的调控

4.1 引言

相比于各向同性收缩,各向异性收缩提供了新的调控自由度,丰富了褶皱的形貌,但所调控的形貌仍处于微观结构层面。除此之外,还可以通过设计宏观周期结构,实现褶皱形貌的宏观图案化[1]。

例如斑马除具有正常的皮肤褶皱外,还同时具有黑白相间的条纹图案[2],如图4.1所示。对斑马来说这些条纹有助于打散轮廓,迷惑天敌,让捕食者很难锁定目标,尤其是当斑马群跑动起来,看起来就像一堆移动的乱码。斑马的条纹也可以帮助斑马在群体中找到伙伴,从而提高它们的生存率。

柔性电子材料的应变系数(gauge factor, GF),又称灵敏因子,一直是可拉伸电子材料的重要研究课题[3-5]。高应变系数材料可以作为应变传感器,用以监测人体生命体征和运动情况[3];低应变系数的电子材料在构筑对应变极不敏感的柔性电极、定值电阻、储能器件来说是至关重要的[6-10]。大范围调控GF值,可以为柔性电子领域提供更多的选择。

图4.1 黑白相间条纹图案的斑马

本章通过控制双轴收缩顺序(各向异性收缩工艺),制备了具有分级取向结构的褶皱状石墨烯[8, 11-14]。两个方向上的应变系数截然不同。为了提高其应用潜力,在分级褶皱的基础上采用宏观图案化,制备了宏观图案化分级褶皱石墨烯。各向异性的取向微观图案,与条纹状的宏观图案相结合,可以显著改变表面褶皱材料的应变系数。

4.2　分级褶皱石墨烯的构筑

本节以 GO 为起皱薄膜,通过控制双轴双向收缩顺序,采用各向异性收缩起皱法仿生构筑了氧化石墨烯褶皱(wrinkled graphene oxide, WGO);然后用水合肼蒸气原位还原,得到还原氧化石墨烯褶皱(wrinkled reduced graphene oxide, WG);最后再采用掩膜版进行宏观图案化,制备了宏观图案化的氧化石墨烯褶皱(patterned WGO, PWGO)和石墨烯褶皱(patterned WG, PWG)。

4.2.1　构筑工艺

图 4.2 展示了基于橡胶基底的(图案化)分级褶皱石墨烯的制作过程,和应变传感器的组装方式。

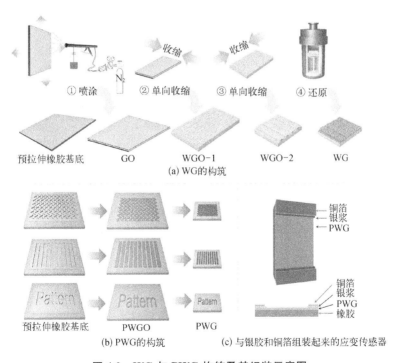

①喷涂　②单向收缩　③单向收缩　④还原

预拉伸橡胶基底　　GO　　WGO-1　　WGO-2　　WG

(a) WG 的构筑

铜箔
银浆
PWG

铜箔
银浆
PWG
橡胶

预拉伸橡胶基底　　PWGO　　PWG

(b) PWG 的构筑　　　(c) 与银胶和铜箔组装起来的应变传感器

图 4.2　WG 与 PWG 构筑及其组装示意图

褶皱石墨烯膜的制造过程如图 4.2(a)所示。首先,将 GO 的乙醇溶液利用喷涂的方法涂覆在预先拉伸的橡胶基底上,待自然晾干后,形成了橡胶基底上的 GO。将制好的 GO 依次沿两个方向缓慢地收缩,制备得到了具有分级褶皱的 WGO。最后,在 90℃的水热反应釜中使用肼蒸汽对氧化石墨烯膜进行还原,将 WGO 还原为具有分级结构的 WG。编号 WG-1-10 表示原料 GO 浓度为 1 mg/mL,肼蒸汽还原时间为 10 min 的样品。

同样,图案化是利用钢制掩模板在第一步喷涂的过程中实现的,其大致流程如图 4.2(b)所示。钢制掩模板是通过激光切割机获得的,其图案绘制简单,操作方便。最终制得的样品记为 PWG。由于钢掩模的易设计性和多样性,制备的 PWG 可设计性很强。

为了测试薄膜的应变灵敏度,将橡胶基底上分级褶皱的石墨烯膜用银胶与铜箔组装,作为应变传感器[图 4.2(c)],并固定在玻璃片上进行测试。

图 4.3(a)中光学照片显示,随着浓度和还原时间的增加,样品颜色逐渐加深。SEM 微观结构均展现出各向异性,其褶皱的宽度和深度受 GO 浓度的影响较大:浓度为 1 mg/mL 时形成的初级褶皱厚度约为 30 nm,5 mg/mL 浓度则对应

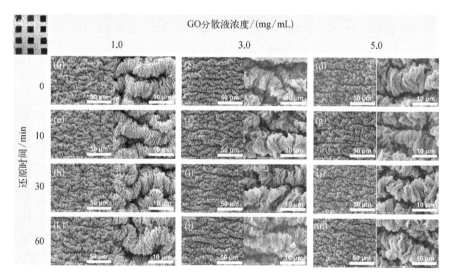

图 4.3 WG 的光学图像和 SEM 图像

(a) 实物图;(b) WGO-1;(c) WGO-2;(d) WGO-5;(e) WG-1-10;
(f) WG-2-10;(g) WG-5-10;(h) WG-1-30;(i) WG-2-30;
(j) WG-5-30;(k) WG-1-60;(l) WG-2-60;(m) WG-5-60

着约 200 nm。低浓度有利于形成更加密集的褶皱形貌。随着还原时间的增加，同一浓度下的样品并未体现出明显区别，但还原时间过长(超过 120 min)会使石墨烯褶皱产生破损，这可能是由于含氧基团还原生成的气体破坏了褶皱石墨烯的结构[15]。

4.2.2　还原工艺

还原过程涉及化学变化，对所制备的样品进行了拉曼光谱(Raman spectra)和红外光谱(FTIR)分析，如图 4.4 所示。不同 GO 浓度制备的 WG 样品的拉曼光谱[图 4.4(a)]显示，随着 GO 分散液浓度的增加，GO 的特征 D 峰和 G 峰强度随之增加。这说明随着 GO 分散液浓度增加，GO 涂层厚度增加，对橡

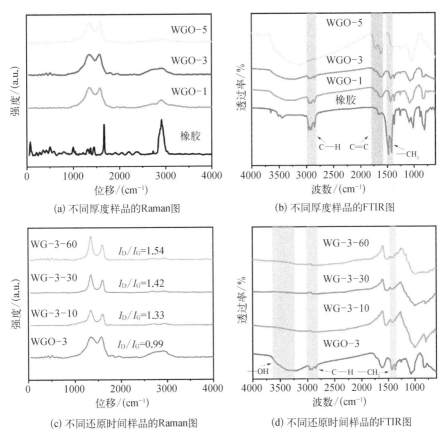

(a) 不同厚度样品的Raman图

(b) 不同厚度样品的FTIR图

(c) 不同还原时间样品的Raman图

(d) 不同还原时间样品的FTIR图

图 4.4　WGO 和 WG 样品的化学结构表征

胶基底的遮盖和屏蔽作用越强。图 4.4(b)中的红外谱也很好的证明了这一点。随着 GO 浓度的增加,位于 2 900 cm⁻¹ 左右 C—H 键的伸缩振动峰和 1 450 cm⁻¹ 左右—CH₃ 键的伸缩振动峰强度均逐渐降低,说明橡胶基底被覆盖[16]。同时,归属于 GO 的羟基峰和 C═C 双键振动峰强度增加,表明 GO 的厚度增加[17]。

进一步以 3 mg/mL GO 制备的 WG-3 为研究对象,测试了不同还原时间样品的拉曼光谱和红外光谱。随着还原的进行,从拉曼光谱[图 4.4(c)]中可以很明显地观察到 I_D/I_G 之比增加,从未还原时的 0.99 逐步提升到 1.54,这是由于含氧基团脱去后形成了较多缺陷或非晶的碳所产生的[18]。图 4.4(d)的红外谱图也可以明显地观察到还原过程,尤其是 3 400 cm⁻¹ 附近的羟基伸缩振动峰的消失,证明了肼蒸汽良好的还原效果。

初始电阻率是分级褶皱石墨烯作为柔性传感材料至关重要的参数,因此探究 GO 分散液浓度和还原时长对样品导电性的影响是不可或缺的。使用四探针法测量了不同浓度和不同还原时间系列样品的方阻值,得到的数据具有明显的规律性,如图 4.5 所示。

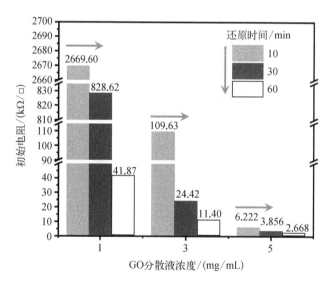

图 4.5 不同喷涂浓度和不同还原时间下的 WG 的方阻值对比

在同一浓度下,还原时间越长,其方阻值越小,说明肼蒸汽对 GO 产生了较好的还原效果。对比相同还原时间的样品,GO 分解液浓度越高,方阻值越低,这是由于石墨烯涂层的厚度增加,对样品的整体导电性起到积极影响。总而言之,通过调整 GO 的浓度和还原时长,制备得到了方阻值在 2.668~2 669.6 kΩ/□ 的分级褶皱石墨烯,电阻跨度大,可适用于不同场景[9]。

为详细表征还原过程引起的化学反应,以 WGO-3 为初始状态,测试了不同还原时间下的样品的 X 射线光电子能谱(XPS),并对其中 C1s 精细谱进行了分峰处理,给出了碳原子状态的变化情况,结果如图 4.6 所示。

如图 4.6(a~e)所示,未还原的 WGO-3 存在较多的 C—O 键和 C=O 键(分别位于 287.0 eV 和 288.8 eV),且碳原子主要以 sp^3 杂化(284.9 eV)的形式存在[17]。但在 WG-3-10 及后续的样品中,sp^3 杂化的碳原子转化为 sp^2 杂化(284.1 eV),且氧原子含量逐渐降低,这些变化都是 GO 被有效还原的标志。

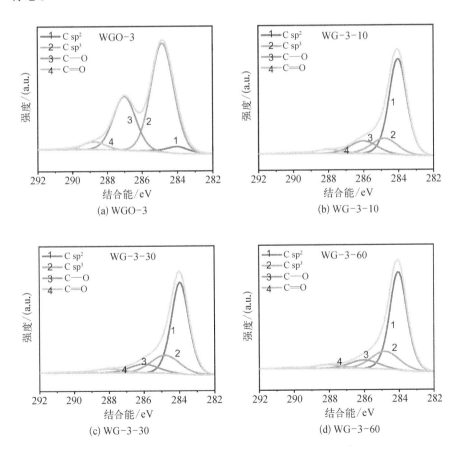

(a) WGO-3

(b) WG-3-10

(c) WG-3-30

(d) WG-3-60

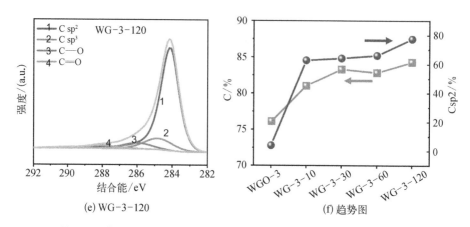

(e) WG-3-120   (f) 趋势图

图 4.6　对不同还原时间的 WG 样品高分辨 XPS C1s 谱图的分峰处理

图 4.6(f)汇总了在还原过程中碳原子的变化情况,方格线表示碳原子占总原子的比例随着还原时间的增加而提升,这是因为还原过程中含氧的官能团脱去。圆点线代表以 sp^2 杂化存在的碳原子占总碳原子的比例逐渐增加,这意味着碳原子石墨化,这也是 GO 被还原的重要标志。

以上分析表明,还原过程中 GO 转化为石墨烯,此过程为 WG 样品的良好导电性提供了基础。

对于应变传感材料,力学稳定性也是至关重要的。探究了橡胶基底、负载 GO 和还原后样品的力学性能,以 WGO-3 为代表,定性的分析涂层对力学性能的影响,如图 4.7 所示。以 2 mm/min 的速度对橡胶、WGO-3、WG-3-60 样品进行力学的拉伸恢复测试,如图 4.7(a)所示。GO 涂层对橡胶基底的力学性能

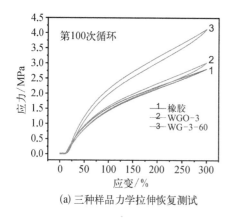

(a) 三种样品力学拉伸恢复测试

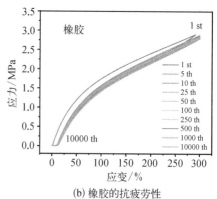

(b) 橡胶的抗疲劳性

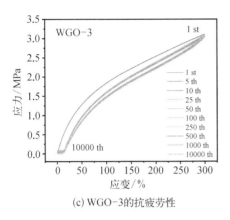

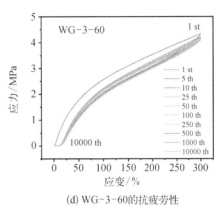

(c) WGO-3的抗疲劳性   (d) WG-3-60的抗疲劳性

图 4.7 橡胶基底、WGO、WG 样品的力学循环性能对比

的影响很小,但还原后的样品具有更高的拉伸强度,这可能是在肼蒸汽还原的过程中新形成的化学键对其起到力学增强的作用。图 4.7(b~d)展示了三种材料的抗疲劳性,表明橡胶基底上分级褶皱石墨烯是力学稳定的,可以承受上万次的拉伸循环。

4.3　宏观形貌调控与导电性能

为探究各向异性的分级褶皱石墨烯在不同方向上的应变传感性能,并讨论构筑工艺参数的影响,本节测试并分析了样品的应变系数。在此基础上设计宏观图案,以进一步调整应变系数。

4.3.1　分级褶皱调控与导电性能

图 4.8 为拉伸过程中沿初级褶皱方向的微观形貌的变化情况。图 4.8(a)通过示意图的形式清晰地展示了在此方向拉伸时所产生的形貌变化。图 4.8(b)的扫描电镜图像很好的证明了示意图的变化。当拉伸应变作用于 WG-3-60 时,其微观结构中的初级皱褶变宽,同时皱褶之间的距离增大,但此过程未导致原有的接触分离,也未形成裂纹或破损。

示意图和 SEM 形貌图均说明了在此方向上的拉伸可逆性[19]。应变的产生会导致样品中原本的初级褶皱逐渐舒展,这个过程是高度可逆的,橡胶基底本

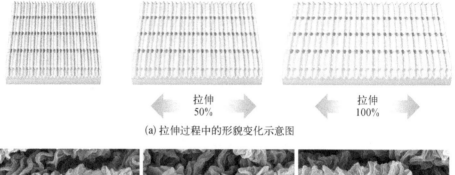

(a) 拉伸过程中的形貌变化示意图

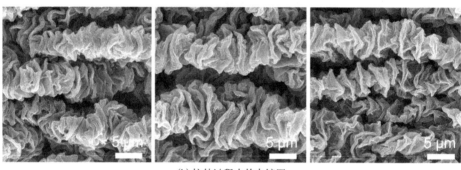

(b) 拉伸过程中的电镜图

图 4.8 WG‑3‑60 样品沿初级褶皱生成方向的拉伸示意图和电镜图

身具有的高弹性和石墨烯薄膜稳定的结构保证了这一点[20]。因此在 100% 的应变下不会引起整体材料导电通路的较大改变,其微观结构在拉伸过程中也并未发生破损或者产生微裂纹,这些优势有利于柔性传感材料的长期使用。

图 4.9(a~c)展示了在三种浓度下不同还原时间样品的应变响应曲线,均表现出较小的应变系数,在 0.15~0.67 之间。在同一浓度下,其应变系数随还原时间的增加而降低;在相同还原时间的情况下,其应变系数随原料氧化石墨烯的浓度的增加而降低。即在此方向下,薄的褶皱石墨烯层容易产生较大的应变系数,薄层在拉伸过程中更容易发生微小的裂纹以导致电阻增加。

图 4.9(d)统计了应变系数的变化规律。可以总结出,分散液浓度越高,还原时间越长,应变系数越小,即应变敏感性越低。这与电阻值的变化趋势是相同的,也就是说,电阻值越小,其应变系数也就越小。

据此可以推断,较厚的膜在还原时间较长时具有更佳的附着能力,在拉伸过程中产生的结构改变也较小。值得一提的是,PWG‑5‑60 在 100% 应变下其电阻变化保持在 15% 以下,其本身就具有在柔性器件中作为对应变不敏感的定

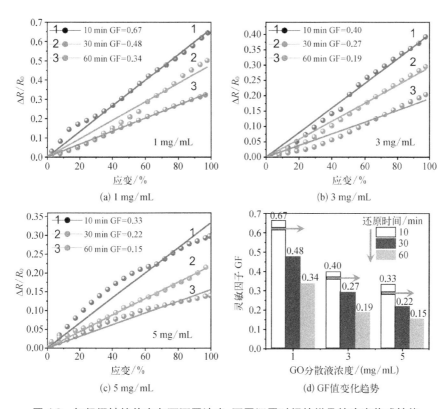

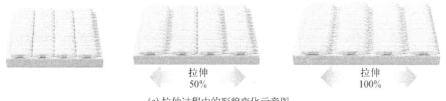

图 4.9　初级褶皱拉伸方向下不同浓度、不同还原时间的样品的应变传感性能

值电阻的应用潜力[8]。

　　图 4.10 显示了沿二级褶皱方向拉伸时 WG 样品的微观形貌的变化情况。图 4.10(a) 的示意图清晰地演示了在二级褶皱方向拉伸过程中其褶皱表面连接处发生分离的情况，图 4.10(b) 的扫描电镜图也对此模型提供了支持，可以明显地观察到拉伸过程中产生的原有连接的分离。

(a) 拉伸过程中的形貌变化示意图

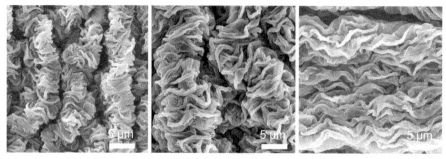

(b) 拉伸过程中的电镜图

图 4.10　WG‑3‑60 样品沿二级褶皱生成方向的拉伸应变传感性能

　　图 4.11 展示了在二级褶皱的拉伸方向 WG 系列样品的应变曲线,明显要高于沿初级褶皱方向拉伸的应变系数。从图 4.11 中发现此方向上的拉伸会使二

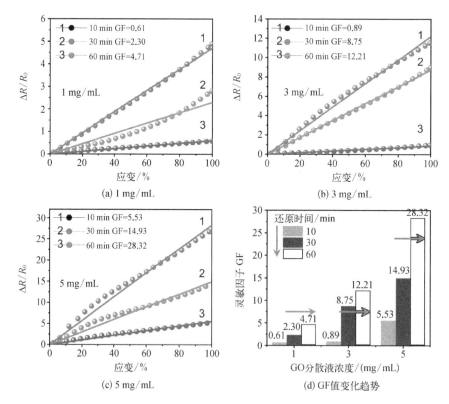

图 4.11　二级褶皱拉伸方向下不同浓度、不同还原时间的样品的应变传感性能

级褶皱形成的连接分开,而这种分离严重减少并延长了导电通路,因而产生了较大的应变系数。在相同浓度不同还原时间的样品中,还原时间越长,其应变系数越大。同样,对比同一还原时间的样品,GO 浓度越高,其应变系数越大。这与样品方阻值的变化趋势是相反的,即样品方阻值越高,其应变系数越低。此结论与沿初级褶皱拉伸所总结的规律相反,这是因为其具有不同的响应机理[8,21,22]。

综合图 4.8 至图 4.11,WG 具有独特的各向异性特征,这是由其两步收缩工艺所产生的。根据在不同应变方向上的应变敏感特征(图 4.12),二级褶皱方向拉伸因其高灵敏系数可以用于应变传感器,一级褶皱方向拉伸因其低灵敏系数可以用于柔性电极或定值电阻。

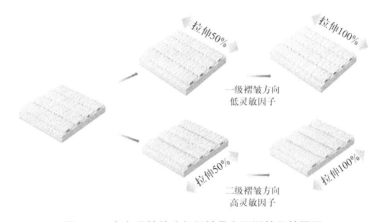

图 4.12　各向异性的分级褶皱具有可调的灵敏因子

4.3.2　宏观条纹调控与导电性能

为了结合微结构和宏观图案化的优点,设计了一些宏观图案,以实现更高的应变响应或更稳定的电阻值。WG-5-60 在二级褶皱的拉伸方向产生了高达 28.32 的应变系数,且在初级褶皱拉伸方向上应变系数只有 0.15,因此选择其作为研究图案化的样品。同时为了探究图案化对应变系数影响的理论基础,将复杂的图案简化为沿拉伸方向和垂直于拉伸方向的网格,通过线条粗细来探究横线和竖线的影响,具体图案设计和应变曲线如图 4.13 所示。

图 4.13(a~c)是网格状图案化的 PWG-5-60 样品,图 4.13(a)网格中与拉伸方向垂直的线条加粗,而图 4.13(c)网格中与拉伸方向平行的线条加粗。可以发现,不管沿哪个方向,与拉伸方向垂直的线条的加粗都有利于降低应变

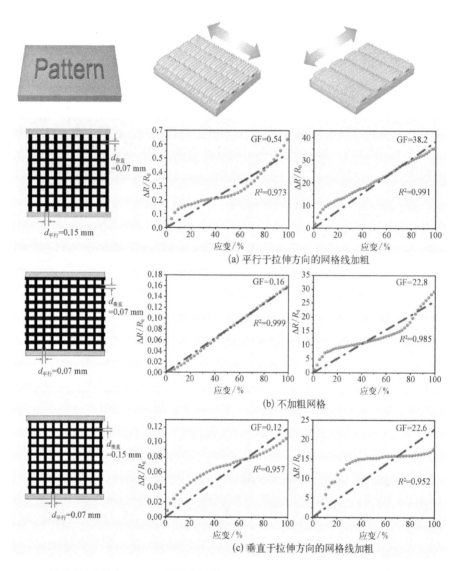

图 4.13　PWG‐5‐60 中网格线的宽度对不同方向拉伸应变系数的影响

系数,而与拉伸方向平行的线条的加粗会提高应变系数,规则网格[图 4.13(b)]产生的应变系数与无图案化的样品大致相当[1]。当垂直于拉伸方向的网格线宽度约为平行于拉伸方向网格线的两倍时,样品的应变系数最低,在初级褶皱的拉伸方向下由无图案的 0.15 降低至 0.12;当平行于拉伸方向的网格线宽度是垂直于拉伸方向网格线的两倍时,样品的应变系数得到明显的提升,在二级褶皱的拉伸方向下由无图案时的 28.32 提升到 38.2。

根据以上实验和理论模型的指导,设计了条纹线、斜网格和波浪线的图案以期获得需要的应变系数,如图 4.14 所示。条纹线的设计可以增加其对应变的

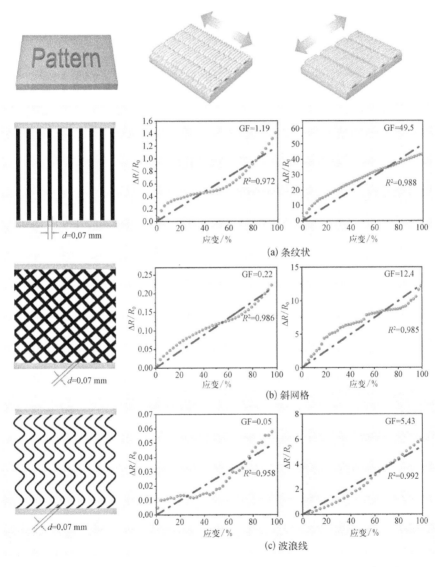

图 4.14　在 PWG-5-60 中不同图案对两方向的拉伸应变敏感性的影响

响应程度,其中沿二级褶皱方向拉伸时,其应变系数从无图案的 28.32 提升到可观的 49.5。如此之高的应变系数对于非裂纹缺陷机制的应变传感器来讲是极为罕见的,而在本章中是通过二级褶皱所形成的大量的表面连接的分离和条纹状图案的增强来实现的。值得一提的是,在 100%以内的应变不会对其结构产生损坏,因此组装的应变传感器具有极高的稳定性,使用的过程不会损失信号[23,24]。

斜网格的设计一定程度上增加了横条纹的存在,因此也展现出降低应变系数的效果,但因存在较多的边缘断点和复杂的导电通路,其降低效果并不明显。而波浪线的设计对降低应变系数显示出极大的效果,在初级褶皱方向应用波浪线的设计,可以将原本无图案的 0.15 降低到 0.05。在 100%应变下小于 5%的电阻变化可以满足大多数稳定电阻器件的需求。值得注意的是,这种对应变不敏感的性质是由结构和材料所共同促成的,因此采用导电性更好的纳米材料,可以拓展这种结构在可拉伸电极、稳定电阻等领域的应用[8-10]。

4.3.3 条纹褶皱的应变传感示例

蛇纹状的 PWG - 5 - 60 表现出良好的稳定性,100%应变下的阻值变化小于 5%。这意味着它可以在柔性电子器件中用作定值电阻[25]。条纹线 PWG - 5 - 60 拉伸时阻力变化较大,可用于高 GF 的应变传感器。为了进一步探索条纹线 PWG - 5 - 60 作为应变传感器的应用,对其进行了在不同频率、不同应变下的疲劳测试,如图 4.15 所示。

如图 4.15(a)所示,当施加不同的应变时,装配好的应变传感器具有稳定的信号。它反应迅速,初始恢复较快,这些都是应变传感器的基本特性[26]。稳定性还包括不同频率下循环的能力,如图 4.15(b)所示,以及图 4.15(c)所示的在高频率下的重复性。

图 4.16 展示了条纹线 PWG - 5 - 60 样品在检测人体健康方面的应用潜力。如图 4.16(a,b)所示,该传感器能检测腕脉的小信号,并能清晰区分叩诊峰(P)、潮峰(T)和舒张峰(D),休息和运动所产生的频率很容易识别。

同一个传感器也可以检测较大的运动,如手指弯曲角度的不同,如图 4.16(c)所示,在不同手指弯曲情况下可以产生较大且稳定的信号输出,这对于监测人体运动等具有重要意义。类似地,这意味着此应变传感器可以用在人体或者机器人的各个关节上作为运动检测器。从图 4.16(d)可以看出,不同字母的发音所产生的震动可以使条纹状 PWG - 5 - 60 应变传感器发出的信号有不同特征,这表明该传感器在语音识别中具有潜在的应用前景[26]。

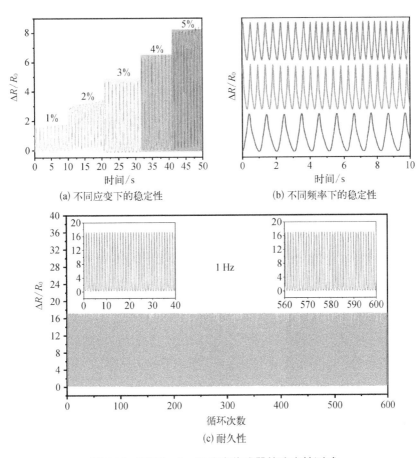

(a) 不同应变下的稳定性

(b) 不同频率下的稳定性

(c) 耐久性

图 4.15 PWG-5-60 应变传感器的稳定性测试

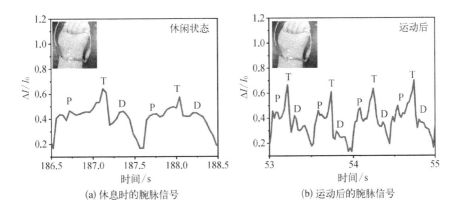

(a) 休息时的腕脉信号

(b) 运动后的腕脉信号

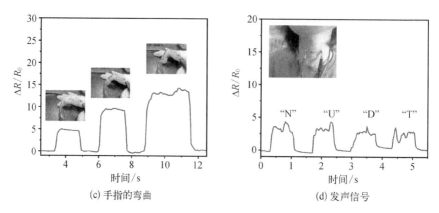

图 4.16 PWG－5－60 应变传感器的应用演示

4.4 小结

通过微观形貌和宏观结构相结合的协同设计,成功地制备了一种易于设计和调控的电子材料。即对预拉伸基底前后两次不同方向的收缩,制备了结构规则且分级取向的褶皱石墨烯薄膜,借助掩膜版进一步引入了条纹状宏观图案。

(1) 分级褶皱可以实现应变系数的各向异性。当沿初级皱褶方向拉伸时,皱褶变宽,距离增大,但未改变其导电通路,因此电阻值变化较小(GF = 0.15);当沿二级褶皱方向拉伸时,表面的接触点分离,延长了导电通路,导致电阻大幅度增加(GF = 28.3)。

(2) 在分级褶皱基础上引入宏观图案,进一步放大了应变系数的各向异性。增宽平行于拉伸方向的条纹会增大拉伸过程中的电阻变化,而增宽垂直于拉伸方向的条纹会减小拉伸过程中的电阻变化。初级皱褶方向加波浪线图案具有极低的应变系数(GF = 0.05),二级褶皱方向加条纹线图案具有极高的应变系数(GF = 49.5),显著拓宽了褶皱材料的应用范围。

参考文献

[1] 温激鸿,郁殿龙,赵宏刚,等.人工周期结构中弹性波的传播:振动与声学特征[M].北

京：科学出版社,2015.

[2]　Liu Y, He K, Chen G, et al. Nature-Inspired Structural Materials for Flexible Electronic Devices [J]. Chemical Review, 2017, 117(20): 12893－12941.

[3]　Amjadi M, Kyung K U, Park I, et al. Stretchable, Skin-Mountable, and Wearable Strain Sensors and Their Potential Applications: A Review [J]. Advanced Functional Materials, 2016, 26(11): 1678－1698.

[4]　Trung T Q, Lee N E, Lee E N. Recent Progress on Stretchable Electronic Devices with Intrinsically Stretchable Components [J]. Advanced Materials, 2016, 29(3): 1603167.

[5]　Wang J L, Hassan M, Liu J W, et al. Nanowire Assemblies for Flexible Electronic Devices: Recent Advances and Perspectives [J]. Advanced Materials, 2018, 30(48): 1803430.

[6]　Urdaneta M G, Delille R, Smela E. Stretchable Electrodes with High Conductivity and Photo-Patternability [J]. Advanced Materials, 2007, 19(18): 2629－2633.

[7]　Lee M S, Lee K, Kim S Y, et al. High-Performance, Transparent, and Stretchable Electrodes Using Graphene-Metal Nanowire Hybrid Structures [J]. Nano Letters, 2013, 13(6): 2814－2821.

[8]　Gong X F, Chu Z Y, Li G C, et al. Efficient Fabrication of Carbon Nanotube-Based Stretchable Electrodes for Flexible Electronic Devices [J]. Macromolecular Rapid Communications, 2022, 44(5): 2200795.

[9]　Zhou Y, Yokota Y, Tanaka S, et al. Highly Conducting, Durable and Large Area Carbon Nanotube Thick Films for Stretchable and Flexible Electrodes [J]. Applied Physics Letters, 2019, 114(21): 213104.

[10]　Cao C, Zhou Y, Ubnoske S, et al. Highly Stretchable Supercapacitors via Crumpled Vertically Aligned Carbon Nanotube Forests [J]. Advanced Energy Materials, 2019, 9(22): 1900618.

[11]　Choi W M, Song J, Khang D Y, et al. Biaxially Stretchable "Wavy" Silicon Nanomembranes [J]. Nano Letters, 2007, 7(6): 1655－1663.

[12]　Genzer J, Fischer D A, Efimenko K. Fabricating Two-Dimensional Molecular Gradients via Asymmetric Deformation of Uniformly-Coated Elastomer Sheets [J]. Advanced Materials, 2003, 15(18): 1545－1547.

[13]　Efimenko K, Rackaitis M, Manias E, et al. Nested Self-similar Wrinkling Patterns in Skins [J]. Nature Materials, 2005, 4(4): 293－297.

[14]　Lin P C, Yang S. Spontaneous Formation of One-dimensional Ripples in Transit to Highly Ordered Two-Dimensional Herringbone Structures Through Sequential and Unequal Biaxial Mechanical Stretching [J]. Applied Physics Letters, 2007, 90(24): 241903.

[15]　Hummers W S, Offeman R E. Preparation of Graphitic Oxide [J]. Journal of American

Chemical Society, 1958, 208: 1334 – 1339.

[16] Wang Y, Hao J, Huang Z, et al. Flexible Electrically Resistive-Type Strain Sensors Based on Reduced Graphene Oxide-Decorated Electrospun Polymer Fibrous Mats for Human Motion Monitoring [J]. Carbon, 2017, 126: 360 – 371.

[17] Song J, Tan Y, Chu Z, et al. Hierarchical Reduced Graphene Oxide Ridges for Stretchable, Wearable, and Washable Strain Sensors [J]. ACS Applied Materials & Interfaces, 2019, 11(1): 1283 – 1293.

[18] Jia J, Huang G, Deng J, et al. Skin-Inspired Flexible and High-Sensitivity Pressure Sensors Based on RGO Films with Continuous-Gradient Wrinkles [J]. Nanoscale, 2019, 11(10): 4258 – 4266.

[19] Yuhao W, Wenyue L, Chenchen L, et al. Fabrication of Ultra-high Working Range Strain Sensor Using Carboxyl CNTs Coated Electrospun TPU Assisted with Dopamine [J]. Applied Surface Science, 2021, 566: 150705.

[20] Stafford C M, Harrison C, Beers K L, et al. A Buckling-based Metrology for Measuring the Elastic Moduli of Polymeric Thin Films [J]. Nature Materials, 2004, 3(8): 545 – 550.

[21] Li G C, Chu Z Y, Gong X F, et al. A Wide-Range Linear and Stable Piezoresistive Sensor Based on Methylcellulose-Reinforced, Lamellar, and Wrinkled Graphene Aerogels [J]. Advanced Materials Technologies, 2022, 7: 2101021.

[22] Tan Y L, Hu B R, Kang Y, et al. Cortical-Folding-Inspired Multifunctional Reduced Graphene Oxide Microarchitecture Arrays on Curved Substrates [J]. Advanced Materials Technologies, 2022, 7: 2101094.

[23] Jian M, Xia K, Wang Q, et al. Flexible and Highly Sensitive Pressure Sensors Based on Bionic Hierarchical Structures [J]. Advanced Functional Materials, 2017, 27(9): 1606066.

[24] Li Y, He T, Shi L, et al. Strain Sensor with Both a Wide Sensing Range and High Sensitivity Based on Braided Graphene Belts [J]. ACS Applied Materials & Interfaces, 2020, 12(15): 17691 – 17698.

[25] 姬少博,陈晓东.柔性电子学中的表界面化学[J].高等学校化学学报,2021(4): 1074 – 1092.

[26] 冯雪.可延展柔性光子/电子集成器件专辑　编者按[J].中国科学: 物理学,力学,天文学,2016,4: 1 – 2.

第5章　图案化褶皱工艺与类玫瑰花瓣表面阵列的形貌调控

5.1　引言

　　具有特殊浸润性的仿生功能表面,对于诸如自清洁、防污、集水、油水分离和微滴操控等应用具有重要意义[1-5]。大自然教会我们,即使形貌或特征尺寸的微小差异,也会导致表面润湿行为的巨大差异。例如,在荷叶和玫瑰花瓣表面都观察到了乳突状凸起结构,但这两种植物组织表面凸起的大小和纳米结构是不同的:荷叶表面的凸起直径为8~10 μm,凸起表面覆盖有密集的纳米绒毛结构,而玫瑰花瓣表面的凸起直径约为16 μm,表面由微折叠构成;正是表面微观凸起尺度和精细结构的不同,导致两者截然不同的表面润湿特性(图5.1)。

图 5.1　"荷叶效应"和"花瓣效应"及其相应的表面微纳结构

(a) 荷叶表面的球形液滴;(b~d) 荷叶表面多级结构的 SEM 图像[6];(e) 悬挂有液滴的玫瑰花瓣;
(f~h) 玫瑰花瓣表面多尺度凸起阵列的 SEM 图像[7]

　　水滴在荷叶表面的接触角大于150°,而滚动角仅为2°,适合于水滴的滚动和聚集,荷叶特有的超疏水自清洁特性,也被称为"荷叶效应"(lotus effect)[6]。玫瑰花瓣也展现出超疏水特性,而同时又具有较大的接触角迟滞和黏附力,即凝聚的水滴不易移动,甚至可以倒置;因此,在花瓣表面放置液滴,液滴呈球形,然后翻转180°,液滴依然能够黏附在花瓣表面,使得玫瑰花瓣既可以防污,又可以保鲜,研究者将玫瑰花瓣表面观察到的超疏水、高黏附特性称之为"花瓣效应"(petal effect)[7]。

玫瑰花瓣表面的高黏附力主要源于花瓣表面具有纳米折叠的多级微凸起阵列[7]。为了仿生构筑玫瑰花瓣表面的多级微结构,模仿花瓣对液滴的操控能力,常用的方法是以天然玫瑰花瓣为模板,采用高分子聚合物来印刻和复制微凸起结构。通过这种模板复刻的方法,可以在很大程度再现玫瑰花瓣表面的微结构,从实验上验证多级凸起阵列对花瓣效应的重要性。然而,模板复刻的方法往往只能获得微米级结构,很难实现更小尺度纳米结构的精准复制,因而未能完全展示自然界的奇特性能。此外,常规的微纳加工技术也只能在平面基底表面构筑精细结构,在曲面上实现多尺度三维结构的可控构筑依然是一个难题,因为很难获得适用于不同曲率曲面基底的通用模板[8-12]。尽管国内外学者多方努力,创造发明了不同的方式方法,但是,玫瑰花瓣表面多级凸起阵列的无模板、大规模制备依然具有挑战性[12]。

从生物力学的角度看,玫瑰花瓣表面微凸起上纳米折叠的形成,可能与表面生长诱导的力学失稳有关。与植物表面微结构相似,薄膜或皮肤层在柔性基底上的表面起皱是自然界中的普遍现象。受这些应力驱动的表面起皱现象的启发,应力诱导的微结构自组装已被广泛用于构筑褶皱、折叠和山脊等拓扑形貌[13-17]。

除了特殊的结构以外,合适的基材也是重要因素。氧化石墨烯 GO 片层具有良好的柔性和顺应性,能够附着在具有不同几何形态的基底表面。多项研究表明,GO 还具有强大的重构能力,是构建复杂三维(3D)微体系结构的合适材料[18,19]。此外,因为 GO 表面具有丰富的含氧基团,其表面化学性质和润湿特性可以通过化学修饰来调节。以 GO 为起皱薄膜,通过一步或多步2D 收缩工艺,可以在平面基底上构筑出多种 GO 褶皱图案,包括氧化石墨烯褶皱和多尺度微结构,这些褶皱化石墨烯或氧化石墨烯表面在细胞培养、防污、可穿戴电子器件、能量存储和致动器等领域具有很好的应用潜力[20-24]。同时,也表明 GO 具有很好的重构能力,是理想的构筑复杂体系结构的模块材料。

尽管已经对平面基底上的表面起皱进行了深入研究,但很少有人关注曲面基底上连续非均匀薄膜的表面起皱[25]。这里的非均匀薄膜,可以是由同种材料组成的具有空间不均匀厚度的薄膜,也可以是组成不同的复合涂层,还可以是两者的结合。

本章重点介绍连续非均匀 GO 薄膜的制备和调控方法,为非均匀薄膜的表面起皱研究奠定基础。此外,以连续非均匀图案化 GO 薄膜作为起皱薄膜,介绍不同压缩应变下表面起皱形貌的演化规律,用于仿生构筑自然界中诸如玫瑰花瓣表面的多尺度凸起阵列。之后,概述非均匀 GO 薄膜的形成机理,厘清薄膜的不均匀性对起皱形貌的影响机制,以二维收缩和三维收缩为例,介绍不同的基底收缩方式对凸起形貌的影响。

5.2　非均匀氧化石墨烯薄膜的制备和组装

5.2.1　构筑工艺与形貌调控

这里的“非均匀”主要指 GO 薄膜在厚度方面的不均匀性。具有均匀厚度的 GO 薄膜既可以通过液相中 GO 片层的自组装获得,也可以利用固相 GO 块体或粉体压制而成。然而,通过这两种方法很难在曲面基底上制备具有厚度梯度的 GO 薄膜,限制了非均匀 GO 薄膜的曲面起皱研究。为了在球面上构筑具有周期性厚度梯度的非均匀 GO 薄膜,本节介绍利用固液两相中 GO 片层的自组装制备非均匀薄膜的新方法。

实验装置和操作流程如图 5.2 所示,首先采用全涂覆技术在球形乳胶气球表面涂覆一层具有均匀厚度的 GO 薄膜,然后利用微量注射器将高浓度 GO 分散液阵列化滴加到均匀 GO 薄膜表面,基于第一步固化的全涂覆 GO 膜和第二步滴涂的 GO 液滴中 GO 片层的自组装,可以获得具有厚度梯度的非均匀图案化薄膜。

GO 薄膜的厚度与 GO 分散液的浓度密切关联,一般来说,GO 分散液的浓度越高,所形成的 GO 薄膜越厚。对于图 5.2 右图所示的复合 GO 膜(均匀全覆盖 GO 膜+厚度梯度 GO 点阵),为了研究 GO 液滴的浓度(C_s: GO 微滴浓度)对所形成 GO 点阵的厚度梯度的影响,将第一步的全涂覆 GO 分散液的浓度(C_f)固定为 2 mg/mL,而第二步分别使用 3 μL 浓度为 2 mg/mL、4 mg/mL 和 6 mg/mL 的 GO 液滴制备非均匀 GO 薄膜,即,GO 液滴的浓度和全涂覆 GO 分散液的浓度的比值(C_s/C_f)依次为 1、2 和 3。

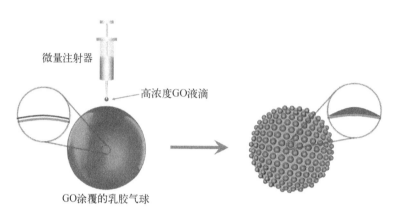

微量注射器

高浓度GO液滴

GO涂覆的乳胶气球

图 5.2　在球形基底表面构筑具有周期性厚度梯度的非均匀氧化石墨烯薄膜

　　然后,通过扫描电子显微镜(SEM)表征使用不同浓度 GO 液滴制备的 GO 薄膜的横截面形貌,如图 5.3 所示。将单个 GO 液滴干燥后形成的圆形薄膜沿直径方向一分为二,然后再把横截面的左半部分划分为 5 个区域,分别命名为 A1、A2、A3、A4 和 A5[图 5.3(a)],标记后分别对这 5 个区域进行 SEM 表征,可以根据图 5.3(b)中的 SEM 图像来测量不同区域内薄膜的平均厚度。

　　结果显示,GO 薄膜的厚度从边缘到中心逐渐增加,呈梯度变化,中心(A5)和边缘(A1)之间的厚度差距随着 GO 液滴浓度的增加而不同程度地增大[图 5.3(c)]。随着 GO 液滴浓度从 2 mg/mL 增加至 6 mg/mL,中心和边缘之间的厚度差由 0.3 μm 增大至 3.9 μm。由此可见,将高浓度 GO 液滴滴加到厚度均匀的 GO 薄膜表面,干燥后可形成具有厚度梯度的非均匀 GO 薄膜。此外,溶剂挥发后,液滴中的 GO 片层与薄膜表面的 GO 片层相互组装,形成一层完整的薄膜,未见分层或脱黏,充分展示了 GO 的自组装特性。

5.2.2　自组装机理

　　与 GO 分散液的宏观自组装不同,这里所使用的 GO 液滴体积仅为 3～5 μL,而且滴加到 GO 薄膜表面后未进行任何操控,如刷涂、刮涂、旋涂等,让其在室温下自然干燥。因此,新加的液态 GO 液滴和与先前已固化的全覆盖 GO 薄膜之间的界面相互作用在非均匀 GO 薄膜的形成过程中起关键作用。已有研究证实,干燥成型的 GO 块体材料可以在水中再分散,基于这一特性,研究者通过水蒸气实现了不同 GO 模块的宏观组装[19,26]。

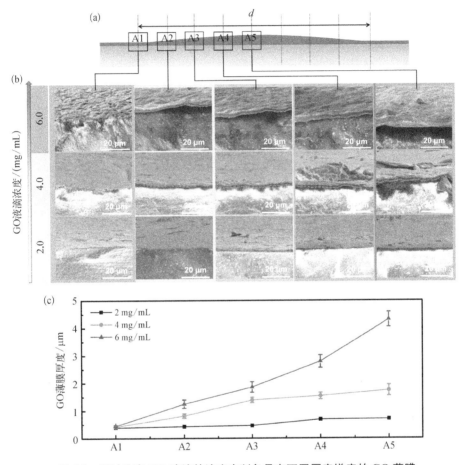

图 5.3　通过改变 GO 液滴的浓度来制备具有不同厚度梯度的 GO 薄膜

（a）单个 GO 液滴干燥后形成的圆形薄膜的横截面区域划分；（b）GO 薄膜不同区域的
横截面 SEM 图像；（c）根据横截面 SEM 图像测量的薄膜厚度分布图

　　为了弄清固液两相中 GO 片层的自组装机制，以及随着溶剂的挥发两者是怎么组装为具有厚度梯度 GO 薄膜的，首先测量了不同浓度的 GO 液滴在 GO 平面薄膜上的接触角（contact angle，CA）。如图 5.4（a）所示，将涂覆有 GO 涂层的乳胶基底水平固定在玻璃片上，之后将体积为 3 μL 的 GO 液滴滴加到 GO 表面进行接触角表征。结果表明，接触角随着浓度的增加而增大，GO 液滴浓度从 2 mg/mL 增加到 6 mg/mL，接触角从 35°增加到 64°，相应地，固液两相接触面积逐渐减小，干燥后所形成的 GO 斑点直径从 3.2 mm 减小到 2.1 mm［图 5.4（b）］。

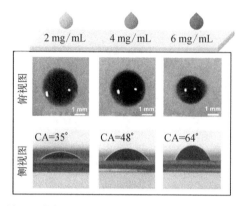

(a) 不同浓度GO液滴在GO平面上的俯视图和侧视图

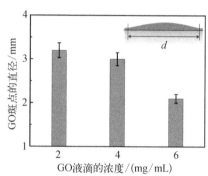

(b) GO斑点的直径随浓度的变化趋势

图5.4 不同浓度 GO 液滴在 GO 平面上的接触角以及干燥后形成薄膜的直径

图 5.5 提出了固液两相 GO 片层随溶剂挥发的自组装模型,用于描述具有厚度梯度 GO 薄膜的形成机制。GO 液滴与 GO 薄膜接触后,在水分子的作用下,已固化的薄膜表面的 GO 片层被水化,部分悬挂在液相中,在氢键作用下,与液滴中的 GO 片层相互作用。随着溶剂的蒸发,液滴高度逐渐减小,液滴中的 GO 片层逐步与薄膜表面的片层堆叠组装,最终重构为一张完整的 GO 薄膜。薄膜的厚度梯度主要与 GO 液滴的液面高度分布有关,当接触角小于 90°时[参

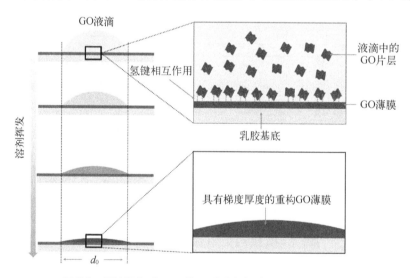

图5.5 固液两相中 GO 片层随溶剂挥发的自组装示意图

见图 5.4(a)中所示 CA 值,分别为 35°、48°和 64°],液面高度从边沿至中心逐渐增大,从而导致干燥后 GO 厚度由边沿至中心逐渐增加。

　　溶剂挥发诱导固液两相中 GO 片层的自组装,为非均匀 GO 薄膜的制备提供了一种新方法。同时,非均匀 GO 薄膜的成功制备,也为多尺度氧化石墨烯凸起阵列的构筑奠定了基础。因为,全覆盖的均匀 GO 膜层在应力作用下生成均匀微观褶皱的基础上,其上岛状或阵列分布的厚度梯度 GO 斑点可以同步产生微凸起样的折叠结构,那么就可依此来构建仿玫瑰花瓣的多尺度表面了,期望可呈现类似玫瑰花瓣的人工"花瓣效应"。

5.3　类玫瑰花瓣表面阵列的仿生构筑与形貌调控

　　自然界中的微褶皱图案普遍存在于三维凸起表面,如玫瑰花瓣表面的凸起、猪笼草叶片表面的刺突、消化道内部的绒毛等。硬质皮肤厚度和基底曲率的不均匀性,可能是形成这些多尺度起皱形貌的诱因。如图 5.6 所示,玫瑰花瓣由起伏不平的上表皮、栅栏层、海绵层和下表皮构成,硬质上表皮呈现周期性多尺度微凸起形貌,凸起表面覆盖有纳米尺度的折叠。而栅栏层和海绵层疏松多孔,细胞间隙含有空气,易受外界影响而发生变形。

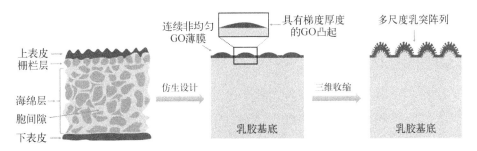

图 5.6　玫瑰花瓣表面多尺度凸起阵列的仿生构筑思路

5.3.1　构筑工艺

　　借鉴生物力学机制,引入外力来触发、形成和调控多尺度表面微纳结构。实验流程如图 5.7 所示。

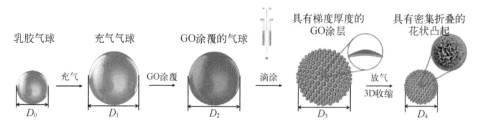

图 5.7　通过连续非均匀 GO 薄膜的 3D 收缩构筑多级凸起阵列的流程示意图

通过全涂覆技术在膨胀基底表面制备一层厚度均匀的 GO 薄膜,然后,在均匀的 GO 薄膜表面滴涂 GO 液滴点阵,利用溶剂挥发诱导固液两相中 GO 片层的自组装制备具有厚度梯度的非均匀图案化 GO 薄膜,以模仿玫瑰花瓣表面周期性排布的阵列结构。之后,通过合理地放气使气球均匀缩小,以释放膨胀基底中的预应变,诱导连续非均匀 GO 薄膜的三维收缩,以模仿玫瑰花瓣发生表面起皱时受到的生长应力,在乳胶基底上形成花状多尺度凸起阵列。

在多尺度氧化石墨烯凸起阵列的仿生构筑过程中,有两个参数非常重要。一个是非均匀 GO 薄膜的厚度梯度,如前所述,薄膜的厚度梯度可通过改变 GO 液滴的浓度进行调控,GO 液滴的浓度越高,所形成薄膜的厚度梯度越大;另一个是基底的预拉伸应变,通过调控基底预拉伸应变的大小,可以控制非均匀 GO 薄膜的收缩程度。

对于第二个参数,分别用基底预应变(ε_p)和薄膜的压缩应变(ε_c)来量化基底(乳胶气球)和薄膜(全覆盖均匀 GO 薄膜)的变形程度,分别定义为

$$\varepsilon_p = (D_1 - D_0)/D_0 \tag{5.1}$$

$$\varepsilon_c = (D_3 - D_4)/D_3 \tag{5.2}$$

其中,D_0、D_1、D_2、D_3 和 D_4 分别是初始球形基底(1 atm,未膨胀)、膨胀基底、均匀 GO 涂覆基底、非均匀 GO 涂覆基底和收缩后球形基底的直径,参见图 5.7 下方标注。

针对前述两个关键参数,下面将从两个角度开展非均匀 GO 薄膜的曲面起皱研究,一是探究非均匀 GO 薄膜的厚度梯度对凸起形貌的影响,以确定最佳的 GO 液滴浓度;二是研究凸起表面微观形貌随基底预应变增加的演变规律,获得凸起形貌与基底预应变的对应关系。

5.3.2 凸起调控

1. 非均匀氧化石墨烯薄膜的厚度梯度对凸起形貌的影响

具有厚度梯度的非均匀 GO 薄膜的成功制备,是构筑多尺度凸起的基础。前述实验证实,非均匀 GO 薄膜的厚度梯度受到 GO 液滴浓度的影响。本节则通过外加应力起皱。仍采用前述的 GO 实验条件,即在恒定全涂覆 GO 分散液浓度(2 mg/mL)下,使用 3 种 GO 液滴浓度(2、4、6 mg/mL),研究不同浓度 GO 液滴(亦即不同厚度梯度)条件下构筑的凸起的微观形貌差异。

将基底预应变分别设定为 200% 和 400%(即气球吹气膨胀,直径分别增至原来的 3 倍、5 倍),为 GO 薄膜的表面起皱提供足够的、不同的 3D 收缩条件。如图 5.8(a~f)所示,凸起处的复合 GO 薄膜收缩为高度屈曲的折叠结构。不同的是,随着 GO 液滴浓度从 2 mg/mL 增加到 6 mg/mL,GO 薄膜的厚度梯度逐渐增大,收缩后凸起的高度显著增加,凸起表面的折叠宽度逐渐增大。这些结果表明,只有当 GO 液滴浓度足够大时,才能获得显著的三维多尺度凸起[图 5.8(c)和图 5.8(f)]。

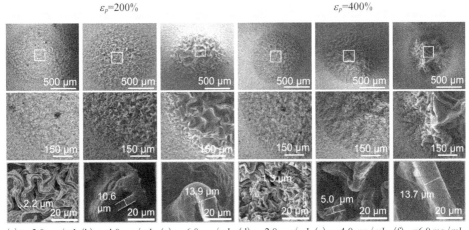

(a) c_s=2.0 mg/mL (b) c_s=4.0 mg/mL (c) c_s=6.0 mg/mL (d) c_s=2.0 mg/mL (e) c_s=4.0 mg/mL (f) c_s=6.0 mg/mL

图 5.8 通过改变 GO 液滴的浓度来调控起皱凸起的微观形貌和特征尺寸

(a~c) 固定基底预应变为 200%,随 GO 液滴浓度从 2 mg/mL 增加到 6 mg/mL,起皱凸起的微观形貌;
(d~f) 固定基底预应变为 400%,随 GO 液滴浓度从 2 mg/mL 增加到 6 mg/mL,起皱凸起的微观形貌;
各排展示不同分辨率的 SEM 照片

值得一提的是,不同于厚度均匀的 GO 薄膜的表面起皱形貌(图 5.8 第一排凸起的周边,对应于 GO 薄膜制作第一步的均匀全涂覆),非均匀 GO 薄膜的三维收缩,可以获得各向异性的多尺度三维凸起形貌。特别是当基底预应变和薄膜的厚度梯度都足够大时,可以获得类似于玫瑰花瓣表面观察到的多尺度凸起 [图 5.8(f)]。

基于多尺度凸起的形貌特点,采用两个参数对其特征尺寸进行描述,分别为凸起的直径(d_1)和凸起表面的折叠宽度(W),分别对应于图 5.8 第一排凸起尺寸和第三排照片中标示的宽度,前者显著大于后者。由于凸起表面的折叠是非均匀的,其宽度大小不一,变化性状也各异,但也呈现一定的规律性:从边沿至中心,折叠宽度逐渐增大,具有一定梯度。为了更好地描述这种尺度的不均匀性,使用折叠的最大宽度(W_{max})、最小宽度(W_{min}),以及两者之差($\Delta W = W_{max} - W_{min}$)进一步量化。

如图 5.9 所示,随着 GO 液滴浓度从 2 mg/mL 增加至 6 mg/mL,最大折叠宽度逐渐增加,而最小折叠宽度保持稳定,导致折叠宽度之差不断增大。当基底预应变恒定时,折叠的宽度主要与 GO 薄膜的厚度有关,一般来说,两者呈正相关,GO 薄膜越厚,折叠宽度越大。因此,GO 薄膜的厚度梯度决定了所形成折叠的特征尺寸大小。如前所述,GO 液滴浓度越大,薄膜厚度梯度越大,从而导致更大的折叠宽度之差 ΔW。

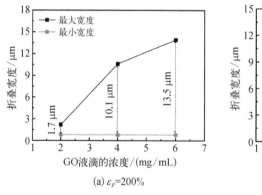
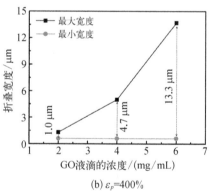

(a) ε_p=200%   (b) ε_p=400%

图 5.9　通过改变 GO 液滴的浓度来调控起皱凸起的特征尺寸

表面褶皱的振幅也与薄膜的厚度成正比,当其他参数相同时,薄膜厚度越大,所形成褶皱的振幅越大[27-29]。这就是为什么只有当非均匀 GO 薄膜的厚度梯度足够大时,才能形成具有显著起伏的三维凸起。

　　表 5.1 列出了利用不同浓度的 GO 液滴构筑多尺度凸起的具体参数和相应凸起的特征尺寸,包括基底预应变、全涂覆 GO 分散液浓度、GO 液滴的浓度和体积、GO 液滴干燥后形成薄膜的直径,以及收缩后多尺度凸起的直径和折叠宽度。

表 5.1　利用不同浓度 GO 液滴构筑起皱凸起的
关键参数和相应凸起的特征尺寸

样品编号	A	B	C	D	E	F
基底预应变, ε_p/%	200			400		
全涂覆 GO 浓度, C_f/(mg/mL)	2			2		
滴涂 GO 浓度, C_s/(mg/mL)	2	4	6	2	4	6
GO 液滴体积/μL	3	3	3	3	3	3
GO 薄膜压缩应变, ε_c/%	58	56	54	70	69	67
GO 薄膜直径, d_0/mm	3.2	2.9	2.1	3.2	2.9	2.1
凸起表观直径, d/mm	1.4	1.3	0.9	1.1	1.0	0.7
最大折叠宽度, W_{max}/μm	2.2	10.6	14.0	1.3	5.0	13.6
最小折叠宽度, W_{min}/μm	0.5	0.5	0.5	0.3	0.3	0.3
折叠宽度之差, ΔW/μm	1.7	10.1	13.5	1.0	4.7	13.3

　　在之前文献报道中[25],通过将厚薄不一的石墨烯薄膜沉积到热收缩基底表面,通过平面收缩,可以获得特征尺寸不同的褶皱结构,但由于应力局部化,较厚的薄膜容易从基底脱黏,形成隆起结构。与之相比,通过固液两相 GO 片层自组装获得的非均匀 GO 薄膜,不仅具有超强的层间结合力,还具有连续变化的薄膜厚度。而且,在三维收缩诱导的均匀压缩载荷下,非均匀 GO 薄膜内的压应力可以从边沿很好地传导至中心,减轻了应力局部化,从而避免了 GO 薄膜的脱黏,这也是该方法的一大优势。

　　2. 基底预应变对凸起形貌的影响

　　类似于生物表面的起皱形貌随生长发育的演化,基底预应变在表面起皱中也起着应力调控的作用。随着基底预应变的增大,预应变释放后,硬质皮肤层受到的压缩就越大,相应地,产生的形变就越明显。如图5.10所示,随着预应变从20%增加到400%,通过不同基底预应变下形成凸起的表面SEM图像可以看出,具有厚度梯度的GO薄膜从边沿至中心的折叠过程。

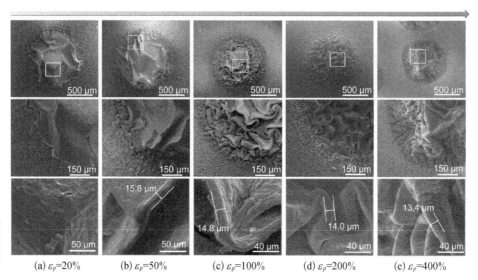

(a) ε_p=20% (b) ε_p=50% (c) ε_p=100% (d) ε_p=200% (e) ε_p=400%

图5.10 通过改变基底预应变调控凸起的SEM形貌

当基底预应变为20%时,处于边沿位置的厚度较薄的全覆盖均匀GO薄膜首先开始折叠,所形成凸起的外沿由密集的折叠构成,而其中心区域折叠程度较低,主要为尺度较大的褶皱形貌,两者形成明显的差异[图5.10(a)]。随着基底预应变的增加,凸起的折叠程度不断增大,未折叠区域面积逐渐减小[图5.10(b)和图5.10(c)]。通过将基底预应变增加至200%或更高,凸起上的非均匀GO薄膜完全转化为由折叠构成的多尺度凸起[图5.10(d)和图5.10(e)]。

如图5.11所示,随着基底预应变由50%增加到400%,凸起表面的最大和最小折叠宽度缓慢减小,例如,折叠的最大宽度从15.8 μm减小到13.6 μm。虽然凸起中心的折叠宽度远大于边沿的折叠宽度,但折叠宽度之差相对稳定,保持在13.6±0.3 μm。

前面已知凸起的褶皱是不均匀的;而从图5.10可以更进一步地看出,当基底预应变较低时,凸起起皱还呈现明显的区域化特点。为此,在前述的凸起直径、折叠宽度及其细化参数的基础上,再引入折叠率这一参数,它表征的是凸起

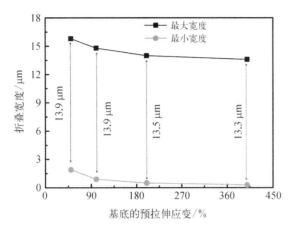

**图 5.11 通过改变基底预应变调控凸起
表面微结构的特征尺寸**

折叠区域的投影面积与凸起投影面积之比。如图 5.12 所示,凸起的折叠区域用
紫色表示,凸起折叠率 ω 可以通过凸起投影区域的直径和非折叠区域的直径来
估算,即下式:

$$\omega = 1 - (d_2/d_1)^2 \tag{5.3}$$

其中,d_1 和 d_2 分别是凸起投影区域的直径和非折叠区域的直径,可以通过凸起
的 SEM 图像测得。

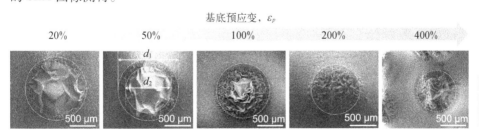

图 5.12 凸起折叠率的定义

随着基底预应变由 20% 增加到 400%,凸起直径 d_1 从 1.2 mm 减小到 0.7 mm。
当基底预应变小于 100% 时,凸起形貌以表面褶皱为主,折叠率较低。当基底预
应变大于 100% 时,在超高压缩应变下,凸起折叠程度急剧增大,折叠率高达
100%。因此,可以根据实际需要控制基底预应变,构筑具有特定结构和表面粗
糙度的凸起。

表 5.2 总结了在不同基底预应变下构筑的凸起的表观直径、折叠率和特征尺寸。随着预应变从 20% 增加到 400%,GO 薄膜的压缩应变从 9% 增加到 67%,这也是凸起折叠率随基底预应变的增加而增大,表观直径随基底预应变的增加而减小的原因。折叠宽度随着预应变的增大而减小,随着预应变从 20% 增加到 400%,最大折叠宽度从 15.8 μm 减小到 13.6 μm,最小折叠宽度由 1.9 μm 减小到 0.3 μm,两者之差相对稳定,在 13.6 μm 上下浮动。

表 5.2　不同基底预应变下起皱凸起的构筑参数和相应凸起的特征尺寸

样品编号	A	B	C	D	E
基底预应变,ε_p/%	20	50	100	200	400
GO 薄膜压缩应变,ε_c/%	9	22	32	54	67
表观直径,d/mm	1.2	1.1	1.0	0.9	0.7
折叠率,ω/%	0	45	83	100	100
最大折叠宽度,W_{max}/μm	—	15.8	14.8	14.0	13.6
最小折叠宽度,W_{min}/μm	—	1.9	0.9	0.5	0.3
折叠宽度之差,ΔW/μm	—	13.9	13.9	13.5	13.3

3. GO 液滴体积对凸起形貌的影响

通过薄膜的厚度梯度和基底预应变对凸起微观形貌的影响,确定了仿生制备玫瑰花瓣表面多尺度凸起的适宜 GO 液滴浓度和基底预应变,发现当 GO 液滴浓度为 6 mg/mL,基底预应变为 400% 时,所获得的凸起形貌与玫瑰花瓣表面的起皱凸起非常相似。下面进一步探究 GO 液滴的体积对凸起形貌的影响。本节增加一组 5 μL 的实验,对比研究两组不同体积 GO 液滴制备的凸起表面形貌。

如图 5.13 所示,通过调整 GO 液滴的体积,不仅可以调控凸起的直径大小,还可以调控其表面微观形貌。例如,控制基底预应变为 400%,全涂覆 GO 分散液浓度为 2 mg/mL,GO 液滴浓度为 6 mg/mL,将 GO 液滴的体积由 3 μL 增加至 5 μL,凸起的直径由 0.7 mm 增大至 0.8 mm,凸起表面由密集的折叠变为稀疏的褶皱。随着 GO 液滴体积的增大,干燥后形成的薄膜厚度逐渐增加,薄膜起皱所需的应力也就越大。因此,当 GO 液滴浓度和基底预应变相同时,较大体积的 GO 液滴干燥后,所形成的薄膜难以被压缩为高度折叠结构。

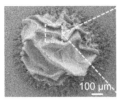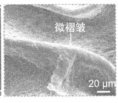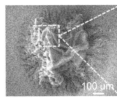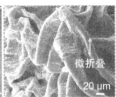

(a) 5 μL　　　　　　　　　　　　　　(b) 3 μL

图 5.13　通过改变 GO 液滴的体积调控凸起的直径和表面微结构

5.3.3　阵列调控

　　通过改变 GO 薄膜的厚度梯度和基底预应变,可以实现不同起伏程度和不同折叠程度 WGO 凸起的可控制备。鉴于自然界中起皱的三维凸起结构大多以阵列的形式呈现,而且具有精美的排列方式,不同的排列方式与其功能的发挥密切联系。因此,通过表征玫瑰花瓣表面的凸起排列方式,有望在阵列设计上获得一些仿生灵感。

　　图 5.14 展示了玫瑰花瓣表面凸起的排列方式,相邻三个凸起相连构成基本的三角形,每个凸起周围由 6 个凸起构成,这六个凸起相连构成不规则的六边形结构,整体呈畸变的六方阵列。下面讨论具有不同排列方式,而且大小和间距可控的凸起阵列的仿生构筑。

　　仿照玫瑰花瓣表面凸起的排列方式,设计了两种由周期性圆形孔洞组成的软模板,一个由规则的六方孔洞阵列组成,另一个由四方孔洞阵列组成[图 5.15(a)和图 5.15(b)]。基于前期的探索,根据 GO 液滴的体积和干

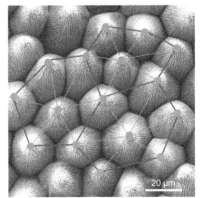

图 5.14　玫瑰花瓣表面凸起的排列方式

燥后形成薄膜的大小,将圆形孔洞的直径和相邻孔洞之间的间距分别设定为 2.7 mm 和 3.4 mm,这样的设计,刚好允许体积为 3 μL、浓度为 6 mg/mL 的 GO 液滴进入孔洞内,而不会与边界接触,同时,收缩后凸起之间也不会太拥挤。如果 GO 液滴体积或浓度发生改变,则需要设计新的模板参数。

　　模板由轻薄柔软的乳胶材料制成,因此可以很好地贴合在曲面基底上。将模

板覆盖在 GO 涂覆的球形基底表面,然后利用微量注射器将 GO 分散液滴加到圆形孔洞中,干燥后小心揭去模板,可得具有周期性厚度梯度的非均匀 GO 薄膜,经过 3D 收缩,即可获得不同排列方式或不同凸起数量的凸起阵列[图 5.15(c~g)]。需要指出的是:由 3 个凸起构成的三角形阵列[图 5.15(c)],由 6 个凸起构成的三角形阵列[图 5.15(e)],以及由 7 个凸起构成的有中心六边形阵列[图 5.15(g)],它们的排列方式相同,只是构成阵列的凸起数量不同而已。相比之下,由 3 个凸起构成的三角形阵列[图 5.15(c)],由 4 个凸起构成的正方形阵列[图 5.15(d)],以及由 6 个凸起构成的无中心六边形阵列[图 5.15(f)],相邻三个凸起的夹角分别为 60°、90° 和 120°,而且凸起所围成的中心区域面积各不相同。

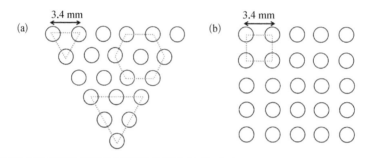

图 5.15 WGO 凸起阵列的制备

(a,b) 用于构筑 WGO 凸起阵列的模板:(a) 六方孔洞阵列;(b) 四方孔洞阵列;(c~g) 具有不同排布方式和凸起数量的阵列示意图和实物图:(c) 由 3 个凸起构成的三角形阵列;(d) 由 4 个凸起构成的正方形阵列;(e) 由 6 个凸起构成的三角形阵列;(f) 由 6 个凸起构成的无中心六边形阵列;(g) 由 7 个凸起构成的有中心六边形阵列

应该指出的是,随着 GO 分散液浓度的增高,液体黏度逐渐上升,导致很难将微量的 GO 液滴与针头分离。因此,利用更小体积的 GO 液滴制备更小直径的凸起变得困难。制备具有更小直径和更窄间距的凸起阵列对自然界中多尺度微阵列的仿生构筑具有重要意义,这将更有效地调控仿生结构的表界面特

性。在本研究中,凸起的直径和两个凸起之间的间距主要取决于 GO 液滴的体积和基底预应变。通常,当 GO 液滴体积越小,基底预应变越大时,越有利于较小尺寸和较小间距的凸起阵列的构筑。

可以使用三种策略来进一步缩小凸起的大小和间距:一是使用改进的微量注射器,降低 GO 液滴与针头之间的作用力,让 GO 液滴更容易从针头脱离;二是选用具有更高伸长率的弹性基底,为非均匀 GO 薄膜的收缩提供足够的压应力,将非均匀薄膜压缩为更小直径的凸起;三是引入新的工艺,选用新的材料,直接在球形基底上印刷小尺寸图案,通过三维收缩直接构筑多尺度微阵列。

5.3.4　结构稳定性

接下来进一步研究 WGO 的柔性和凸起阵列的结构稳定性。如图 5.16(a)所示,对 WGO/乳胶双层体系施加多种类型的载荷,包括拉伸、折叠、扭曲和摩擦,以测试 WGO 的柔性和耐用性。结果表明,即使经过这些极端的变形后,不管是宏观层面[图 5.16(b)]还是微观层面[图 5.16(c)],都未观察到 WGO 的破损,而且 WGO 仍与胶乳基底牢固结合,未出现脱黏现象。

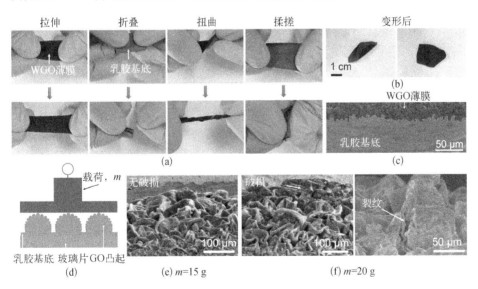

图 5.16　WGO 的柔性和凸起阵列的结构稳定性

(a) WGO/乳胶双层体系的柔性展示;(b,c) 经过拉伸、折叠、扭曲和摩擦变形后 WGO/乳胶双层体系的照片和横截面 SEM 图像;(d~f) 多尺度 WGO 凸起的结构稳定性测试:(d) 测试方法示意图,将 3×3 凸起阵列黏结在玻璃片上;(e,f) 施加不同载荷后凸起的 SEM 图像

　　为了探究多尺度 WGO 凸起在压力载荷下的结构稳定性,一个 3×3 凸起阵列被固定在玻璃片上,将不同重量的载荷沿垂直方向施加到阵列上[图 5.16(d)]。然后采用扫描电镜观察凸起的微观形貌变化,检查表面微结构是否被破坏。

　　从图 5.16(e)中凸起的局部微观形貌可以看出,当施加的载荷不大于 15 g 时(每个凸起承受的重量约为 1.7 g),凸起表面微结构保持完整,未见明显损坏。这样的承重能力完全能够满足诸如微滴操控和微反应器等实际应用的要求。当施加的载荷达到或超过 20 g 时(每个凸起承受的重量约为 2.2 g),会对凸起的表面微结构造成不可逆损坏,如图 5.16(f)所示,原来三维形貌显著的凸起表面出现了部分压扁甚至塌陷,在凸起顶部的折叠出现了类似微裂纹的损坏。

　　具有厚度梯度的非均匀 GO 薄膜的形成,是构筑多级凸起的前提条件,而收缩方式对 GO 凸起形貌的影响至关重要。因此,有必要对比研究非均匀 GO 薄膜在平面和曲面收缩条件下的形貌差异。图 5.17(a)和图 5.17(b)展示了通过两种不同收缩方式构筑 WGO 凸起的流程示意图,除了基底曲率和收缩方式不同,其他构筑参数都一样,包括:基底预应变、全涂覆 GO 浓度和 GO 液滴浓度,以及所使用的材质、试剂和装置。

　　对于 2D 平面情形,通过在 GO 涂覆的双向拉伸的平面基底上滴加 GO 液滴获得非均匀性 GO 薄膜,然后释放基底的预应变,可以在 2D 收缩引起的双向应力下获得褶皱化凸起[图 5.17(a)]。与 2D 收缩诱导的褶皱形貌相比,通过 3D 收缩构筑的凸起显示出更立体的三维结构[图 5.17(c)]。除了形成具有厚度梯度的 GO 薄膜外,WGO 凸起的形貌也受到收缩方式的影响。相比于平面基底的 2D 收缩,球形基底的 3D 收缩可以提供更多的形变模式,包括切向压缩和法向位移,因此可以获得更丰富的起皱形貌。

　　2D 与 3D 收缩的主要区别在于曲率不同。为了探究基底曲率对 GO 薄膜表面形貌的影响,通过控制基底预应变,构筑了具有不同曲率的球面。球面的曲率(k)可以用 $k = 2/D$ 来计算,D 是球形基底的直径,平面基底的曲率等于 0。然后,将 GO 分散液滴加到这些球面上,干燥成膜后,使用扫描电镜观察所构筑的非均匀 GO 薄膜的表面形貌。在不同曲率基底上形成的非均匀 GO 薄膜呈现出类似的起皱形貌,这些纳米尺度的褶皱主要是由溶剂挥发诱导的内应力所致[30-32]。不同的是,随着表面曲率由 0 增大至 0.33 cm^{-1},圆形非均匀 GO 薄膜的直径从 2 080 μm 减小到 1 640 μm,这可以归因于曲率诱导的液固界面收缩。这些结果表明,基底曲率会影响非均匀 GO 薄膜的直径大小,但对其表面微观形

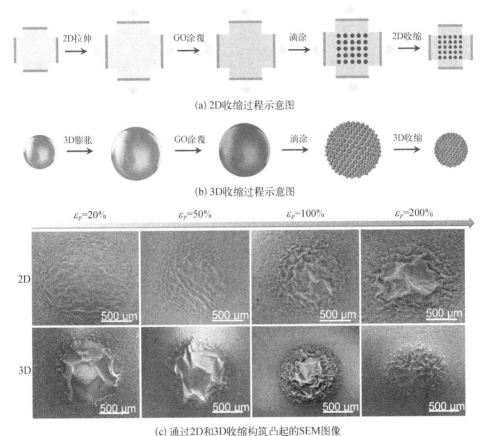

(a) 2D收缩过程示意图

(b) 3D收缩过程示意图

ε_p=20%　　ε_p=50%　　ε_p=100%　　ε_p=200%

(c) 通过2D和3D收缩构筑凸起的SEM图像

图 5.17　收缩方式对 WGO 凸起形貌的影响

貌无显著影响,收缩方式在调节非均匀薄膜的起皱形貌中起着非常重要的作用。

如果不预先涂覆 GO 涂层,直接在乳胶基底表面滴加 GO 溶液,干燥收缩后,所形成的凸起折叠程度较低,并不能获得具有密集折叠结构的多尺度凸起[图 5.18(a)]。此外,凸起与基底之间结合力较弱,很容易从基底表面脱落。这一结果表明,预先在乳胶基底表面构筑均匀的全涂覆 GO 涂层,是构筑多尺度凸起结构和增加凸起与基底之间相互作用力的关键步骤。GO 液滴干燥后,只能在乳胶基底表面形成局部的涂层,而乳胶基底与 GO 涂层之间的作用力较弱。随着乳胶基底的收缩,GO 液滴干燥后所形成的薄膜边沿受到的压缩应力相对集中,应力不能顺畅地传导至薄膜中心,很可能导致薄膜从基底表面脱落。

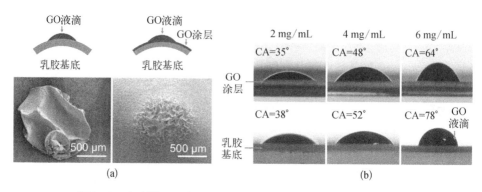

图 5.18　全涂覆 GO 涂层在多尺度凸起结构的构筑中的重要作用

（a）分别在乳胶基底表面和 GO 涂覆的乳胶基底表面滴加 GO 液滴，干燥收缩后所形成凸起的形貌；
（b）不同浓度的 GO 液滴在乳胶基底表面和 GO 涂层表面的接触角

与之相比，预先在乳胶基底表面涂覆 GO，不仅可以增加表面亲水性［图 5.18（b）］，滴加 GO 液滴后，还可以利用固液两相中 GO 片层的自组装，形成紧密堆叠的 GO 涂层，与预先制备的全涂覆 GO 涂层融为一体。最重要的是，全涂覆的 GO 薄膜可以随着基底的收缩而同步收缩，以实现压缩应力的有效传导。如此一来，既增强了薄膜与基底之间的相互作用力，又实现了非均匀 GO 薄膜的均匀压缩，为三维多尺度凸起结构的形成创造了有利条件。

5.4　小结

纳米折叠结构及其周期性阵列排布对生物表面润湿性具有显著影响。例如荷叶和玫瑰花瓣表面都具有乳突状凸起结构，但其微纳结构与疏水效果明显不同。超疏水的"荷叶效应"表面水珠滚动，超疏水"花瓣效应"表面对水滴呈高黏附特性。模仿玫瑰花瓣在曲面上实现多尺度三维结构的可控构筑依然是一个难题，玫瑰花瓣表面多级凸起阵列的无模板、大规模制备更是具有挑战性。

基于连续非均匀 GO 薄膜的三维收缩，可实现无需模板的应力驱动自组装方法，在曲面基底上实现多尺度凸起阵列的可控构筑。基于固液两相 GO 片层自组装机理，在球面基底上制备具有连续厚度梯度变化的 GO 薄膜，对于模仿玫瑰花瓣表面凹凸不平的硬质表皮很重要，是通过表面起皱仿生构筑多尺度微结构阵列的基础。

本章从玫瑰花瓣的组成和形成过程出发,采用具有厚度梯度的连续非均匀 GO 薄膜模拟玫瑰花瓣的硬质表皮,以弹性优异的乳胶基底模拟花瓣的海绵层,在三维收缩诱导的切向应力下,成功模仿了自然界中 3D 凸起的表面起皱,仿生构筑了玫瑰花瓣表面的多尺度凸起阵列。

参考文献

[1]　Quéré D. Fakir Droplets [J]. Nature Materials, 2002, 1(1): 14 − 15.

[2]　Gao S, Sun J, Liu P, et al. A Robust Polyionized Hydrogel with an Unprecedented Underwater Anti-Crude-Oil-Adhesion Property [J]. Advanced Materials, 2016, 28(26): 5307 − 5314.

[3]　Amini S, Kolle S, Petrone L, et al. Preventing Mussel Adhesion Using Lubricant-Infused Materials [J]. Science, 2017, 357(6352): 668 − 673.

[4]　Preston D J, Mafra D L, Miljkovic N, et al. Scalable Graphene Coatings for Enhanced Condensation Heat Transfer [J]. Nano Letters, 2015, 15(5): 2902 − 2909.

[5]　Du R, Gao X, Feng Q, et al. Microscopic Dimensions Engineering: Stepwise Manipulation of the Surface Wettability on 3D Substrates for Oil/Water Separation [J]. Advanced Materials, 2016, 28(5): 936 − 942.

[6]　Yan X, Jin Y, Chen X, et al. Nature-Inspired Surface Topography: Design and Function [J]. Science China Physics, Mechanics & Astronomy, 2020, 63: 224601.

[7]　Feng L, Zhang Y, Xi J, et al. Petal Effect: A Superhydrophobic State with High Adhesive Force [J]. Langmuir, 2008, 24(8): 4114 − 4119.

[8]　Whitesides G M. Nanoscience, Nanotechnology, and Chemistry [J]. Small, 2005, 1(2): 172 − 179.

[9]　Li Z, Gu Y, Wang L, et al. Hybrid Nanoimprint-soft Lithography with Sub-15 nm Resolution [J]. Nano letters, 2009, 9(6): 2306 − 2310.

[10]　Hayat A, Berkovitch N, Orenstein M. Enhanced Resolution and High Aspect-Ratio Semiconductor Nanopatterning by Metal Overcoating [J]. Applied Physics Letters, 2009, 94(6): 063103.

[11]　Mohammad M A, Fito T, Chen J, et al. Systematic Study of the Interdependence of Exposure and Development Conditions and Kinetic Modelling for Optimizing Low-Energy Electron Beam Nanolithography [J]. Microelectronic Engineering, 2010, 87(5): 1104 − 1107.

[12]　Xia Y. Whitesides G M. Soft Lithography [J]. Annual Review of Materials Science, 1998, 28(1): 153 − 184.

[13]　Wang Q, Zhao X. Phase Diagrams of Instabilities in Compressed Film-Substrate Systems

[J]. Journal of Applied Mechanics, 2014, 81(5): 051004.

[14] Jin L, Auguste A, Hayward R C, et al. Bifurcation Diagrams for the Formation of Wrinkles or Creases in Soft Bilayers [J]. Journal of Applied Mechanics, 2015, 82(6): 061008.

[15] Wang Q, Zhao X. A Three-Dimensional Phase Diagram of Growth-Induced Surface Instabilities [J]. Scientific Reports, 2015, 5: 8887.

[16] Auguste A, Jin L, Suo Z, et al. The Role of Substrate Pre-stretch in Post-Wrinkling Bifurcations [J]. Soft Matter, 2014, 10(34): 6520 – 6529.

[17] Chen Y C, Crosby A J. High Aspect Ratio Wrinkles via Substrate Prestretch [J]. Advanced Materials, 2015, 26(32): 5626 – 5631.

[18] Cheng H, Huang Y, Cheng Q, et al. Self-Healing Graphene Oxide Based Functional Architectures Triggered by Moisture [J]. Advanced Functional Materials, 2017, 27(42): 1703096.

[19] Luo C, Yeh C N, Baltazar J M L, et al. A Cut-and-Paste Approach to 3D Graphene-Oxide-Based Architectures [J]. Advanced Materials, 2018, 30(15): 1706229.

[20] Chen P Y, Liu M, Valentin T M, et al. Hierarchical Metal Oxide Topographies Replicated from Highly Textured Graphene Oxide by Intercalation Templating [J]. ACS Nano, 2016, 10(12): 10869 – 10879.

[21] Wang Z, Tonderys D, Leggett S E, et al. Wrinkled, Wavelength-Tunable Graphene-Based Surface Topographies for Directing Cell Alignment and Morphology [J]. Carbon, 2016, 97: 14 – 24.

[22] Wang Z, Lv X, Chen Y, et al. Crumpled Graphene Nanoreactors [J]. Nanoscale, 2015, 7(22): 10267 – 10278.

[23] Thomas A V, Andow B C, Suresh S, et al. Controlled Crumpling of Graphene Oxide Films for Tunable Optical Transmittance [J]. Advanced Materials, 2015, 27(21): 3256 – 3265.

[24] Feng C, Yi Z, She F, et al. Superhydrophobic and Superoleophilic Micro-Wrinkled Reduced Graphene Oxide as a Highly Portable and Recyclable Oil Sorbent [J]. ACS Applied Materials & Interfaces, 2016, 8: 9977 – 9985.

[25] Chen X, Yin J. Buckling Patterns of Thin Films on Curved Compliant Substrates with Applications to Morphogenesis and Three-dimensional Micro-Fabrication [J]. Soft Matter, 2010, 6(22): 5667 – 5680.

[26] Cheng H, Huang Y, Cheng Q, et al. Self-Healing Graphene Oxide Based Functional Architectures Triggered by Moisture [J]. Advanced Functional Materials, 2017, 27(42): 1703096.

[27] Chen X, Yin J. Buckling Patterns of Thin Films on Curved Compliant Substrates with Applications to Morphogenesis and Three-dimensional Micro-Fabrication [J]. Soft Matter, 2010, 6(22): 5667 – 5680.

[28] Yin J, Bar-Kochba E, Chen X. Mechanical Self-Assembly Fabrication of Gears [J]. Soft Matter, 2009, 5(18): 3469 – 3474.

[29] Wang L, Pai C L, Boyce M C, et al. Wrinkled Surface Topographies of Electrospun Polymer Fibers [J]. Applied Physics Letters, 2009, 94(15): 2598.

[30] Viswanadam G, Chase G G. Contact Angles of Drops on Curved Superhydrophobic Surfaces [J]. Journal of Colloid & Interface Science, 2012, 367(1): 472 – 477.

[31] Tan Y, Hu B, Song J, et al. Bioinspired Multiscale Wrinkling Patterns on Curved Substrates: An Overview [J]. Nano-Micro Letters, 2020, 12(1): 101.

[32] Tan Y L, Hu B R, Chu Z Y, et al. Bioinspired Superhydrophobic Papillae with Tunable Adhesive Force and Ultralarge Liquid Capacity for Microdroplet Manipulation [J]. Advanced Functional Materials, 2019, 29: 1900266.

第6章 图案化褶皱工艺与类大脑皮层表面阵列的形貌调控

6.1 引言

生物表面多尺度微结构阵列的大规模制备是仿生科学和材料科学领域的重要研究课题[1,2]。作为一种简便且低成本的微构筑方法,基于柔性基底表面硬质薄膜的表面起皱,已被用于各种功能微结构的高效制备[3-6]。

大脑皮层呈现高度屈曲的折叠形貌,皮层包含 160 亿个神经元,神经细胞体使皮层呈灰棕色,因此将其命名为灰质[图 6.1(a)]。皮层下是长的神经纤维,它们将大脑区域相互连接在一起,称为白质。皮质的折叠增加了大脑的表面积,从而使有限的空间内容纳更多的神经元,赋予大脑更高级的功能。折叠凸起的部位被称为"回",折叠之间的凹槽被称为"沟"。很多理论研究和仿真模拟结果表明,生长应力在大脑皮层的形貌演化中起着非常重要的作用[7-9]。

灰质层和白质层的弹性模量相当,都呈现柔软的特点。许多仿真模拟研究表明,基于弹性模量相当的核壳球体双层体系,在体积生长载荷下,通过软壳层起皱,可以获得类大脑皮层结构[7]。针对大脑皮层的组成特点和已有的仿真模拟研究结果,研究者使用软橡胶涂层模仿大脑的灰质层,以弹性模量相当的乳胶基材模仿白质层,通过球形基底的三维收缩为橡胶层的起皱提供切向压缩应力,模仿大脑皮层的折叠形貌,获得一级微观起皱结构[图 6.1(b)][10-13]。

基于连续非均匀 GO 薄膜的曲面起皱,可以实现无需模板、简单高效的多级微结构阵列的仿生制备方法,可以仿生构筑玫瑰花瓣表面多尺度微乳突阵列[12]。但是这种方法难以仿生构筑大脑皮层阵列,主要是存在如下的局限性:一方面,GO 薄膜的弹性模量高,适宜模仿植物组织表面的硬质表皮起皱形貌,如玫瑰花瓣表面的多尺度微乳突阵列,却不适宜仿生构筑动物组织表面的软皮肤褶皱结构,如肠道黏膜皱襞、大脑皮层折叠、支气管起皱黏膜等;另一方面,受 GO 分散

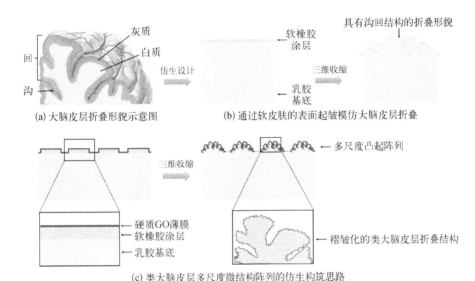

(a) 大脑皮层折叠形貌示意图　　　　　(b) 通过软皮肤的表面起皱模仿大脑皮层折叠

(c) 类大脑皮层多尺度微结构阵列的仿生构筑思路

图 6.1　类大脑皮层多尺度微结构阵列的仿生构筑思路

液滴涂工艺的限制,所构筑的乳突直径在亚毫米级别,远远高于玫瑰花瓣表面的乳突直径,更小尺度微乳突阵列的大规模构筑依然有挑战。再者,仅考虑 GO 薄膜厚度的不均匀性,而未考虑弹性模量不均匀性,显然不全面。

　　具有高模量比的图案化软硬双层薄膜的表面起皱,有可能是在曲面基底上大规模构筑三维多尺度微结构阵列的有效方法。因此,本章聚焦软硬复合涂层的表面起皱,在乳胶基底表面制备具有高模量比(即 GO 薄膜与橡胶涂层的弹性模量之比)的 GO/橡胶复合涂层,通过软硬复合涂层的三维收缩,在一级类大脑皮层微结构的基础上,引入二级纳米褶皱结构,获得类大脑皮层多尺度微结构阵列[图 6.1(c)]。氧化石墨烯褶皱凸起阵列用 WGOPA 表示(wrinkled graphene oxide papillae array,WGOPA)。实现类大脑皮层微结构阵列的大规模制备,进一步拓展起皱结构在智能传感领域的应用。

6.2　类大脑皮层表面阵列的仿生构筑

6.2.1　构筑工艺

　　选用弹性优异的中空乳胶球体作为基材模拟大脑的白质层,采用丝网印刷的橡胶涂层作为灰质层,通过充放气调节乳胶基底的膨胀和收缩,调控橡胶盘的收缩程度。图6.2描述了在球形基底表面仿生构筑类大脑皮层多尺度微结构阵列的流程示意图。

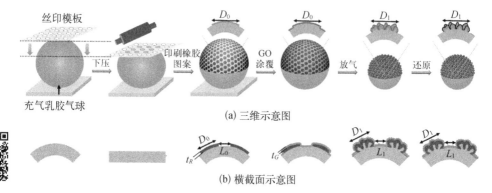

图6.2　类大脑皮层多尺度微结构阵列的构筑流程示意图

D_0和L_0表示丝网印刷橡胶盘的直径和间距;D_1和L_1表示三维收缩后凸起的直径和间距;
t_R和t_G分别表示橡胶涂层和GO薄膜的厚度

往中空球形乳胶基底内充入空气,通过空气的充入量调控基底预拉伸应变。基底预应变用ε_p表示,定义为充气前后基底的直径变化与球形基底初始直径的比值。根据前期的预实验,将基底预应变设置为400%的超高值,以为后续的薄膜起皱提供足够的压缩变形。然后采用丝网印刷的方法,将周期性橡胶图案印刷到膨胀的乳胶基底表面。

所谓丝网印刷,是利用丝网作为基板,根据印刷对象,在基板上设计和制备印刷模板。将丝网印版压在基底表面,刷上油墨,给予一定压力,即可在基底上印刷图案或文字。通过设计不同的丝网印刷模板,带有橡胶图案的中空乳胶基底可以委托专业的乳胶制品印刷公司定制。使用橡胶盘直径(D_0)与间距(L_0)之比来描述橡胶盘阵列的分布和疏密程度,简称径间比(D_0/L_0)。

之后,将GO分散液涂覆到印有非连续橡胶图案的乳胶基底表面,可以在乳胶基底表面获得具有高模量比的GO/橡胶复合涂层。通过放气释放基底预应变,球形基底的各向同性3D收缩诱导硬质GO/软橡胶图案复合涂层均匀收缩,随着收缩率的增加,复合涂层自发折叠为类大脑皮层多尺度微结构阵列。

具有高模量比的GO/橡胶软硬复合涂层的制备,是构筑类大脑皮层多尺度微结构阵列的基础。其中,通过软橡胶涂层的表面起皱可以形成一级类大脑皮层结构,利用硬质 GO 薄膜的表面起皱在一级类大脑皮层结构的基础上,形成二级褶皱结构。采用丝网印刷在乳胶球形基底上制备低弹性模量的橡胶图案,然后利用 GO 片层的自组装,在橡胶图案表面涂覆高弹性模量的 GO 薄膜,获得高模量比的 GO/橡胶软硬复合涂层。

1. 模板设计和橡胶图案的丝网印刷

为了获得直径和间距可控的圆形橡胶阵列图案,设计了一系列具有圆形孔洞的丝网印刷模板,以在球形乳胶基底表面印刷具有不同径间比的圆形橡胶图案(图 6.3)。

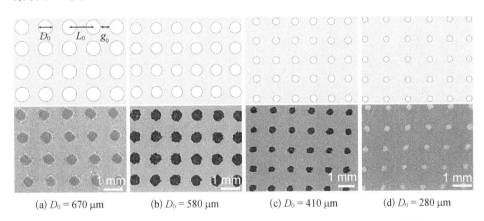

(a) $D_0 = 670\ \mu m$ (b) $D_0 = 580\ \mu m$ (c) $D_0 = 410\ \mu m$ (d) $D_0 = 280\ \mu m$

图 6.3 通过设计不同的丝网印刷模板调控圆形橡胶阵列的大小和间距

(a) $D_0/L_0 = 1.5$, (b) $D_0/L_0 = 1.2$, (c) $D_0/L_0 = 0.7$, (d) $D_0/L_0 = 0.4$;第一行为丝网印刷模板的示意图,第二排为通过丝网印刷获得的橡胶盘阵列照片,图中比例尺为 1 mm

由于使用的是平面丝网模板,在膨胀的球形乳胶基底表面印刷图案时,需要将模板下压,将曲面基底转化为平面,然后刷涂速干橡胶油墨;待油墨干燥固化后,将丝网模板上移脱离乳胶基底,即可获得图案化乳胶基底(图 6.2)。通过丝网压印在气球表面印刷图片或文字,是一项成熟的工艺。当丝网模板脱离下压的乳胶基底时,基底恢复至初始形态,橡胶图案并不会因为基底的形变而脱离基底,因为橡胶涂层和乳胶基底之间较强的相互作用,以及乳胶基底和橡胶具有良好的弹性。通过合理的设计,可以获得径间比(D_0/L_0)在 0.4~1.5 之间的圆形橡胶阵列(图 6.3)。

表 6.1 列出了通过丝网印刷获得圆形橡胶图案的平均直径和间距,以及

直径与间距的比值,表中数据是根据图 6.3 中圆形橡胶阵列的高分辨率图片测量获得的。

表 6.1 丝网印刷圆形橡胶图案的平均直径、间距和径间比

编号	平均直径,$D_0/\mu m$	平均间距,$L_0/\mu m$	径间比（D_0/L_0）
1	667	440	1.5
2	584	480	1.2
3	413	626	0.7
4	280	739	0.4

通过模板设计,可获得直径在 $280\sim667\ \mu m$ 之间的橡胶盘,橡胶盘的间距可在 $440\sim739\ \mu m$ 之间进行调控。

2. 氧化石墨烯薄膜的形成和厚度调控

由于 GO 表面丰富的含氧官能团和柔顺的片层结构,GO 在曲面上具有较强的自组装能力,能够在不同曲率的乳胶球面上组装为连续非均匀 GO 薄膜。首先在乳胶球面上丝网印刷非连续的橡胶图案,然后,在印刷有橡胶图案的球形基底表面涂覆 GO 分散液。干燥后,在印刷有橡胶图案的地方,可形成 GO/橡胶/乳胶三层复合体系,在橡胶图案的间隙,可形成 GO/乳胶双层体系。

由 GO/橡胶复合涂层的横截面 SEM 图像可看出,GO 薄膜很好的贴合在橡胶涂层表面[图 6.4（a,b）]。GO 薄膜的厚度可通过改变 GO 分散液的浓度进行调节,将 GO 分散液的浓度从 1 mg/mL 增加到 2 mg/mL,GO 薄膜的厚度可由 104 nm 调节至 212 nm[图 6.4（c）]。

6.2.2 形貌调控

1. 类大脑皮层多尺度微结构阵列的形貌表征

前面通过连续非均匀 GO 薄膜的三维收缩,成功模仿了玫瑰花瓣表面的多尺度乳突形貌,但是所构筑乳突的直径偏大（约为 700 μm）,在亚毫米尺度。本节通过调整丝网印刷模板,控制圆形橡胶图案的直径,已达到缩小凸起直径的目的。因此,特意将丝网印刷圆形橡胶图案的直径设置为 700 μm 以下,获得了直径在 $280\sim667\ \mu m$ 之间,间距在 $440\sim739\ \mu m$ 之间的橡胶阵列图案,其径间比在 $0.4\sim1.5$ 之间。经过三维收缩后,还可以进一步缩小凸起的直径。

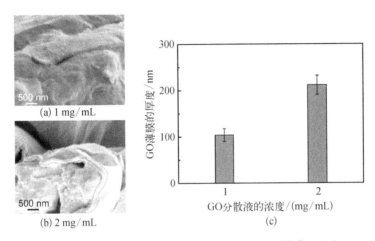

图 6.4 通过改变 GO 分散液的浓度来控制 GO 薄膜的厚度

(a,b) GO/橡胶双层薄膜的横截面 SEM 图像;(c) 根据 GO/橡胶双层薄膜的
横截面 SEM 图像测量的 GO 薄膜的厚度

利用 GO 的全涂覆,在印刷有橡胶图案的球形乳胶基底表面形成均匀的 GO 薄膜,获得具有高模量比的 GO/橡胶复合涂层。在球形基底的三维收缩诱导的压应力下,GO/橡胶复合涂层自组装为类大脑皮层折叠结构。采用 SEM 对所构筑的多尺度微结构阵列的表面形貌进行表征。

图 6.5 的 SEM 图像展示了由不同径间比橡胶盘阵列收缩后形成的多尺度微结构凸起阵列的表面形貌。正如所设计的一样,通过软橡胶涂层的三维收缩,可以获得类大脑皮层折叠结构,这些折叠呈现高度屈曲的形态,具有明显的沟回结构。此外,通过在软橡胶涂层表面涂覆硬质 GO 薄膜,经过三维收缩后,在类大脑皮层折叠表面可获得更小尺度的山脊形貌,形成类大脑皮层多尺度微结构凸起阵列。

在以往研究中,基于单一硬质薄膜的表面起皱制备多尺度微结构,往往需要多次施加压缩应变或多次薄膜转移,每一步的压缩形变很难精准控制,操作相对繁琐[14]。通过具有高模量比的 GO/橡胶复合涂层的三维收缩,仅需要一步表面起皱即可获得多尺度微体系结构阵列,在三维多级结构的大规模制备中具有一定优势。

2. 类大脑皮层多尺度微结构阵列的特征尺寸调控

通过微结构阵列的形貌表征,确认了最初仿生设计方案的可行性,验证了

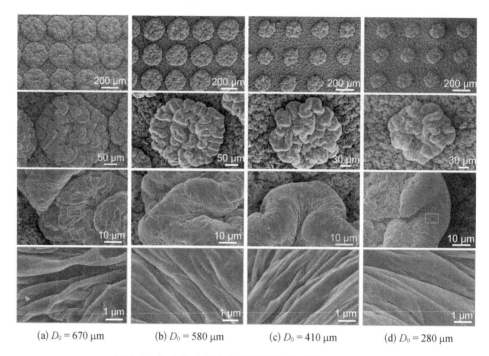

(a) $D_0 = 670$ μm   (b) $D_0 = 580$ μm   (c) $D_0 = 410$ μm   (d) $D_0 = 280$ μm

图 6.5 类大脑皮层多尺度微结构阵列的 SEM 形貌

（a）$D_0/L_0 = 1.5$，（b）$D_0/L_0 = 1.2$，（c）$D_0/L_0 = 0.7$，（d）$D_0/L_0 = 0.4$；基底的预拉伸应变为 400%，橡胶层的厚度为 12.5 μm，GO 悬浮液的浓度为 1 mg/mL，由上至下图中比例尺分别为 200、50、10 和 1 μm

基于 GO/橡胶软硬复合涂层的三维收缩，可以获得类大脑皮层多尺度微结构阵列。下面对类大脑皮层多尺度微结构阵列的多个特征尺寸进行调控，包括凸起的直径和间距，以及单个凸起表面微纳结构的特征尺寸。

根据类大脑皮层多尺度微结构凸起阵列的形貌特点，这里采用类大脑皮层折叠结构中"回"的宽度 w 和小尺度山脊的波长 λ 来表征类大脑皮层多尺度微结构的特征尺寸。如图 6.6 所示，当基底预应变为 400%，橡胶盘厚度为 12.5 μm，GO 薄膜的厚度为 104 nm 时，类大脑皮层折叠结构中微米尺度"回"的平均宽度约为 20 ± 1 μm，而纳米尺度山脊的平均波长在 440~610 nm 之间波动。由此可见，在实验条件范围内，类大脑皮层多尺度微结构的特征尺度与橡胶盘的径间比无关，主要取决于基底预应变和薄膜的厚度。

类大脑皮层多尺度微结构凸起的直径和间距可以通过两种方式进行调控：一是改变丝网印刷橡胶盘的直径和间距，二是通过改变 GO 分散液的浓度调节

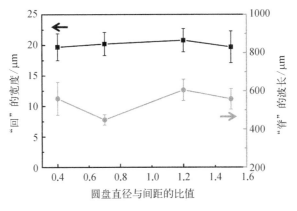

**图 6.6　类大脑皮层多尺度微结构的特征尺寸
随橡胶盘径间比增加的变化趋势**

GO 薄膜的厚度。整体而言,多尺度微结构的直径和间距与丝网印刷橡胶盘的
直径和间距成正比;多尺度微结构的间距随着 GO 薄膜厚度的增加而增大,而直
径随着 GO 薄膜厚度的增加而减小(图 6.7)。当 GO 分散液的浓度为 1 mg/mL
时,随着丝网印刷橡胶盘的直径由 280 μm 增大至 667 μm,凸起的直径从 175 μm
增大至 284 μm。当 GO 分散液的浓度增大至 2 mg/mL 时,凸起直径有所减小,
由 153 μm 增大至 263 μm[图 6.7(a)]。图 6.7(b)展示了凸起的间距随丝网印
刷橡胶盘间距的变化趋势。当 GO 分散液的浓度为 2 mg/mL 时,随着橡胶盘间
距由 440 μm 增大至 739 μm,凸起间距由 20 μm 增大至 124 μm。GO 薄膜的引
入一定程度抑制了乳胶基底的收缩,从而使得凸起之间的间距增大。

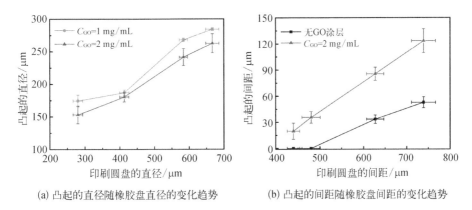

(a) 凸起的直径随橡胶盘直径的变化趋势　　　　(b) 凸起的间距随橡胶盘间距的变化趋势

图 6.7　通过改变橡胶盘的直径、间距和 GO 薄膜厚度调控凸起的直径和间距

值得一提的是,除了橡胶盘的直径和间距,橡胶盘阵列的径间比对凸起的直径和间距也有影响。对于没有涂覆 GO 薄膜的橡胶盘阵列,当橡胶盘的径间比(D_0/L_0)比较大时,如 $D_0/L_0 = 1.5$ 或 1.2, 释放基底预应变后,橡胶盘收缩为类大脑皮层折叠;同时,相互分离的橡胶盘之间的距离急剧减小直至相互接触在一起(图 6.8 左上)。将浓度为 2 mg/mL 的 GO 分散液涂覆在软橡胶盘阵列表面,干燥后在橡胶盘表面形成一层硬质薄膜,基底收缩后凸起之间的间距增大,相互接触的凸起在 GO 薄膜的作用下彼此分离(图 6.8 右上)。随着径间比的减小,如 $D_0/L_0 = 0.7$ 或 0.4, 橡胶盘具备充足的收缩空间,从而避免了凸起的相互接触。

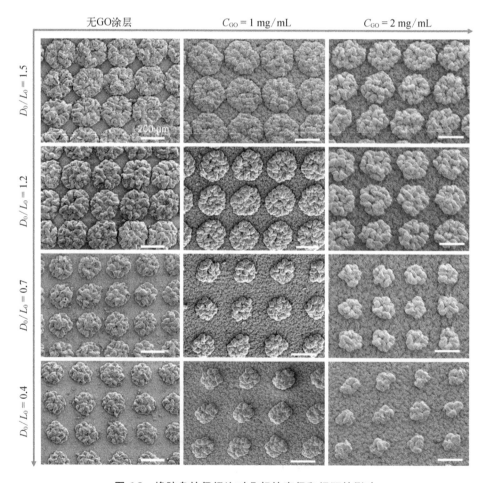

图 6.8　橡胶盘的径间比对凸起的直径和间距的影响

通过在图案化基底表面涂覆 GO 薄膜,在获得 GO/橡胶软硬复合涂层的同时,也会在橡胶盘之间形成一层均匀的 GO 薄膜。那么在收缩的过程中,在橡胶图案表面的 GO 薄膜会阻碍橡胶的压缩,导致 GO 薄膜和橡胶涂层同时被压缩,软橡胶涂层屈曲为折痕,而硬质 GO 薄膜屈曲为山脊形貌。不同的是,橡胶盘之间的 GO 薄膜会抑制乳胶基底的收缩,使其不能恢复到初始长度,从而导致凸起间距的增大。同时,起皱的 GO 薄膜还会对橡胶盘造成额外的压缩,进一步减小凸起的直径大小。在橡胶盘和 GO 薄膜的压缩能量和乳胶基底的拉伸能量之间形成新的平衡,从而获得具有特定直径和间距的凸起阵列。

3. 可按需定制的多尺度复杂体系结构

可按需定制的多尺度复杂体系结构向来是材料科学领域的研究重点和热点,在诸多领域具有重要的应用价值,如人造器官、软体机器人、微纳器件等[15]。表面起皱作为一种低成本且高效率的结构化方法,在多尺度微结构的大规模构筑中具有显著优势。然而,也存在一些局限性,比如说,很难控制表面起皱结构的取向和尺度,通过表面起皱构筑具有特定拓扑形貌的三维微体系结构依然是一大挑战。通过丝网印刷可以获得具有特定排列方式和尺寸的图案化薄膜,通过涂层的空间分布不均匀性,初步限定了印刷涂层的起皱区域,克服了起皱范围不可控的难题。然后将 GO 薄膜沉积到图案化基底表面,创造了弹性模量的不均匀性,为后续多尺度微体系结构的形成奠定了基础。

如图 6.9 所示,通过设计丝网模板,获得多种图案化基底,涂覆 GO 薄膜后,在三维收缩诱导压应力下,可以形成一系列多尺度微体系结构,包括由褶皱围栏包围的微腔[图 6.9(a)和图 6.9(b)],由面外折叠和面内山脊形貌构成的棋盘图案[图 6.9(c)],以及由棋盘包围的微凸起形貌[图 6.9(d)]。

图 6.9　通过设计不同的模板实现复杂微体系结构的按需定制

（a，b）被折痕包围的微腔，(c) 棋盘格图案，(d) 被棋盘格图案包围的微凸起；示意图中
深色代表橡胶图案，基底的预应变为 400%，GO 分散液的浓度为 2 mg/mL

　　这些多尺度微体系结构的可控构筑表明，结合丝网印刷工艺和表面起皱技术，基于具有高模量比软硬双层薄膜的三维收缩，可实现按需定制的多尺度复杂体系结构的大规模构筑。

6.3　类大脑皮层多尺度微结构的形成机理

　　在以往的研究中，已经对柔软皮肤或硬质薄膜的起皱机理进行了深入的分析和模拟，但关于软硬复合涂层在三维收缩下的起皱机理研究鲜有报道。下面从三个方面剖析本研究中类大脑皮层多尺度微结构的形成机理：① 通过公式浅析 GO 薄膜与橡胶涂层的模量比，以及橡胶涂层与乳胶基底的模量比对起皱形貌的影响；② 从实验的角度，探索无 GO 涂覆时，在球形基底的三维收缩下，橡胶阵列图案的起皱形貌，进一步厘清模量比的影响；③ 对乳胶基底、GO/乳胶双层体系、GO/橡胶/乳胶三层体系的横截面进行表征，厘清层间相互作用机制。

6.3.1　薄膜和基底弹性模量的影响

　　曲面起皱形貌受到多种因素的影响，包括薄膜与基底的弹性模量比、失配应变、薄膜厚度、基底曲率等。针对本实验中研究对象的特点，考虑一个半径为 r 的弹性球体，表面涂覆一层厚度为 t 的各向同性薄膜，当 $r/t \gg 1$ 时，核壳球体可以考虑为平面应变体系。当弹性球体收缩时，可以在薄膜中诱导等双轴应力的形成,随着薄膜与基底之间失配应变($\Delta\varepsilon$)的增加,薄膜在预屈曲点的压应力可以描述为[16]

$$\sigma_0 = \frac{E_f E_s (3r^3 + 3r^2 t + 3rt^2 + t^3) \Delta\varepsilon}{3E_s r^3 (1 - \nu_f) + E_s (1 + \nu_f)(3r^2 t + 3rt^2 + t^3) + 2E_f (1 - 2\nu_s) t (3r^2 + 3rt + t^2)}$$

(6.1)

其中,E_s 和 E_f 是基底和薄膜的弹性模量;ν_s 和 ν_f 分别是基底和薄膜的泊松比。

式(3.1)表明,球形基底表面薄膜的起皱由多个参数决定,包括:薄膜与基底的弹性模量比(E_f/E_s)、归一化半径(r/t)和失配应变($\Delta\varepsilon$)。当失配应变和归一化半径恒定时,薄膜与基底的弹性模量比就成了决定起皱形貌的关键因素。已有研究表明,当弹性模量比较小时,在高压缩应变下柔软的皮肤层趋向于形成折痕形貌,而当弹性模量比和失配应变足够大时,硬质皮肤层倾向于形成山脊形貌[17-19]。

本实验中,基底预拉伸应变高达 400%,由于橡胶涂层与乳胶基底之间模量比较小,在高压缩应变下收缩为类大脑皮层折叠;而 GO 薄膜和橡胶基底之间的模量比较大,GO 薄膜屈曲为山脊形貌。因此,在高压缩应变下,通过 GO/橡胶软硬复合涂层的表面起皱,可以获得类大脑皮层多尺度微结构。根据文献报道,表 6.2 列出了乳胶基底、橡胶涂层和 GO 薄膜的弹性模量[20-24]。根据表中数据可得,橡胶涂层与乳胶基底的弹性模量比小于 10,而 GO 薄膜与橡胶涂层的模量比大于 1 700。如此悬殊的弹性模量比,是促成两种截然不同起皱形貌形成的关键。

表 6.2　乳胶基底、橡胶涂层和 GO 薄膜的弹性模量[13-17]

材　料	乳胶基底	橡胶涂层	GO 薄膜
弹性模量	0.7~1.3 MPa	3.0~5.0 MPa	8.6~13.3 GPa

为了排除 GO 薄膜对橡胶涂层起皱形貌的影响,单独分析了无 GO 涂覆的软橡胶盘图案的曲面起皱形貌。图 6.10(a~c)中的 SEM 图像展示了不同直径橡胶盘收缩后的起皱形貌。在实验条件范围内,预应变释放后,软橡胶盘都收缩为由沟回结构组成的类大脑皮层折叠形貌,"回"的平均宽度约为 28 μm,"沟"用蓝色标出,所构筑的起皱形貌与大脑皮层的表面结构极为相似[图 6.10(d)]。与以往研究有所不同,基底的预应变高达 400%,经过球形基底的三维收缩后,

获得的类大脑皮层结构的折叠指数(即收缩前后橡胶盘的表观面积之比)达到了5.7,超过了之前的报道值(约为2.8)[10]。

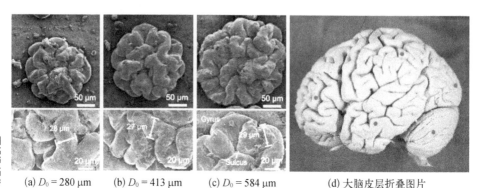

(a) $D_0 = 280$ μm   (b) $D_0 = 413$ μm   (c) $D_0 = 584$ μm   (d) 大脑皮层折叠图片

图6.10 无 GO 涂覆的软橡胶盘的曲面起皱形貌

通过以上分析,进一步验证了软橡胶盘在球形乳胶基底收缩下的形貌演化规律,证实了类大脑皮层折叠结构主要是由软橡胶涂层的三维收缩所致。GO薄膜的引入并没有改变类大脑皮层结构,但是增添了更细微的山脊形貌,有利于多尺度结构的形成和类大脑皮层折叠结构的功能化。

6.3.2 界面结合强度的影响

界面之间的相互作用对薄膜的表面起皱形貌也有很大的影响,当界面之间的黏结较弱,相互作用力较小时,在表面起皱的过程中容易引起薄膜的脱黏,形成隆起结构;当界面之间的黏结十分牢固时,收缩后容易形成互锁结构,进一步增强界面之间的相互作用力。

图6.11(a)展示了乳胶基底的横截面形貌,结果显示,胶乳基底内部呈多孔结构,基底厚度约为190 μm。从橡胶/乳胶基底双层体系的横截面 SEM 图像可以观察到,在橡胶和乳胶基底之间形成了高度互锁结构,说明二者之间具有较强的相互作用[图6.11(b)]。如图6.11(c)所示,从横截面观察 GO/橡胶/乳胶基底三层体系,高度屈曲的 GO/橡胶凸起犹如播种在乳胶基底上的蘑菇,呈现上大下小的特点,凸起的高度为 60 ± 4 μm。蘑菇状凸起的形成,很好地解释了为什么当橡胶盘阵列的径间比较大时,收缩后会演变为相互接触的凸起阵列。此外,从凸起的横截面 SEM 图像还可以发现,GO 薄膜与橡胶涂层之间结合紧密,未出现脱黏现象,有利于多尺度三维微体系结构的形成。

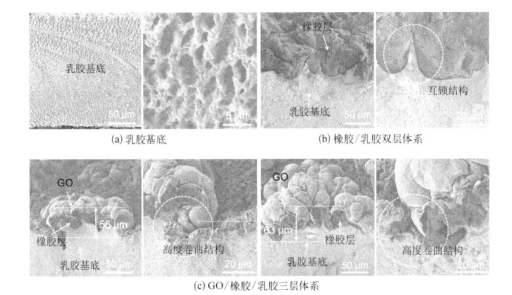

图 6.11　乳胶基底、橡胶/乳胶双层体系和 GO/橡胶/乳胶三层体系的横截面分析

6.4　类大脑皮层表面阵列的拉伸稳定性

凸起表面上的二级结构及其生物力学形成,是生物表面的典型特征,且形态各异,功能也各有特色。例如:小肠内腔道多尺度绒毛结构,有利于营养物质的吸收;手指关节处的皮肤褶皱,允许手指自由的弯曲。

已有研究表明,通过表面起皱可以有效改善硬质薄膜材料的柔性和可拉伸性,在柔性电子器件领域具有广阔的应用前景[5,12,15,25,26]。一般而言,导电的阵列式结构常被用于压力传感器件的构筑。但是,很少有人关注阵列式结构的拉伸稳定性,即多尺度凸起阵列在拉伸载荷下的结构稳定性。特别地,具有凸起阵列的起皱薄膜在拉伸载荷下的结构稳定性还未有研究。

为了探究类大脑皮层石墨烯微结构阵列随拉伸应变增加的结构稳定性,表征了不同拉伸应变下有凸起和无凸起阵列的起皱石墨烯薄膜的表面形貌。在拉伸之前,先对 GO 进行还原。由于缺陷和丰富的含氧官能团,GO 呈现出绝缘性;通过 GO 的还原,可以一定程度修复缺陷和去除内部的含氧官能团,从而获得导电性良好的石墨烯。GO 可以通过多种方法进行还原,包括:化学还原法、热还原法、电化学还原法、溶剂热还原法,以及微波还原法等[27-30]。为了保留乳胶基底的弹性和不破坏 GO 褶皱结构,采用水合肼蒸气对 GO 进行原位还原。

具体操作如下:将制备好的 GO 样品悬挂在三口圆底烧瓶中,100℃温度下冷凝回流,每隔 2 h 向烧瓶中加入 500 μL 水合肼溶液,还原 12 h 后取出。水合肼毒性大,可经皮肤吸收进入人体,可能导致眼睛永久性损害,因此,必须做好防护措施,在通风橱中进行试验。为了表征水合肼蒸气的还原效果,使用全反射傅里叶变换红外光谱仪(ATR - FTIR)对还原前后的 GO 样品的官能团进行表征(图 6.12)。

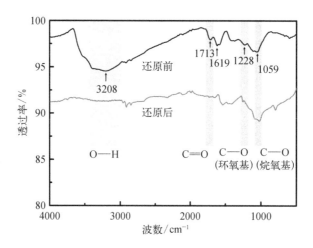

图 6.12 还原前后氧化石墨烯样品的傅里叶变换红外光谱分析

GO 内部具有多种含氧基团,包括:—OH、—COOH、—C—OH 和—C—O—C—。如图 6.12 所示,3 208 cm^{-1} 处的特征峰是由羟基的伸缩振动引起,而 1713 cm^{-1} 处的特征峰可以归属于羰基的伸缩振动峰,1 228 cm^{-1} 和 1 059 cm^{-1} 分别归属于环氧和烷氧基团的特征峰[29]。红外谱图显示,还原后 GO 的含氧基团的特征峰强度明显减弱,特别是—OH 和—COOH 的特征峰强度。应该指出的是,还原后GO 样品的环氧和烷氧基团的特征峰强度变化较小,说明还原后的样品仍然残留少量的含氧基团。

6.4.1 具有凸起阵列的拉伸稳定性

对比研究了具有凸起阵列和无凸起阵列的起皱石墨烯薄膜的拉伸稳定性。

对于常规的可拉伸电子器件,拉伸应变达到 100% 时,即可满足一般情景下的实用需求。因此,采用 100% 的拉伸应变来评价起皱石墨烯薄膜的拉伸稳定性。如图 6.13 所示,在 100% 的拉伸应变下,当橡胶盘的径间比较高时,如 $D_0/L_0 = 1.5$ 或 1.2,凸起阵列之间的起皱石墨烯薄膜内出现了肉眼可见的裂纹。随着径间比的降低,肉眼可见的裂纹逐渐减少。当径间比降至 0.4 时,在样品表面未观察到宏观的裂纹形成。

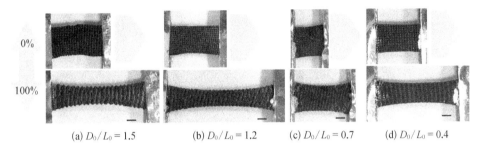

(a) $D_0/L_0 = 1.5$ (b) $D_0/L_0 = 1.2$ (c) $D_0/L_0 = 0.7$ (d) $D_0/L_0 = 0.4$

图 6.13　处于松弛和拉伸状态下石墨烯微结构阵列的照片

图中标尺均为 1 mm

以上实验现象表明:裂纹的形成与阵列的径间比息息相关,径间比越大,阵列越密集,在拉伸应变下更容易产生裂纹。为了进一步探索石墨烯微结构阵列在低拉伸应变下的结构稳定性,进一步表征了石墨烯微结构阵列在 0%~20% 拉伸应变下的微观形貌演化,这是微机械应变传感器的常规应用需求范围。

通过图 6.14 中的高分辨率 SEM 图像可看出,在松弛状态(拉伸应变为 0%),起皱石墨烯薄膜中的裂纹呈闭合状态,裂纹两端的石墨烯褶皱相互接触。当施加拉伸应变时,即使拉伸应变小于 10%,在凸起之间的起皱石墨烯薄膜中也会产生明显的微裂纹(图 6.14)。裂纹的形态和分布与凸起阵列的径间比相关,随着径间比的降低,裂纹宽度逐渐减小,但裂纹密度逐渐增大,裂纹取向愈加无序。虽然径间比较大的样品裂纹密度较低,但在同一应变下,裂纹宽度急剧增大,而且裂纹更加连续。

图 6.15 统计了不同样品在 10% 和 20% 拉伸应变下形成裂纹的平均宽度。总的来说,当拉伸应变一定时,裂纹宽度随径间比的减小而降低。当径间比一定时,裂纹的宽度随拉伸应变的增加而增大。具体而言,当拉伸应变为 10% 时,随着径间比由 1.5 减小至 0.4,裂纹的平均宽度从 12.4 μm 减小到 3.4 μm。说明径间比越大,凸起阵列越密集,在拉伸载荷下越容易形成裂纹结构。

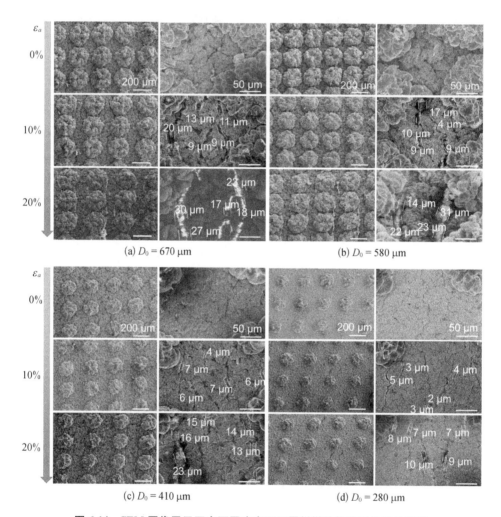

图 6.14　SEM 图像展示了在不同应变下石墨烯微结构阵列的形貌演变

(a) $D_0/L_0 = 1.5$；(b) $D_0/L_0 = 1.2$；(c) $D_0/L_0 = 0.7$；(d) $D_0/L_0 = 0.4$

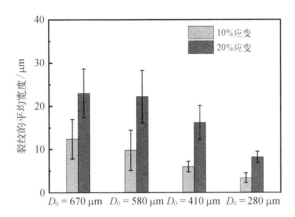

图 6.15　在 10% 和 20% 拉伸应变下裂纹的平均宽度

通过将拉伸应变进一步增加到 20%，裂纹的平均宽度成倍增加。意味着通过改变施加的应变，可以有效调控起皱石墨烯薄膜内裂纹的宽度，从而实现起皱石墨烯薄膜电阻的大范围调节。

6.4.2　无凸起阵列的拉伸稳定性

前面从宏观和微观视角研究了具有凸起阵列的起皱石墨烯薄膜的拉伸稳定性，结果显示，凸起阵列的径间比对起皱薄膜中裂纹的形成具有决定性作用。下面研究无凸起阵列的起皱石墨烯薄膜的拉伸稳定性，以进一步揭示凸起阵列对起皱薄膜拉伸稳定性的影响。

对于无凸起阵列的起皱石墨烯薄膜，在 100% 的拉伸应变下，无论是在宏观层面还是在微观层面，都没有观察到起皱薄膜中有裂纹形成（图 6.16 和图 6.17）。通过图 6.16 还可以发现，石墨烯/乳胶双层膜在受到轴向拉伸时，拉伸方向长度增加，而双层膜在垂直于拉伸方向上长度反而减小，这就是所谓的泊松效应，广泛存在于机械工程领域。

由图 6.17 中起皱石墨烯薄膜在不同应变下的 SEM 图像可以看出，随着拉伸应变从 0 增加至 100%，石墨烯褶皱的取向随拉伸应变的增加发生了变化，原本随机取向的石墨烯褶皱，在应力诱导下发生重构，逐渐演化为单一方向取向。在整个拉伸过程中，石墨烯褶皱的特征尺寸未发生变化，在起皱石墨烯薄膜内也未观察到裂纹的形成。

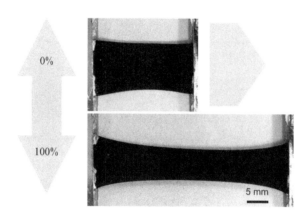

图 6.16 处于松弛和拉伸状态下无凸起阵列的起皱石墨烯薄膜的照片

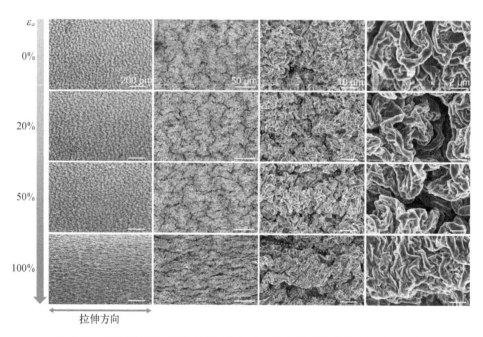

图 6.17 SEM 图像展示了在不同拉伸应变下起皱石墨烯薄膜的形貌演变

从左至右图中的比例尺分别为 200 μm、50 μm、10 μm 和 2 μm

通过对有凸起和无凸起阵列的起皱石墨烯薄膜在拉伸载荷下的形貌演化进行对比研究,发现凸起阵列可以加速和调控起皱石墨烯薄膜内裂纹的形成。通过改变橡胶盘的径间比,可对裂纹的疏密程度和宽度进行有效调控。

　　为什么凸起阵列的引入会加快起皱石墨烯薄膜内裂纹的形成呢? 为了揭示起皱石墨烯薄膜中裂纹的形成机理,表征了随着拉伸应变的增加,凸起直径和间距的变化规律。

　　结果发现,凸起直径和间距随应变的变化趋势具有明显差异。如图 6.18 所示,随着拉伸应变的增加,凸起间距急剧增加,而凸起直径保持相对稳定。而且,径间比越大的样品对拉伸应变越敏感。例如,当 D_0/L_0 分别为 1.5 和 1.2 时,20% 的拉伸应变就可以引起 529% 和 413% 的超大间距变化[图 6.18(a)和图 6.18(c)]。相比之下,当 D_0/L_0 分别为 0.7 和 0.4 时,在 20% 拉伸应变下,可导致 72% 和 37% 的间距变化[图 6.18(a)和图 6.18(c)]。与间距变化趋势形成鲜明对比,在 10% 和 20% 拉伸应变下,凸起的直径变化都小于 5%[图 6.18(b)和图 6.18(d)]。

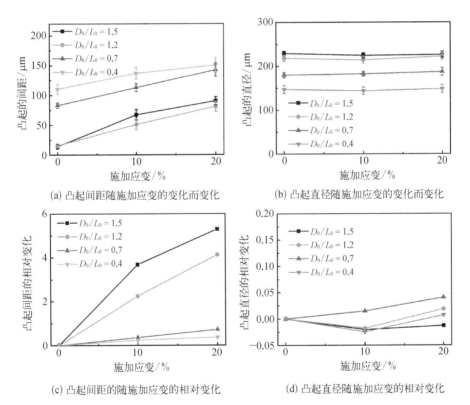

(a) 凸起间距随施加应变的变化而变化　　　　(b) 凸起直径随施加应变的变化而变化

(c) 凸起间距的随施加应变的相对变化　　　　(d) 凸起直径随施加应变的相对变化

图 6.18　多尺度石墨烯微结构阵列中凸起直径和间距随应变增加的变化趋势

间距和直径的相对变化分别定义为 $\Delta L/L$ 和 $\Delta D/D$,ΔL 和 ΔD 表示拉伸引起的间距和直径的变化;L 和 D 代表拉伸前凸起的间距和直径

这些结果表明,在薄膜的拉伸过程中,应力分布是不均匀的。与石墨烯/乳胶双层体系相比,石墨烯/橡胶盘/乳胶三层体系更难被拉伸,导致应力集中于凸起边沿,最终以裂纹的形式释放体系受到的应力,让整个体系达到一个新的平衡态[31,32]。

6.5 小结

本章介绍了仿大脑皮层褶皱在曲面上阵列化的方法。鉴于动植物表面起皱结构的材质、结构和功能的不同,通过引入软橡胶涂层和优化涂覆工艺,仿生构筑了仿大脑皮层高度折叠的微结构阵列,开发了一种在球面上大规模仿生制备多尺度微结构阵列的方法。结合丝网印刷和曲面起皱,可直接将软硬复合涂层转化为类大脑皮层微结构阵列。

虽然通过连续非均匀 GO 薄膜的三维收缩,可以仿生制备玫瑰花瓣表面多尺度乳突阵列。然而,受 GO 分散液滴涂工艺的限制,所构筑的乳突直径远高于玫瑰花瓣表面的乳突直径,急需小尺度微结构阵列的大规模构筑方法。将丝网印刷技术与曲面起皱相结合,不仅可以实现多尺度微结构阵列的大规模制备,还可以根据实际需要,设计不同的丝网印刷模板,实现按需定制的微体系结构的制备。此外,所构筑凸起的最小直径缩小至 153 μm。

通常,导电的阵列式结构常被用于压力传感器件的构筑,很少有人关注阵列式结构的拉伸稳定性。特别地,具有凸起阵列的起皱薄膜在拉伸载荷下的结构稳定性还未有研究。通过对有凸起和无凸起阵列的起皱石墨烯薄膜在拉伸载荷下的形貌演化进行对比研究,发现凸起阵列可以加速和调控起皱石墨烯薄膜内裂纹的形成。进一步研究表明,裂纹的形成与凸起之间应力的局部化有关。这一发现为多尺度石墨烯微结构阵列在可拉伸电子器件中的应用提供了依据。

参考文献

[1] Assender H, Bliznyuk V, Porfyrakis K. How Surface Topography Relates to Materials' Properties [J]. Science, 2002, 297: 973-976.

[2]　Koch K, Bhushan B, Barthlott W. Multifunctional Surface Structures of Plants: An Inspiration for Biomimetics [J]. Progress in Materials science, 2009, 54(2): 137 − 178.

[3]　Liu Z F, Fang S, Moura F A, et al. Hierarchically Buckled Sheath-Core Fibers for Superelastic Electronics, Sensors, and Muscles [J]. Science, 2015, 349(6246): 400 − 404.

[4]　Wang Q, Zhao X. Beyond Wrinkles: Multimodal Surface Instabilities for Multifunctional Patterning [J]. MRS Bulletin, 2016, 41(2): 115 − 122.

[5]　Hu X, Dou Y, Li J, et al. Buckled Structures: Fabrication and Applications in Wearable Electronics [J]. Small, 2019, 15: 1804805.

[6]　Kim J B, Kim P, Pégard N C, et al. Wrinkles and Deep Folds as Photonic Structures in Photovoltaics [J]. Nature Photonics, 2012, 6(5): 327 − 332.

[7]　Goriely A, Geers M G D, Holzapfel G A, et al. Mechanics of the Brain: Perspectives, Challenges, and Opportunities [J]. Biomechanics and Modeling in Mechanobiology, 2015, 14(5): 931 − 965.

[8]　Takei A, Jin L, Hutchinson J W, et al. Ridge Localizations and Networks in Thin Films Compressed by the Incremental Release of a Large Equi-Biaxial Pre-stretch in the Substrate [J]. Advanced Materials, 2014, 26(24): 4061 − 4067.

[9]　Tallinen T, Biggins J S. Mechanics of Invagination and Folding: Hybridized Instabilities When One Soft Tissue Grows on Another [J]. Physical Review E, 2015, 92(2): 022720.

[10]　Tallinen T, Chung J Y, Biggins J S, et al. Gyrification from Constrained Cortical Expansion [J]. Proceedings of the National Academy of Sciences of the United States of America, 2015, 111(35): 12667 − 12672.

[11]　Tallinen T, Chung J Y, Rousseau F, et al. On the Growth and Form of Cortical Convolutions [J]. Nature Physics, 2016, 12: 588 − 593.

[12]　Tan Y, Hu B, Song J, et al. Bioinspired Multiscale Wrinkling Patterns on Curved Substrates: An Overview [J]. Nano-Micro Letters, 2020, 12(1): 101.

[13]　Tan Y, Chu Z, Jiang Z, et al. Gyrification-Inspired Highly Convoluted Graphene Oxide Patterns for Ultralarge Deforming Actuators [J]. ACS Nano, 2017, 11(7): 6843 − 6852.

[14]　Chen P Y, Liu M, Wang Z, et al. From Flatland to Spaceland: Higher Dimensional Patterning with Two-Dimensional Materials [J]. Advanced Materials, 2017, 29(23): 1605096.

[15]　谭银龙,蒋振华,楚增勇.高分子基体表面褶皱的仿生构筑、微观调控及其应用[J].高分子学报,2016(11): 1508 − 1521.

[16]　Chen X, Yin J. Buckling Patterns of Thin Films on Curved Compliant Substrates with Applications to Morphogenesis and Three-Dimensional Micro-Fabrication [J]. Soft Matter, 2010, 6(22): 5667 − 5680.

[17]　Cao Y, Hutchinson J W. Wrinkling Phenomena in Neo-Hookean Film/Substrate Bilayers

[J]. Journal of Applied Mechanics, 2012, 79(3): 031019.

[18] Jin L, Auguste A, Hayward R C, et al. Bifurcation Diagrams for the Formation of Wrinkles or Creases in Soft Bilayers [J]. Journal of Applied Mechanics, 2015, 82(6): 061008.

[19] Cao C, Chan H F, Zang J, et al. Harnessing Localized Ridges for High-Aspect-Ratio Hierarchical Patterns with Dynamic Tunability and Multifunctionality [J]. Advanced Materials, 2014, 26(11): 1633.

[20] Wang Z, Tonderys D, Leggett S E, et al. Wrinkled, Wavelength-Tunable Graphene-Based Surface Topographies for Directing Cell Alignment and Morphology [J]. Carbon, 2016, 97: 14 - 24.

[21] Ramli R, Jaapar J, Singh M, et al. Physical Properties and Fatigue Lifecycles of Natural Rubber Latex Gloves [J]. Advances in Environmental Biology, 2014, 8: 2714 - 2722.

[22] Cai H H, Li S D, Tian G R, et al. Reinforcement of Natural Rubber Latex Film by Ultrafine Calcium Carbonate [J]. Journal of Applied Polymer Science, 2003, 87(6): 982 - 985.

[23] Chen C, Yang Q H, Yang Y, et al. Self-Assembled Free-Standing Graphite Oxide Membrane [J]. Advanced Materials, 2009, 21(35): 3007 - 3011.

[24] Park S, Lee K, Bozoklu G, et al. Graphene Oxide Papers Modified by Divalent Ions-Enhancing Mechanical Properties via Chemical Cross-Linking [J]. ACS Nano, 2008, 2(3): 572 - 578.

[25] Li G C, Chu Z Y, Gong X F, et al. A Wide-Range Linear and Stable Piezoresistive Sensor Based on Methylcellulose-Reinforced, Lamellar, and Wrinkled Graphene Aerogels [J]. Advanced Materials Technologies, 2022, 7: 2101021.

[26] Chu Z Y, Li G C, Gong X F, et al. Hierarchical Wrinkles for Tunable Strain Sensing Based on Programmable, Anisotropic, and Patterned Graphene Hybrids [J]. Polymers, 2022, 14: 2800.

[27] Nagase S, Gao X, Jang J. Hydrazine and Thermal Reduction of Graphene Oxide: Reaction Mechanisms, Product Structures, and Reaction Design [J]. Journal of Physical Chemistry C, 2010, 114(2): 832 - 842.

[28] Pei S, Cheng H M. The Reduction of Graphene Oxide [J]. Carbon, 2012, 50(9): 3210 - 3228.

[29] Zhang J, Yang H, Shen G, et al. Reduction of Graphene Oxide via L-Ascorbic Acid [J]. Chemical Communications, 2010, 46(7): 1112 - 1114.

[30] Konios D, Stylianakis M M, Stratakis E, et al. Dispersion Behaviour of Graphene Oxide and Reduced Graphene Oxide [J]. Journal of Colloid & Interface Science, 2014, 430: 108 - 112.

[31] Tan Y L, Hu B R, Chu Z Y, et al. Bioinspired Superhydrophobic Papillae with Tunable

Adhesive Force and Ultralarge Liquid Capacity for Microdroplet Manipulation ［J］. Advanced Functional Materials，2019，29：1900266.

［32］ Song J，Tan Y，Chu Z，et al. Hierarchical Reduced Graphene Oxide Ridges for Stretchable，Wearable，and Washable Strain Sensors ［J］. ACS Applied Materials & Interfaces，2019，11(1)：1283－1293.

第三篇　性能与应用

第7章 仿生表面褶皱的表界面性能及其应用

7.1 引言

任何材料都有与外界接触的表面或与其他材料区分的界面,材料的表界面在材料科学中占有重要的地位。材料的表界面特性对材料整体性能具有决定性的影响,材料的腐蚀、老化、硬化、破坏、印刷、涂膜、黏结、复合等,无不与材料的表界面性能密切有关[1]。而表面起皱首先导致表面形貌的变化,使表面粗糙度提高,因此,表面褶皱的表面与界面特性会发生显著变化。此外,通过表面褶皱化,不仅可以调节表面的物理和化学特性,还可以改变整个材料的力学性能,从而赋予材料更多的可能性和动态可调性(图7.1)[2]。

例如,在3D微体系结构的表面构筑多尺度起皱图案,可以调节微结构的润湿特性,从而对液体和细胞进行可控附着[图7.1(a)][3,4]。通过球形基底同时各向同性收缩,可获得高度压缩的无裂纹起皱薄膜[图7.1(b)][5]。基于封闭中空基底的起皱薄膜,通过改变压强可控制内外表面从起皱至平滑状态的动态转换[图7.1(c)][6,7]。此外,表面起皱结构的引入可以有效改善硬质薄膜的可拉伸性,例如,高弹纤维上的自接触折痕赋予硬质壳层优异的拉伸性,在超过1 000%的拉伸应变下,硬质壳层依然保持完整[图7.1(d)][8]。在曲面核壳体系中,薄膜被压缩过程中的法向位移有利于形成高度屈曲的互锁结构,从而增强薄膜与基底之间的非化学键合力[图7.1(e)][5]。表面起皱结构的引入赋予材料新的性能,新性能又催生新应用,褶皱化薄膜材料在生化防护、电磁屏蔽、可穿戴电子器件和致动器等领域具有广泛应用前景[2]。

图7.2总结了常用曲面基底的几何形状、不同维度的硬质薄膜材料,以及典型的起皱形貌。根据薄膜材料的性质和起皱形貌的特点,这些褶皱化纤维、薄膜和3D微体系结构具有广泛的应用领域,包括细胞培养界面、柔性传

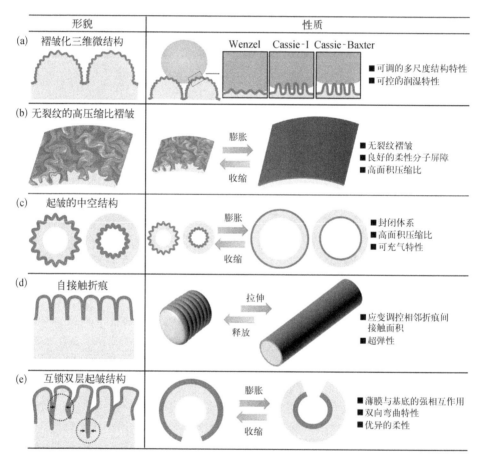

图 7.1　通过表面起皱改善材料性能

（a）褶皱化的微体系结构；（b）无裂纹起皱薄膜；（c）中空结构表面从起皱状态到光滑状态的可逆转换；
（d）高弹纤维上的自接触折痕；（e）在薄膜基底之间形成的高度屈曲的互锁结构

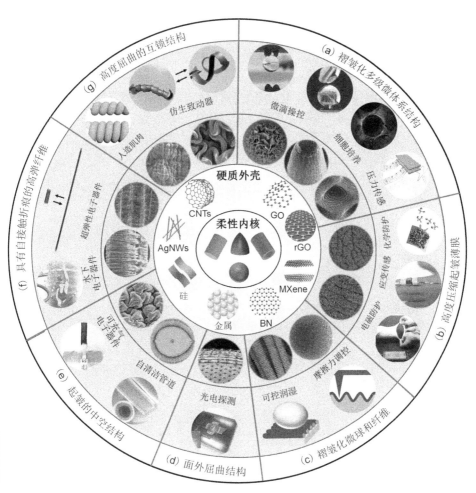

图 7.2　表面褶皱图案的应用[2]

（a）褶皱化多级 3D 微体系结构用于可控黏附和压力传感；（b）高度压缩起皱薄膜用于化学防护和电磁屏蔽；（c）褶皱化微球和纤维用于摩擦力调控和可控润湿；（d）用于光电探测的面外屈曲结构；（e）曲面起皱结构用于可充气器件；（f）具有自接触折痕的高弹纤维用于可拉伸电子器件；（g）高度屈曲互锁结构用于致动器

感器件、生化防护涂层、电磁屏蔽涂层、致动器等。除了图中所列举的应用示例外，曲面起皱结构还被用于半球形光电探测器、微透镜阵列和气动阻力控制等领域[9-12]。

7.2 大脑皮层启发的仿生褶皱用于柔性致动器件

柔性致动器,又称软驱动材料,是指在一定的外场刺激下能够将外场能量转换为机械能进而发生可逆形变及运动的材料。柔性致动器在软体机器人、人造肌肉、传感器或微型操控器等方面具有极大的应用潜力[13]。适用的外场环境包括光、电、热、磁、溶剂等梯度势能[14-17]。对溶剂有响应的致动器称为溶剂响应型致动器,根据溶剂响应类型不同,溶剂响应型致动器可以对湿度(水分)、有机溶剂响应,也可以对溶剂气氛产生响应。

通过二维材料的三维结构化,可以结合三维结构和二维材料本身的优势,拓展或优化其化学、力学或电学性能[2]。如前所述,通过构筑石墨烯多级褶皱,不仅可以有效改善石墨烯薄膜的柔性,还可对其表面润湿性和导电性进行调控。将类大脑皮层的氧化石墨烯褶皱(WGO)对特定溶剂分子的阻隔特性、优异的力学强度、良好的抗弯折能力与乳胶基底的弹性和可溶胀特性有机结合在一起,可以制备性能优异的 WGO/乳胶双层溶剂响应型致动器。

7.2.1 溶剂刺激响应性能

1. 溶剂响应机理分析

通过类大脑皮层石墨烯的构筑工艺可知,双层体系收缩后,储存在乳胶基底内的预拉伸应变并未被完全释放,高度压缩的 WGO 薄膜有向外扩展的趋势。因此,收缩后的双层体系内存在方向相反的残余应力,即在 WGO 折叠中为残余压缩应力而在胶乳基底中为残余拉伸应力(图 7.3)。

如图 7.3(a)所示,一旦双层材料被裁剪为方形薄片,由于缺乏四周的束缚,乳胶基底向内收缩,WGO 向外扩张,方形薄片自组装为管状结构,以释放存储在双层体系中的残余应力。因此,较大的弯曲角度更有利于体系内残余应力的释放。随着基底预拉伸应变的增加,预应变释放后 WGO 薄膜被压缩的程度越高,存储在双层体系内的残余应力就越大,导致方形薄片在空气中的弯曲角度急剧增大。

如图 7.3(b)所示,在空气中,WGO 薄膜在致动器的外侧。当受到一些有机溶剂的刺激时,乳胶基底未被 WGO 覆盖一侧与溶剂分子充分接触,迅速溶胀产生横向张应力;而被 WGO 覆盖一侧,WGO 薄膜在溶剂分子与乳胶基底之间构

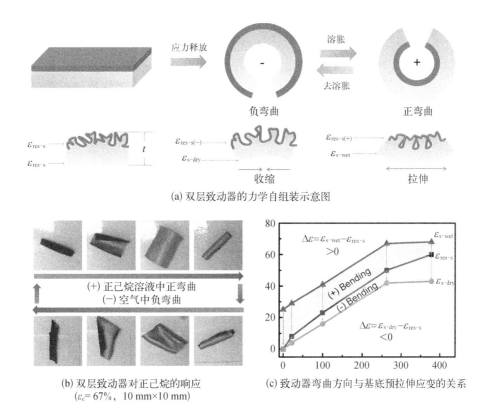

(a) 双层致动器的力学自组装示意图

(b) 双层致动器对正己烷的响应
(ε_c= 67%，10 mm×10 mm)

(c) 致动器弯曲方向与基底预拉伸应变的关系

图 7.3　WGO/乳胶双层致动器的双向可逆弯曲性能

基底在 WGO 覆盖侧的残余拉伸应变($\varepsilon_{res\text{-}s}$)，未覆盖侧的溶胀诱导拉伸应变($\varepsilon_{s\text{-}wet}$)和
残余拉伸应变($\varepsilon_{s\text{-}dry}$)已在图中标示

筑了一道屏障,不发生溶胀。在溶胀诱导的非对称张应力作用下,由 WGO 和乳胶基底共同组成的双层致动器发生反向弯曲。在空气中溶剂挥发后,乳胶基底去溶胀,致动器又可以恢复到初始弯曲状态。在此,将致动器在空气中的弯曲状态定义为负(−)弯曲,在溶剂中由基底膨胀引起的弯曲定义为正(+)弯曲。

从纯几何角度分析,致动器弯曲曲率 C 与失配应变 $\Delta\varepsilon$ 成正比,与致动器的总厚度 t 成反比,其关系表示如下[18]:

$$C \propto \Delta\varepsilon/t \tag{7.1}$$

如图 7.3(c)所示,中间的方块线条表示不同预拉伸应变条件下,收缩后双层体系内基底的残余拉伸应变($\varepsilon_{res\text{-}s}$),由图可知,随着基底预拉伸应变的增加,收缩后基底内残余拉伸应变不断增大,最高可达60%;下方圆点符号线条表示裁剪为方形薄片的致动器在空气中曲率变化所引起的应变变化(ε_{s-dry}),很显然,随着基底内残余拉伸应变的增大,储存在双层体系内的能量就越高,其在空气中的曲率变化就越大,从而导致更高的应变变化;上方三角符号线条表示乳胶基底未被WGO覆盖一侧在正己烷中溶胀时的拉伸应变(ε_{s-wet}),其值等于乳胶在正己烷中的溶胀率(25%)与ε_{s-dry}之和。

在溶剂中乳胶基底溶胀,$\Delta\varepsilon = \varepsilon_{s-wet} - \varepsilon_{res} > 0$,致动器正弯曲;在空气中溶剂挥发后,基底去溶胀,$\Delta\varepsilon = \varepsilon_{s-dry} - \varepsilon_{res} < 0$,致动器负弯曲。由此可见,双层致动器在空气或溶剂中的失配应变决定了其弯曲方向。如图3.7(c)所示,存储在基底中的残余拉伸应变越大,裁剪为方形薄片后导致的失配应变就越大。将致动器置于特定溶剂中时,胶乳基底未被WGO覆盖一侧与溶剂分子充分接触,在溶胀引起的张应力作用下ε_{s-wet}增加甚至超过其残余应变(ε_{res}),失配应变($\Delta\varepsilon$)为正,致动器正向弯曲。

然而,实验所观察到的致动器在溶剂中的正弯曲率与计算得出的失配应变并不是单纯的线性关系。例如,当基底预应变为22%时,收缩后其残余拉伸应变很小,由溶胀导致的拉伸应变远高于其残余拉伸应变,而所制备的样品在溶剂中并没有观察到高的正曲率变化,而无压缩和高度压缩的样品都可以产生非常高的正曲率变化。由此推测,WGO褶皱的形貌在致动器弯曲过程中起着重要的作用,由于褶皱状态薄膜的弹性压缩能量可能比折叠状态薄膜高得多,WGO随着基底的膨胀而伸长,从而降低了失配应变的大小。已有研究证明了在基底膨胀过程中表面褶皱的类似伸长[14]。相比之下,高度折叠的WGO薄膜被深深地嵌入到基底中,从而使致动器可以轻松地实现大曲率弯曲。

2. 形变大小分析

在理解致动器响应机理后,对其形变大小、形变方向及稳定性进行了系统的测试和评价。如图7.4(a)所示,研究了同一致动器(10 mm×10 mm,$\varepsilon_c = 59\%$)对不同溶剂的响应性能。结果显示,双层致动器在四氢呋喃(THF)和苯中响应比在正己烷和二氯甲烷(DCM)中更快,在极性溶剂如乙醇、丙酮和去离子水中不响应。然而,与正己烷和苯相比,将致动器从THF和DCM溶剂转移至空气中,致动器可以更快地恢复到最初的弯曲状态,这主要与溶剂的挥发速率及其与胶乳基底的范德华力有关。根据溶剂的挥发性,反向恢复过程所需时间比正向响应过程所需时间长1~2倍。为了弄清不同溶剂对致动器响应性能的影响,将裁剪为正方形的乳胶置于不同溶剂中,通过视频录制的方法,实时观察乳胶

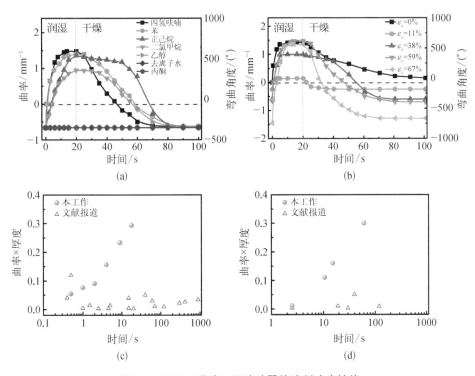

图 7.4　WGO/乳胶双层致动器的溶剂响应性能

（a）WGO/乳胶双层致动器在不同溶剂中的致动性能（ε_c=59%）；（b）具有不同压缩应变的双层致动器
在 THF 中的响应致动性能；（c,d）WGO/乳胶双层形变致动器（ε_c=67%）和其他致动器致动性能比较：
（c）正向弯曲（d）负向弯曲[5]。评价测试所用致动器的尺寸均为：10 mm×10 mm

基底在不同溶剂中的溶胀过程。结果显示，与正己烷和 DCM 相比，乳胶基底在
THF 和苯中溶胀更快，这可以解释为什么致动器在 THF 和苯中响应更快。此
外，乳胶基底在乙醇、丙酮和去离子水等极性溶剂中不溶胀，因此，致动器对这
些溶剂不响应。

　　进一步研究了具有不同薄膜压缩应变的致动器在同一溶剂 THF 中的致动性
能。如图 7.4(b)所示，所有致动器都具有正向弯曲的性能，但最大曲率与压缩应
变并不是线性变化的。WGO 薄膜压缩应变为 11% 的致动器具有最低的响应速率
和最小的曲率变化，而 WGO 薄膜压缩应变为 67% 的致动器具有最高的响应速率
和最大的曲率变化。尽管无压缩双层致动器也很容易正向弯曲，但是其负向弯曲
恢复速率最慢，且其弯曲形变是不可逆的，仅经过一次循环测试，无压缩薄膜就在

基底溶胀诱导的张应力作用下变成碎片;相比之下,使用各向同性收缩球面起皱法构筑的 WGO/乳胶双层致动器具有可逆的超大曲率形变。主要是因为高度折叠的 WGO 薄膜具有比基底高得多的表面积(GI = 8.9),使其完全可以承受由于基底的溶胀引起的面积变化。其中,在 THF 溶剂中性能最好的致动器(10 mm×10 mm, ε_c = 67%),其最大弯曲角可达 1 456°(最大曲率变化为 2.75 mm^{-1}),平均弯曲速度可达 78°/s,恢复到原始曲率的时间约为 41 s,约是响应时间(18 s)的两倍。

如图 7.4(c)和 7.4(d)所示,WGO/乳胶双层形变致动器(ε_c = 67%)的整体致动性能(最大曲率×致动器厚度)优于近来报道的大多数其他致动器,同时具有最佳正向和最佳负向致动性能,图中对比数据列于表 7.1。

表 7.1　高度折叠 GO/乳胶双层致动器与其他致动器性能比较

厚度/μm	曲率/mm^{-1}		曲率×厚度		响应时间/s		文献
	正向	负向	正向	负向	正向	负向	
109.5	0.50	0.50	0.055	0.11	0.4	8.6	本工作
	1.43	1.43	0.16	0.16	4.0	13.2	
	2.75	2.73	0.30	0.30	18.0	41.0	
200	0.60	NB	0.12	NB	0.5	NB	[14]
30	1.34	NB	0.04	NB	0.4	NB	[19]
29	0.14	NB	0.004 1	NB	15.0	NB	[20]
12	0.22	0.22	0.002 6	0.002 6	20.0	30.0	[21]
29	0.48	NB	0.014	NB	1.5	NB	[22]
500	0.10	0.10	0.050	0.050	40.0	40.0	[23]
400	0.055	NB	0.022	NB	10.0	NB	[24]
30	0.45	NB	0.014	NB	5.0	NB	[25]
20	0.17	NB	0.003 4	NB	4.5	NB	[26]
20	0.15	0.15	0.003 0	0.003 0	2.5	2.5	[27]
20	0.23	NB	0.004 6	NB	1.0	NB	[28]
1 000	0.030	NB	0.030	NB	60.0	NB	[29]

续　表

厚度/μm	曲率/mm⁻¹		曲率×厚度		响应时间/s		文献
	正向	负向	正向	负向	正向	负向	
56	0.16	0.16	0.008 9	0.008 9	120.0	120.0	[30]
30	0.10	0.33	0.003 0	0.009 9	2.5	19.0	[31]
500	0.068	0.23	0.034	0.12	900.0	1 800.0	[32]
500	0.044	NB	0.022	NB	300.0	NB	[33]
1 000	0.040	NB	0.040	NB	15.0	NB	[34]

备注：NB 在表 7.1 中代表已报道致动器只能单向弯曲或能双向弯曲但未提供具体数值。

由式(7.1)可知，双层致动器弯曲曲率主要与致动器的厚度和失配应变有关，而薄膜与基底之间的失配应变大小可以用来评价双层致动器的变形能力，若失配应变可正可负，则证明致动器在不同刺激条件下具有双向弯曲能力。因此，致动器的综合性能可用致动器的曲率与厚度的乘积来衡量。表 7.1 选取了致动器研究领域具有代表性的文献中的数据与 WGO/乳胶双层致动器进行对比。通过对比发现，已报道的致动器大多只能单向弯曲，鲜有能够双向弯曲的致动器被报道。在有限的能够双向弯曲的致动器中，其响应时间长、形变量小，整体性能不如 WGO/乳胶双层致动器。

3. 形变方向分析

如图 7.5 所示，长宽比对致动器的弯曲方向和卷曲形状起决定性作用。对于长宽比为 1.0 的方形致动器，致动器向 X 和 Y 方向弯曲的可能性是相等的。然而，如果长/宽比增加，致动器倾向于沿着较长的方向弯曲。当长/宽比处于 2 到 10 的范围内时，致动器总是沿较长的方向弯曲成小管。当长宽比增加到 15 时，致动器自动组装成螺旋构型，并且螺旋数量随着长宽比的增大而增加。

采用各向同性三维一步收缩起皱法构筑 WGO 图案，理论上，WGO 在各个方向都是同性的。因此，对于方形致动器，其在两个方向的弯曲可能性相同；但对于长条状致动器，并将其置于溶剂中时，由于乳胶基底的溶胀率为定值，长边由溶胀引起的伸长量大于短边，导致长边在溶胀时占据主导地位，因此，当长宽比大于 1.0 时，致动器沿着较长的方向弯曲。合理利用致动器的这一特性，有助于设计具有特定功能的形变致动器。

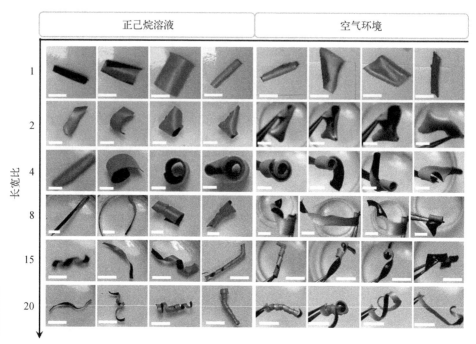

图 7.5 WGO/胶乳双层致动器弯曲方向的调控

所有比例尺为 5 mm,且压缩应变为 67%

4. 稳定性分析

如图 7.6 所示,随着基底预拉伸应变的增加,WGO 薄膜压缩应变越来越大,WGO 薄膜颜色也越来越深。值得注意的是,将未经压缩的双层致动器放入正己烷中,GO 薄膜在乳胶基底溶胀诱导的张应力作用下会破裂成碎片,而其他具有高压缩比的 WGO/乳胶双层致动器可以承受超过 50 次的浸没循环。当 WGO 薄膜压缩应变为 67% 时,致动器从负弯曲到正弯曲的绝对弯曲角度接近 1 500°(或曲率变化接近 3.0 mm^{-1})。

在已报道的平面起皱法构筑褶皱图案的案例中,由于泊松效应的存在,在释放基底预应变时,很难控制基底的收缩方向和收缩速率,经常观察到基底和薄膜的分离[35]。基底与薄膜的分离导致两者之间相互作用力减弱,从而影响其长期使用稳定性。如图 7.7 所示,通过平面起皱法构筑的 WGO 薄膜/乳胶双层致动器,仅在一次循环后其表面就出现了较大的裂缝,进一步印证了平面起

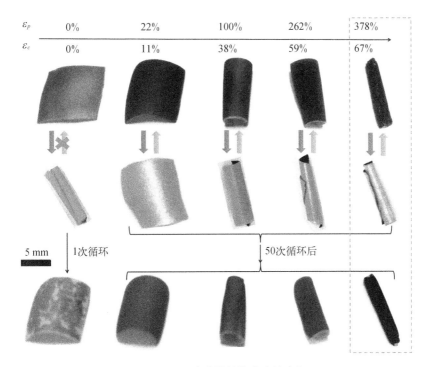

图 7.6　双层致动器性能稳定性表征

具有不同薄膜压缩比致动器在溶剂中循环响应,图中所用样品尺寸均为 10 mm×10 mm

皱表面图案的稳定性不如各向同性球面收缩起皱法构筑的表面图案,特别是当薄膜与基底失配应变较大时($\Delta\varepsilon>100\%$)。

与二维平面起皱法构筑的褶皱图案相比,通过各向同性收缩球面起皱法制备的高度折叠图案具有更复杂的形貌。而且,通过缓慢排出球形乳胶基底内的空气可实现真正同时的三维收缩,这不仅增强了 WGO 薄膜与乳胶基底之间的相互作用,同时减少了界面之间的分离。此外,较大的失配应变进一步增强了WGO 薄膜与基底之间的相互咬合,为进一步构筑稳定性优异的致动器奠定了基础。

7.2.2　溶剂刺激响应器件

利用所构筑的大曲率形变、可逆、快速响应的溶剂响应型致动器,探索了其在仿生致动器、海面浮油高效收集等领域的应用。

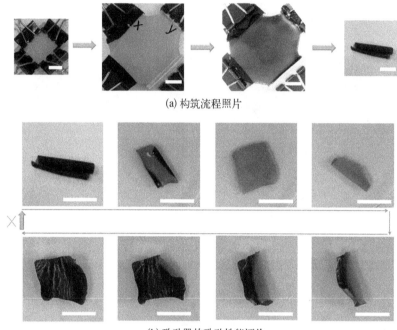

(a) 构筑流程照片

(b) 致动器的致动性能评价

图 7.7 平面起皱致动器的构筑及其性能

图中标尺均为 10 mm

1. 仿生致动器

在自然界中,很多植物可以根据环境的变化(如温度、湿度、光线等)而作出响应,例如,含羞草在受到外界触碰时,叶柄迅速下垂,叶片合拢关闭,犹如一个含羞的姑娘。与动物相比,植物既没有神经系统,也没有强壮的肌肉,但却能对外界的刺激作出快速的响应,这些植物的刺激响应行为令研究者惊奇。受自然界启发,研究者利用已有的技术和材料的特点,设计和制备了一系列能够对环境刺激快速做出响应的仿生致动器[36]。

图 7.8 展示了 WGO/乳胶仿生致动器的一些典型应用案例。如图 7.8(a)所示,在正己烷溶剂中放置一个光滑的圆柱形铝箔,将条状的致动器放入烧杯中,致动器犹如一个有力的抓手自动将圆柱形铝箔紧紧包裹,通过提升将圆柱形铝箔转移至空气中,随着溶剂的挥发,抓手自动打开将铝箔放下,实现有毒溶剂中光滑物体的抓取和转移。WGO 表面的高粗糙度和由基底溶胀诱导的压力有利于增大致

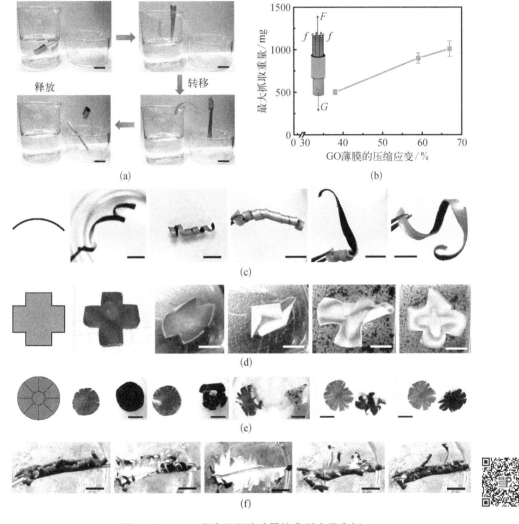

图 7.8　WGO/乳胶双层致动器的典型应用案例

（a）用于抓取正己烷中光滑圆柱形铝箔的机械手；（b）双层致动器的示意图和具有不同压缩应变致动器的最大抓取重量；（c）仿生蠕虫的响应与恢复过程；（d）智能打包器；（e）两个仿生花；（f）仿生含羞草。图像比例尺均为 1 cm

动器与铝箔之间的摩擦力。如图 7.8(b)中的插图所示,对转移过程中圆柱形铝箔进行受力分析发现,具有最高薄膜压缩应变的致动器(尺寸为 20 mm×10 mm,自身质量为 31.8 mg,压缩应变 ε_c=67%)可以抓住并拉出的圆柱形铝箔质量超过 1 000 mg,超过其自身重量的 30 倍。

此外,将 WGO/乳胶双层致动器裁剪为一维条带、二维图案和三维仿生结构,可获得系列仿生致动器。如图 7.8(c)至图 7.8(f)所示,将裁剪为长条状的致动器置于正己烷中,致动器迅速卷曲为螺旋状结构,犹如一条游动的蠕虫;裁剪为"十"字形的致动器在溶剂中自动反卷并完成打包动作;两个裁剪为花瓣状的致动器,在溶剂刺激下向上卷曲,犹如含苞待放的花朵,将其转移至空气中,致动器恢复初始状态,就像绽放的花朵一样,通过改变基底的预拉伸应变,还可以调控仿生花朵打开和闭合的程度;以一根纤细的铜丝为叶柄,将裁剪为类含羞草叶片状的致动器固定在铜丝上,在溶剂的刺激下,叶片向外打开,露出玫红色的乳胶基底,溶剂挥发后,致动器向内卷曲,露出棕黑色的 WGO 表面,与含羞草的刺激响应行为非常相似。

因此,基于 WGO/乳胶双层致动器,通过合理的图案化设计,可获得系列快速响应的仿生致动器。

2. 海上浮油收集器

海上石油泄漏是威胁海洋生态环境和海洋物种多样性的主要威胁之一,面对日益频发的漏油事故,急需开发高效的海面浮油处理和回收技术。目前,常用燃烧、围油收集等方式处理海面浮油。燃烧法不仅会对环境造成二次污染,而且浪费能源。围油收集法需要大量的材料将泄漏原油包围,且需要额外的能量将原油转移至收集船上,经济效益不佳。近年来,超疏水多孔海绵材料被用于海面浮油的收集,虽然其收集效率高、无二次污染,但吸油海绵的转移和回收困难。近期,有研究者在 PDMS 基底上构筑了超疏水亲油的褶皱化还原氧化石墨烯,并将其用作高效可循环的吸油剂[37],表明了其在海面浮油收集领域的潜力。基于此,对 WGO 进行疏水处理,得到超疏水亲油表面,结合双层体系的致动性能,可同时实现浮油的收集和油水分离,将其用于海面浮油的高效收集。

如图 7.9 所示,使用疏水试剂(1H,1H,2H,2H -全氟癸基三氯硅烷)对 WGO 表面进行修饰,GO 表面的—OH 与疏水剂蒸汽中的 Si—Cl 键反应形成 Si—O 键,得到超疏水表面。这里可用 Wenzel 和 Cassie - Baxter 模型来描述水滴与褶皱和折叠表面之间的润湿状态。如果 GO 薄膜未被压缩或略微压缩,可形成随机分布的褶皱图案,由于所形成褶皱的高度较低,且分布较为稀疏,水滴与褶皱的底部接触,属于 Wenzel 润湿状态;当 GO 薄膜被极度压缩时,所形成类大脑皮层折叠高度较高,且分布较为紧密,水滴与表面折叠的底部未接触,停留在折叠和空气的复合体上,属于 Cassie‐Baxter 润湿状态。

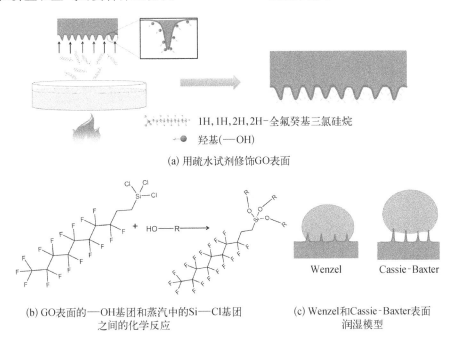

(a) 用疏水试剂修饰GO表面

1H,1H,2H,2H‐全氟癸基三氯硅烷
羟基(—OH)

(b) GO表面的—OH基团和蒸汽中的Si—Cl基团
之间的化学反应

(c) Wenzel和Cassie‐Baxter表面
润湿模型

Wenzel　　　Cassie‐Baxter

图 7.9　GO 表面修饰疏水性基团原理示意图

未进行疏水处理时,参见图 7.10(a)中处理时间为 0 min 的曲线,压缩应变较低时构筑的 WGO 表面亲水(水接触角低于 90°),当压缩应变大于 40% 时,WGO 表面转变疏水状态(水接触角大于 90°),并且水接触角随压缩程度的增加而增大。反之,使用疏水剂对 WGO 表面进行处理后,参见图 7.10(a)中处理时间为 5、30 min 的两条曲线,所有样品表面水接触角均显著增加。具有最大压缩应变(ε_c =67%)的 WGO 表面水接触角高达 162°,展现出超疏水特性。如图 7.10(b)所示,经过 30 min 疏水剂处理后的 WGO 表面具有优异的超亲油特性,黏稠的原油可以在 40 s 内在其表面上完全铺展,从而扩大其在表面化学领域的应用。

修饰后的 WGO/乳胶双层体系,不仅具有超疏水和超亲油特性,而且在溶剂中可快速响应,赋予其动态收集海面浮油的潜力。如图 7.10(c)所示,致动器在海面浮油中润湿后,对浮油中的各种碳氢化合物响应而发生弯曲形变,致动

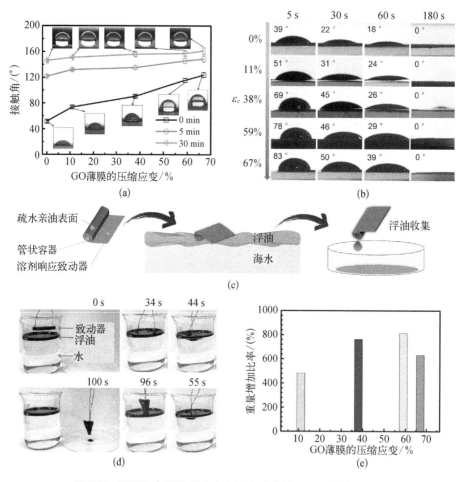

图 7.10 WGO 表面的超疏水和超亲油特性以及原油收集功能

（a）WGO 表面的水接触角随薄膜压缩应变的变化趋势图（分别疏水处理 0、5、30 min）；（b）原油对 WGO 表面的接触角随时间和薄膜压缩应变的变化趋势；（c）由超疏水和超亲油 WGO 表面和溶剂响应性基底双层体系组成的原油收集器的示意图；（d）原油收集过程的照片，比例尺：10 mm；（e）具有不同薄膜压缩应变的原油收集器的收集性能比较

器自组装为管道结构并将泄漏原油储存在管道中，同时实现水的排除和分离。如图 7.10（d）和图 7.10（e）所示，实验结果很好的验证了原始设计，原油收集器的收集能力随 WGO 薄膜压缩应变的增加而增强，在压缩应变 $\varepsilon_c = 59\%$ 时达到最高，所收集原油的最大重量是致动器自身重量的 8 倍以上，是 WGO 薄膜自身重量的 80 倍以上，这一发现为海面浮油的高效处理提供了新的思路。

总之,与以往非对称致动器相比,大脑皮层启发的仿生褶皱的致动性能远超其他同类致动器,展现出优异的双向、可逆、大曲率变形性能,从初始的负弯曲到最终的正弯曲,曲率变化高达破纪录的 2.75 mm⁻¹。基于 WGO/乳胶双层体系优异的致动性能,可将其用于仿生致动器的构筑,例如,仿生花朵、仿生含羞草、仿生机械手等。通过简单的表面疏水化处理,WGO 可从亲水性转变为疏水性甚至超疏水性与亲油性,结合修饰后 WGO 的表面润湿特性和致动性能,可将其用于海面浮油的高效收集。

7.3　玫瑰花瓣启发的仿生阵列用于液滴无损操控

顾名思义,液滴操控就是对微小液滴进行操控,典型应用之一是化学分析的微流控技术和装备。每一个液滴在微流控设备中都可以充当单个微反应器,这为微尺度的生物化学反应带来了很多优势,如可控扩散、快速混合、高通量筛选等。微滴操控在医学检测和微化学反应领域具有巨大的应用潜力[38-41]。例如,通过微液滴操控技术,可大大减少生物检测样品的使用量,仅仅通过一个小液滴,就可以获得大量的检测数据,为临床诊断提供依据。另一方面,将高危、剧毒化学反应转移到微液滴中进行,通过成百上千倍缩小反应体系,既可以保护实验人员的安全,还可以降低研究成本[41]。此外,微滴操控技术在微萃取、蛋白质结晶、酶的合成和活性分析、细胞的封装等领域也有广泛的应用。

众所周知,在太空中水滴呈完美的球形,这是因为在不受外力影响的情况下,水滴有保持其最小表面积的趋势。在常温常压条件下,即平常的非失重状态下,小水滴在超疏水表面也呈近似球形,但是,要使水滴尽可能大且保持稳定,或对球形液滴进行定向转移,不是那么容易的事情。一方面,在超疏水的表面上,液滴很容易滚动,难以操控。需要同时考虑液滴所受到的重力、基底对液滴的黏附力和微滴操控器对液滴的黏附力,只有当三者相匹配时,才能实现液滴的可控转移;另一方面,较大的水滴需承受自身的重力形变,难以形成较大尺寸的液滴,也难以稳定地维持。因此,具有超大液体容量的液滴型微化学反应器的构筑仍然是一个挑战[42]。

为了实现微滴在超疏水表面上的定向转移,玫瑰花瓣表面独特的浸润行为兴许可以给一些灵感。玫瑰花瓣表面由紧密相连的微凸起构成,而在每个微米尺度的凸起表面,又由起伏不平的纳米折叠覆盖,这一独特的多尺度结构赋予玫瑰花瓣奇特的表面润湿行为：玫瑰花瓣表面的水滴接触角大于 $150°$，达到超疏水状态。同时，将玫瑰花瓣上表面倒置，在超疏水状态下，水滴依然可以悬挂在其表面而不掉落，这种现象被称为花瓣效应[43]。这不仅减小了水滴与花瓣的接触面积，有利于花瓣的表面清洁；同时，水滴与花瓣之间的强黏附力，有利于花瓣保持湿润和新鲜。玫瑰花瓣的这些特性，为设计和制备具有可调表面黏附力和超大液体容量的超疏水表面提供了灵感。

受玫瑰花瓣特殊浸润性的启发，对 WGO 凸起阵列进行表面化学改性和合理的结构设计，有望调控其表面疏水性和黏附力，获得类似于玫瑰花瓣表面的微滴操控能力。

7.3.1　起皱氧化石墨烯表面的润湿特性

受玫瑰花瓣启发的多尺度 WGO 凸起，其表面由微尺度的褶皱或折叠构成。多尺度凸起的润湿特性，可以从表面化学组成和表面阵列结构两个层面展开：一是探究表面材质对仿生表面润湿性能的影响；二是探索凸起的微观结构和宏观排列方式对凸起阵列润湿特性的影响。通过研究不同表面化学组成和不同结构仿生表面的润湿性，可以对多尺度凸起阵列的润湿模型获得一个全面的认识。

1. WGO 薄膜的疏水处理

按照图 7.9 的机理，选择 1H，1H，2H，2H－全氟癸基三氯硅烷蒸气对 WGO 薄膜进行疏水处理，处理时间为 60 min。图 7.11 展示了疏水处理前后 WGO 薄

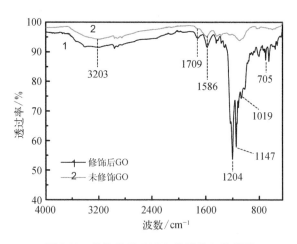

图 7.11　修饰前后 WGO 薄膜的红外谱图

膜表面的红外谱图。在 3 203 cm^{-1} 处的特征峰是由 O—H 的振动引起的,C=O 的拉伸振动的特征峰出现在 1 709 cm^{-1} 处,1 586 cm^{-1} 处的特征峰归属于 C=C 的拉伸振动。在疏水处理前后的样品表面的红外谱图中都发现了含氧基团的特征峰,且峰型相似,这表明通过疏水处理,WGO 薄膜表面上的含氧官能团只是部分地被疏水基团覆盖。

值得注意的是,与疏水处理前的样品相比,疏水处理后样品的谱图中出现了几个新的特征峰。在 1 204 cm^{-1} 和 705 cm^{-1} 处的尖锐特征峰,分别归属为 Si—CH$_2$ 的变形和拉伸振动;而在 1 147 cm^{-1} 处的特征峰可以归因于 C—F 的振动,1 019 cm^{-1} 处的特征峰归属于 Si—O 基团的振动。这些新出现的特征峰表明,含氟官能团已成功地修饰到 WGO 薄膜的表面上。

从图 7.12(a)和图 7.12(b)中的 SEM 图像可以看出,经过疏水处理后,WGO 薄膜保持了原有的折叠形貌。利用能量色散谱(energy dispersive spectrometer, EDS)对疏水处理后 WGO 薄膜进行能谱分析,可以获得样品表面的元素分布。如图 7.12(c)所示,含氟和含硅组分在折叠表面均匀分布,同时观察到许多含氧

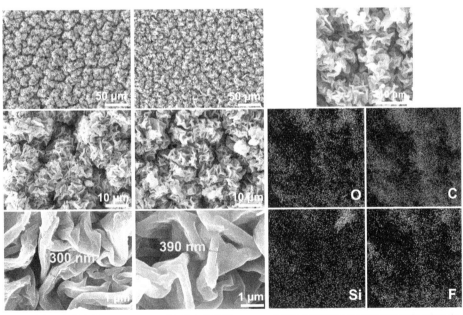

(a) 疏水修饰前　　　　(b) 疏水修饰后　　　(c) 疏水修饰后WGO薄膜表面的元素分布

图 7.12　疏水修饰前后 WGO 薄膜的表面形貌

位点,表明亲水位点并未完全被疏水涂层覆盖。也就是说,在修饰后的 WGO 折叠表面,有许多混合的疏水-亲水位点,这与傅里叶变换红外光谱分析的结果一致。

上述结果说明通过表面化学修饰,可以在保持原有起皱形貌的基础上,将含氟疏水基团成功修饰到 WGO 薄膜表面。

2. WGO 薄膜的表面润湿特性

对于由亲水成分构成的粗糙表面,假设液滴可以进入粗糙表面的缝隙和孔洞中,并与这些微结构的底部接触,那么,这样的润湿状态可以用 Wenzel 模型来描述。根据 Wenzel 模型,对于 WGO 表面,其接触角 θ 可以由粗糙度因子 r 和水滴在平坦表面上的固有接触角 θ_f 确定:

$$\cos\theta = r\cos\theta_f \tag{7.2}$$

WGO 薄膜的表面粗糙度因子可以通过收缩前后 WGO 薄膜的面积计算:

$$r = S_0/S_1 = (D_3/D_4)^2 = 1/(1 - \varepsilon_c)^2 \tag{7.3}$$

其中,S_0 和 S_1 是收缩前后 WGO 薄膜的面积;D_3 和 D_4 为收缩前后球形基底的直径(参见图 5.7);ε_c 为薄膜的压缩应变。

当基底预应变 $\varepsilon_p \leqslant 50\%$ 时,在 WGO 薄膜表面上测得的水接触角与使用 Wenzel 模型计算出的预测值一致;当基底预应变 $\varepsilon_p > 50\%$ 时,WGO 褶皱转化为折叠形貌,式(7.3)不再适用于 WGO 表面粗糙度因子的估算,因为折叠内部存在许多自接触位点,实际的 WGO 薄膜的表面积要小于计算值。

疏水处理前 WGO 薄膜的表面呈亲水状态[水滴接触角小于 90°,图 7.10(a)]。通常,当一个表面的水滴接触角大于 90° 时,可以称之为疏水表面;当接触角大于 150° 时,达到超疏水状态,将其称之为超疏水表面。如图 7.13 所示,经过 10 min 疏水修饰后,原本亲水的 WGO 表面变得疏水,接触角都大于 135°,但小于 150°,未达到超疏水状态。此外,疏水修饰后的 WGO 表面还表现出与水的强黏附性,如当基底预应变大于 100% 时,可以形成高度折叠形貌的 WGO,接触角大于 145°。将疏水的 WGO 表面倒置,液滴依然可以悬挂在表面上(图 7.13 中折线下方的插图)。

以上结果表明,与图 7.10 的结果一致,仅对 WGO 薄膜表面进行化学改性,即可将亲水表面转化为疏水表面。那么为什么在较高的接触角状态下,液滴依然能够悬挂在疏水 WGO 的表面?为了弄清这个问题,针对平坦和折叠 WGO 表面的结构和化学成分特点,提出了两个润湿模型,用于描述两者的润湿状态,如图 7.14 所示。

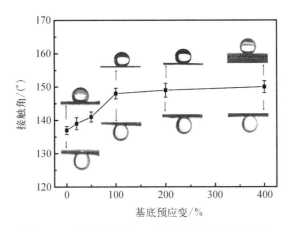

图 7.13　疏水处理后 WGO 薄膜的表面润湿特性

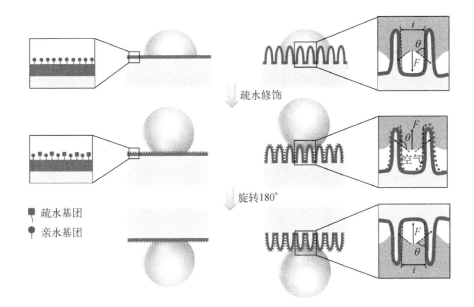

图 7.14　平坦和折叠状态 WGO 表面上液滴的润湿状态示意图

　　如前所述,WGO 表面本身具有丰富的含氧官能团,呈现亲水性。疏水修饰后,部分亲水基团被含氟疏水基团取代,形成亲-疏水混合位点,导致原本亲水的表面变得疏水;同时,由于亲水基团未被完全取代,在修饰后的 WGO 表面仍然暴露大量的亲水位点,使得修饰后的疏水 WGO 表面对液滴依然有较强的黏附力。

对于高度折叠的 WGO 表面,相邻折叠之间的缝隙可以看作大量毛细管通道,这些缝隙中液体的毛细上升高度可以描述为

$$H_r = 2\gamma_{la}\cos\theta/i\rho g \tag{7.4}$$

其中,H_r 是液体可以上升的高度;γ_{la} 是液体的表面张力;θ 是表面接触角;i 是两个微折叠之间的间隙距离;ρ 是液体密度;g 是重力加速度。

修饰之前,WGO 薄膜表面的接触角 θ 小于 90°,$\cos\theta$ 值为正,毛细作用力 F 朝向折叠之间的缝隙底部,液态水在毛细作用力的驱动下到达缝隙底部。疏水修饰后,亲水的 WGO 表面变成疏水表面,接触角 θ 大于 90°,$\cos\theta$ 值为负,毛细作用力指向缝隙的外侧,因此,液滴不能完全置换折叠之间的空气,从而无法到达缝隙的底部。旋转 180° 后,三相接触线在液滴的重力作用下向下弯曲,θ 小于 90°,从而引起向上的毛细作用力,为微滴的倒挂提供向上的驱动力。

因此,可以将疏水修饰后呈高度折叠状态的 WGO 表面的高黏附力归因于表面化学和微结构的协同作用。一方面,含氟疏水基团和高度折叠的粗糙表面为疏水性提供了强力的支撑;另一方面,未被疏水基团取代的含氧亲水基团和折叠之间的毛细管结构,为液滴的倒挂提供了较强的黏附力。二者共同作用导致修饰后的 WGO 表面既呈现疏水性又具有高黏附力。与荷叶和玫瑰花瓣表面的蜡质层不同,WGO 表面的亲水位点可调,通过疏水修饰,可形成亲-疏水混合位点,为表面润湿性的调控提供一种全新策略。

7.3.2 多尺度凸起阵列的表面润湿特性

1. 三维结构化策略提高多尺度凸起阵列的疏水性

超疏水性和可调黏附力对于微滴操控至关重要,超疏水性使液滴的无损转移成为可能,而可调黏附力对于不同体积液滴的操控尤为关键。玫瑰花瓣之所以同时展现出超疏水性能和高黏附力,正是因为其表面的多尺度凸起阵列,三维凸起表面覆盖着密集的折叠结构[图 7.15(a)]。

受玫瑰花瓣表面多尺度凸起的启发,采用三维结构化的策略来提高起皱结构的疏水性和调控起皱结构与液滴之间的黏附力。利用简单高效的多尺度微结构制备方法,构筑了两种类型的多尺度凸起。其中,一种凸起表面覆盖有低密度的微褶皱(microwrinkle)[图 7.15(b)],而另一种凸起由高密度的微折叠(microfold)构成[图 7.16(c)]。褶皱形貌的横截面与正弦曲线类似,起伏平缓,如人体皮肤受到轻微挤压时呈现的形貌;而折叠是褶皱被进一步压缩导致的形

貌,犹如小肠绒毛,具有高起伏、小间距的特点。如图 7.15(c)所示,与微褶皱相比,微折叠的特征尺寸小得多,折叠之间的间距也更小。这样的设计,不仅可以对比研究微结构对多尺度凸起润湿性的影响,也增加了一种调控凸起表面润湿性的方式。

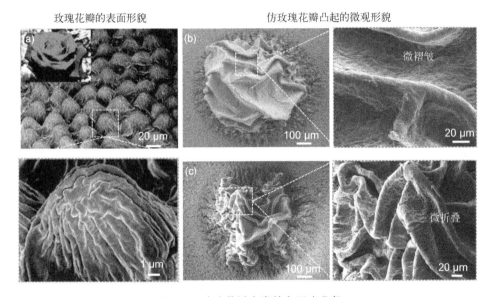

图 7.15　玫瑰花瓣启发的多尺度凸起

(a) 玫瑰花瓣表面的多尺度微凸起[43];(b,c) 分别由(b) 褶皱和(c) 折叠构成的仿生多尺度凸起

图 7.16 展示了通过三维结构化方法提高表面疏水性的原理和成效。图 7.13 已提及,疏水处理后,未收缩的平坦表面上水滴的接触角为 135°;通过在表面上构建微折叠结构[图 7.16(a)],接触角从 135°增加到 149°,接近超疏水状态。如图 7.16(b)所示,通过在表面引入玫瑰花瓣启发的三维多尺度凸起阵列,可以将接触角进一步提高到 173°,这主要归因于三维凸起的引入进一步减少了固液两相之间的接触面积。

此外,在如此高的接触角状态下,玫瑰花瓣启发的凸起阵列仍然表现出优异的花瓣效应,明显优于未施加压缩应变的薄膜和褶皱化 WGO 表面[图 7.16(c)]。需要指出的是,通过均匀薄膜表面起皱获得的褶皱结构起伏较小,这里使用"三维"一词,特指引入凸起结构后,所形成的具有立体结构的多尺度凸起。

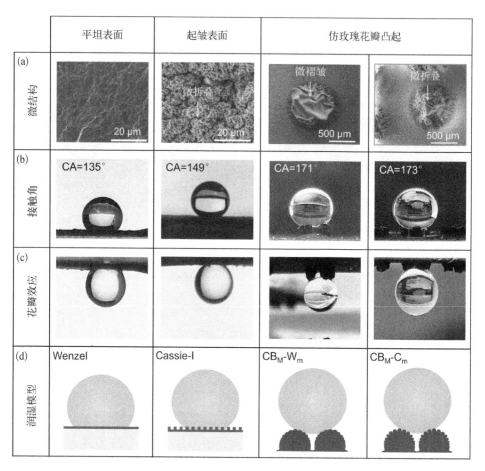

图 7.16 三维结构化策略增强多尺度凸起阵列的疏水性

（a）各种结构化表面；（b）不同结构化表面液滴的接触角；
（c）液滴倒挂在不同表面上的照片；（d）可能的润湿模型

根据微结构特点和表面润湿特性，使用四种润湿模型来描述液滴在平坦表面、折叠表面、褶皱凸起和折叠凸起表面的润湿状态，它们分别是 Wenzel，Cassie-I，CB_M-W_m 和 CB_M-C_m，其中，"CB""W" 和 "C" 分别代表 Cassie-Baxter，Wenzel 和 Cassie-I，下标 "M" 和 "m" 分别表示 Macro 和 Micro，即宏观和微观润湿状态[图 7.16(d)]。对于多尺度凸起阵列，不能单纯使用微观润湿模型对其进行表征，需要借助微观和宏观复合润湿模型对其进行描述。

对于粗糙表面,可以用三种润湿模型对其表面润湿行为进行描述。如果液滴可以进入粗糙表面的缝隙和孔洞中,并与这些微结构的底部接触,那么,这样的润湿状态可以用 Wenzel 模型来描述。倘若液滴仅仅与这些微结构的顶部接触,粗糙表面的缝隙和孔洞中形成稳定的空气层,可以用 Cassie‐Baxter 模型进行描述。当液滴部分进入粗糙表面的缝隙或孔洞中,而又不能完全浸润表面时,可以用 Cassie‐I 模型对其进行描述,介于 Wenzel 和 Cassie‐Baxter 润湿状态之间。

粗糙表面的润湿状态受到多个因素的影响,包括:表面化学成分、结构的几何形态和尺寸,以及结构的密度和间距等。由于表面起伏小、化学组成均一,平坦表面的润湿状态归属于 Wenzel 模型;而具有密集折叠的 WGO 表面,折叠之间具有很多空气,液滴可以部分进入折叠之间的缝隙,展现出较高的接触角迟滞,可以用 Cassie‐I 模型进行描述。

为了揭示三维结构化策略提高表面疏水性的内在机制,将凸起的上半部分视为半球,可以通过理论计算预测不同直径半球表面的液滴接触角[图 7.17(a)]。对于疏水表面,许多研究表明,表观接触角随表面曲率的增加而增大[44,45]。此外,通过在曲面上引入微结构增加表面粗糙度,可以进一步提高曲面的表观接触角。在测量了液滴在平面上的接触角 θ_0 之后,可以用平面上的接触角来估算具有相同成分和相同结构的球面上的接触角 θ:

$$\theta = \mathrm{Arctan}\left[\sin\theta_0/(\cos\theta_0 - 2r/d)\right] \tag{7.5}$$

其中,r 和 d 分别是液滴的半径和球体的直径。

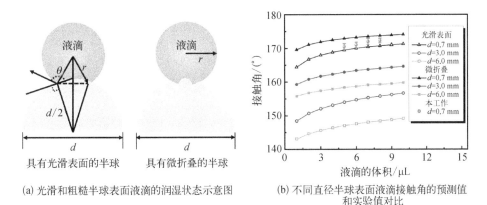

(a) 光滑和粗糙半球表面液滴的润湿状态示意图　　(b) 不同直径半球表面液滴接触角的预测值和实验值对比

图 7.17　通过三维结构化策略增强表面疏水性的机制

视凸起的上半部分为半球,假设液滴为完美球体,根据液滴体积 V,可以计算出液滴的半径为 $r \approx (3V/4\pi)^{1/3}$。分别将平坦($\varepsilon_p = 0$)和折叠($\varepsilon_p = 400\%$)表面的接触角用作 θ_0,以预测具有光滑表面和密集微折叠的半球表面上的表观接触角 θ。

如图 7.17(b)所示,预测的接触角随液滴体积的增加而增大,与光滑的半球表面相比,被折叠覆盖的半球表面具有更高的接触角,表明三维凸起结构的引入确实有助于增强表面疏水性。应当指出,以上理论预测值均是基于单个半球表面液滴的接触角,而实验值是在三个凸起上测量的,因此可能会存在一定差异。

除了化学修饰之外,增大表面粗糙度被广泛用于提高表面的疏水性。以往的研究往往局限于在原有结构的基础上,引入更细微的结构,以提高表面粗糙度,却忽略了大尺度三维结构对疏水性能的影响。三维结构化策略证明多尺度凸起阵列确实可以提高表面的疏水性,获得接触角大于 170° 的超疏水性能。同时,凸起阵列还展现出优异的花瓣效应,这些性能甚至优于天然的玫瑰花瓣。这充分证实了微观结构(如微褶皱、微折叠)与宏观凸起阵列结构对表面性能的重大影响。

2. 多尺度凸起阵列的表面润湿性调控

根据液滴操控的需求,除了考虑单个凸起调控外,还可以以凸起阵列的宏观排列方式来进行优化,获得表面黏附力可调的超疏水凸起阵列。

1) 微观形貌的影响

固定凸起阵列的排列方式(三角形)和凸起数量($N = 3$),研究由稀疏的微褶皱(深宽比较低,类似于正弦曲线形式)和致密的微折叠(深宽比较高,是褶皱被进一步压缩所形成的形貌,一般波峰与波峰之间具有自接触的波谷)组成的两种凸起阵列的润湿特性,以厘清表面微结构对凸起阵列润湿特性的影响。

如图 7.18(a)和图 7.18(b)所示,所研究的两种凸起阵列都具有优异的超疏水特性,接触角均大于 170°,可承载的液体容量均达到 8 μL。虽然都是由 3 个凸起构成的三角形阵列,由密集微折叠组成的凸起展现出更强的液滴悬挂能力,最大悬挂液滴体积可达 8 μL 左右,是微褶皱凸起阵列的两倍。

为了确定这两种凸起阵列的润湿状态,测量了凸起阵列的接触角滞后[7.18(c)],发现二者的接触角滞后都小于 20°,但微折叠凸起阵列的接触角滞后(约 18°)明显高于微褶皱凸起阵列的接触角滞后(约 10°)。如前所述,这可以归因于不同的润湿状态:微折叠属于 Cassie-I 润湿状态,而微褶皱属于 Wenzel 模型[图 7.18(d)]。对于起伏较低、密度较小的微褶皱结构,其黏附

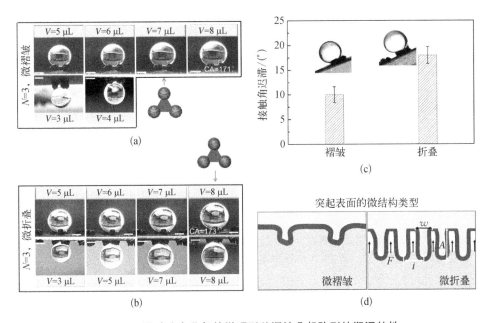

图 7.18 通过改变凸起的微观形貌调控凸起阵列的润湿特性

(a) 微褶皱凸起阵列的润湿特性;(b) 微折叠凸起阵列的润湿特性;(c) 不同微结构凸起阵列的
接触角滞后;(d) 覆盖着稀疏微褶皱和致密微折叠凸起的润湿状态

力主要来源于亲水性含氧基团与水分子之间的相互作用;而对于具有高密度的微折叠结构,除了分子之间的相互作用外,黏附力还可以来源于折叠之间的毛细管吸附力,这就是为什么覆盖有微折叠的凸起表现出更高的液滴悬挂能力的原因。

凸起阵列对水滴的黏附力 F 可通过重力平衡法估算得出。使用疏水处理过的微量注射器,缓慢地增加黏附在凸起阵列上的液滴体积,直到液滴脱离凸起阵列。液滴脱落时所受的重力 G,可视为凸起阵列的表面黏附力 F,即 $F \approx G \approx mg$,其中,m 是液滴的质量,g 是重力加速度。

为了进一步量化凸起的微观形貌对液滴黏附力的影响,对比研究了具有微褶皱和微折叠两种微观形貌的凸起阵列与液滴之间的相互作用(图 7.19)。

研究结果表明,虽然微褶皱和微折叠凸起阵列具有相同的最大液体容量,却展现出巨大的表面黏附力差异。平均每个微折叠凸起对水滴的黏附力约为 26.5 μN,比单个微褶皱凸起的黏附力要高一倍(平均每个微褶皱凸起的黏附力约为 13.1 μN)。以上研究结果与前面微褶皱和微折叠凸起阵列的表面

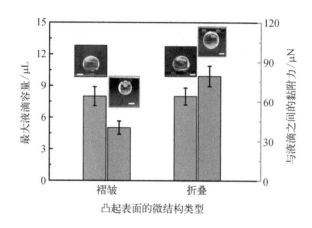

图 7.19 通过改变凸起的微观形貌调控凸起阵列的
最大液体容量和表面黏附力

润湿行为相一致,进一步验证了微观形貌对调控多尺度凸起阵列表面润湿行为的重要性。

2) 凸起排布方式的影响

除了凸起表面的微观形貌,凸起的排列方式也会影响液滴的润湿行为。图 7.20(a~e)中的示意图展示了具有不同排列方式的 5 种凸起阵列,包括三角形、正方形和六边形排列方式。其中,凸起之间的间距为 1.2 mm。

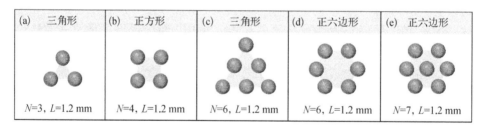

图 7.20 具有特定排列方式的凸起阵列的示意图

接下来,表征了 5 种不同类型凸起阵列的接触角随液滴体积增大的接触角变化趋势(图 7.21)。随着液滴体积增加到凸起阵列的最大液体容量,这些阵列上液滴的接触角逐渐增加到 173°。对于 6 个凸起组成的三角形阵列[图 7.20(c)],随着液滴体积的增加,接触角先增大然后突然下降,之后继续增大,与其他凸起阵列相比,显示出独特的变化趋势。

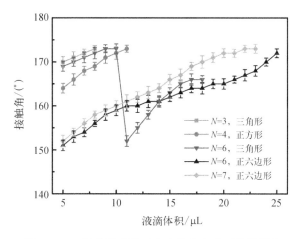

图 7.21 不同数量或排列方式的凸起阵列的接触角
随液滴体积增大的变化趋势

对于由 3 个或 6 个凸起组成的三角形阵列,以及由 7 个凸起组成的有中心六边形阵列[图 7.20(e)],这些阵列都是通过相同的方式排列,只是凸起的数量不同。如图 7.22(a)所示,随着凸起数量从 3 个增加到 7 个,最大液体容量和黏附力都经历了不同程度的上升。由 7 个凸起组成的有中心六边形阵列显示出最大的液体容量(22 μL),对水的黏附力也最强。当固定相邻凸起之间的间距,仅仅改变凸起的排列方式时,阵列的润湿行为会有很大的差异。例

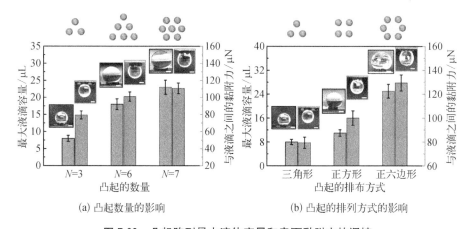

(a) 凸起数量的影响　　　　　　　　(b) 凸起的排列方式的影响

图 7.22 凸起阵列最大液体容量和表面黏附力的调控

液滴照片中的标尺均为 1 mm

如,六边形阵列($N=6$)的最大液体容量为 25 μL(平均每个凸起约为 4.2 μL),约为正方形阵列的两倍,比三角形阵列的两倍还要大[图 7.22(b)]。相应的,六边形阵列对液滴的黏附力也最强,高达 129.4 μN(平均每个凸起约为 21.6 μN)。其次为正方形阵列,约为 99.8 μN(平均每个凸起约为 25.0 μN),而三角形阵列对水的黏附力最弱。

以上研究结果表明,可通过多种参数调节多尺度凸起阵列的液体容量和表面黏附力,包括凸起的微观形貌、数量和排列方式。多参数调控模式可实现凸起阵列液体容量和表面黏附力的大范围调控,在微滴操控领域具有显著优势。

3)凸起阵列的湿度稳定性

由于 GO 具有丰富的含氧官能团,易与水分子形成氢键。为了评价疏水修饰后的凸起阵列的湿度稳定性,将正方形凸起阵列固定在玻璃片上,然后浸入水中,放置一段时间后,再测试其表面接触角是否减小,以表征其在水中的稳定性(图 7.23)。

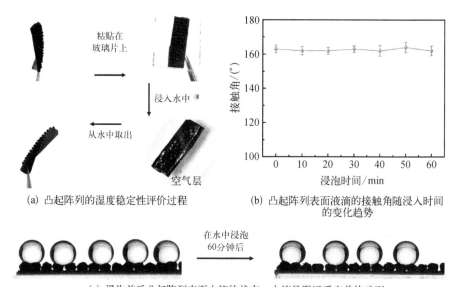

(a) 凸起阵列的湿度稳定性评价过程

(b) 凸起阵列表面液滴的接触角随浸入时间的变化趋势

(c) 浸泡前后凸起阵列表面水滴的状态,水滴呈现近乎完美的球形

图 7.23 修饰后 WGO 凸起阵列的湿度稳定性评价

类似于槐叶萍叶片上的打蛋器结构,超疏水凸起阵列也能够在水下捕获空气并保持稳定的空气层。槐叶萍是一种漂浮水生植物,其表面具有周期性分布的打蛋器结构,由亲水的顶部和疏水的臂组成,可以在水下长时间截留空气,形

成稳定的空气层。

　　将凸起阵列浸入水中,可以在凸起周围观察到明显的空气层(银白色镜面反射层),如图 7.23(a)所示,这可能是由于亲疏水基团的存在和高度折叠的微观形貌所致。然后,从水中取出凸起阵列,每隔 10 min 对其表面接触角进行表征。结果表明,即使在水中浸泡 60 min 后,凸起阵列的接触角仍保持稳定[图 7.23(b,c)]。这一结果表明,WGO 表面的超疏水涂层可以防止内部的 WGO 涂层被润湿,疏水修饰后的 WGO 凸起阵列具有出色的湿度稳定性。

　　4) 超疏水凸起阵列的润湿模型

　　针对多尺度 3D 结构,如槐叶萍叶片上的打蛋器结构,研究者提出了四种类型的复合润湿模型来描述多尺度 3D 结构的润湿状态[46,47]:W_M-W_m,W_M-CB_m,CB_M-W_m 和 CB_M-CB_m。对于复合 CB_M-CB_m 模型,接触角可以根据下式得出:

$$\cos(\theta_{CB_M-CB_m}) = f_{SL}\cos(\theta_f) - f_{LA} \tag{7.6}$$

其中,f_{SL} 和 f_{LA} 分别表示固液界面和液气界面的面积占液体总面积的比例。

　　如前所述,修饰后的 WGO 微褶皱和微折叠的润湿状态分别属于 Wenzel 和 Cassie-I 模型。因此,弄清这些超疏水凸起阵列的宏观润湿状态,对于确定复合润湿状态尤其关键。假设三角形($N=3$)、正方形($N=4$)和六边形阵列($N=6$)的润湿状态属于 CB_M-CB_m 模型,根据式 7.6 可以预测这三种凸起阵列上的液滴接触角。

　　为了获得液滴和凸起之间的接触面积,假定凸起的顶部为半球形,固液之间的接触面为球冠表面[图 7.24(a)]。如图 7.24(b)所示,d_1 为凸起的直径,用 a 表示球冠的高度,固液接触圆形切面的直径定义为 b,切面直径 b 可以从凸起阵列上液滴的显微图像中测量。因此,球冠表面积,也就是水滴与单个凸起的接触面积可通过下式计算:

$$S_{SL} = 2\pi(d_1/2)a = \pi d_1 a \tag{7.7}$$

其中,S_{SL} 是液滴和单个凸起之间的接触面积,总接触面积取决于凸起的数量。在这里,球冠的高度 a 可以通过下式计算:

$$a = d_1/2 - [(d_1/2)^2 - (b/2)^2]^{1/2} \tag{7.8}$$

　　因此,通过测量 b,可以根据式(7.7)和式(7.8)来估算水滴和凸起之间的接触面积。将阵列表面的液滴看作一个完美的球体,根据液滴体积 V,可以计算液滴的表面积 S:$S = 4\pi(3V/4\pi)^{2/3}$,可通过下式确定固液界面占液体表面积的比例(f_{SL}):

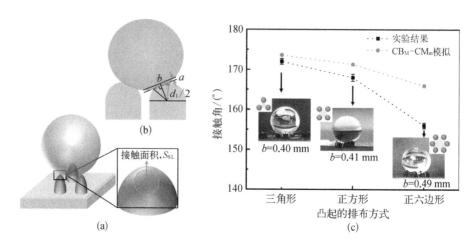

图7.24 不同排列方式凸起状阵列液滴接触角的实验值和预测值对比

（a，b）液滴和凸起之间接触面积的估算过程示意图；（c）不同排列方式凸起阵列上
液滴接触角的测量值和预测值对比，所用液滴的体积为 8 μL

$$f_{SL} = NS_{SL}/S \tag{7.9}$$

其中，N 是凸起的数量。

如图 7.24（c）所示，对于三角形阵列，所测得的接触角仅比预测值小 1°，这表明三角形凸起阵列上水滴的宏观润湿状态可能属于 Cassie‐Baxter 模型。而对于正方形和六边形阵列，测得的接触角与预测值差异较大，尤其是六边形阵列，实验测得接触角比预测值小约 10°，这表明它们的宏观润湿状态可能属于 Cassie‐I 模型。

为了进一步确定凸起阵列的复合润湿状态，对凸起阵列的接触角滞后进行了表征，并根据前期的实验和理论计算结果，提出了可能的润湿模型（图7.25）。

对于具有相同排列方式的凸起阵列，例如三角形阵列（$N=3$ 或 $N=6$）和有中心六边形阵列（$N=7$），它们均呈现出小于 20° 的接触角滞后 [图 7.25（a）]，表明它们的润湿状态属于 CB_M‐C_m；而正方形阵列（$N=4$）和六边形阵列（$N=6$）具有大于 60° 的高接触角滞后，表明它们的润湿状态属于 C_M‐C_m。

基于此，提出了不同排列方式凸起阵列上液滴的润湿过程和润湿模型 [图7.25（b）]。对于由 6 个凸起组成的三角形阵列，液滴刚开始仅与 3 个凸起接触。随着液滴体积增大到临界值，液滴开始与角上的另外 3 个凸起接触，导致固液接触面积突然增加，接触角急剧减小，呈现图 7.21 中的与众不同的曲线

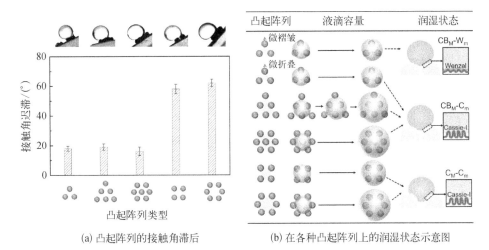

(a) 凸起阵列的接触角滞后　　　　(b) 在各种凸起阵列上的润湿状态示意图

图 7.25　凸起阵列的接触角滞后和可能的润湿状态

形状。之后,随着液滴体积的增加,接触角缓慢增大。

　　与由 6 个凸起组成的三角形阵列不同,其他四种阵列上的液滴在初始阶段就与所有凸起接触,随着液滴体积的增加,接触角逐渐增大,图 7.21 中的其他曲线都呈现常规的缓变过程。因此,根据凸起的微结构和凸起的排列方式,可以用三种不同类型的润湿模型描述不同类型凸起阵列的润湿状态,分别为 CB_M-W_m、CB_M-C_m 和 C_M-C_m。

7.3.3　超疏水凸起阵列用于微滴操控

　　将一个液滴从一个超疏水表面捕获,然后可控地转移到另一个超疏水表面,一直是微滴操控领域的研究重点,也是难点,因为很难根据液滴的重量来平衡微滴操控器和基底之间的黏附力。

　　在两个表面之间进行液滴的无损转移,既需要强的超疏水性(在原基体上易脱离、不粘连、无残留),又需要适当的黏附力(新基体足够夺取液滴,并使之保持稳定地悬垂)。所构筑的超疏水凸起阵列具有大范围可调的表面黏附力($39.2\sim129.4~\mu N$),以及优异的超疏水性(接触角超过 $170°$),非常适合用于液滴的无损转移、细胞的三维培养和可视化微化学反应。

　　1. 超疏水凸起阵列用于微滴的无损转移

　　液滴的无损转移对基底和微滴操控器的超疏水性有很高的要求,当基底的疏水性较差时,液滴容易残留在基底表面;相反,当操控器的疏水性较差时,液滴不能完全从操控器表面转移至目标基底;当两者的疏水性都不是很好的时候,很可能在转移的过程中,液滴一分为二,转移失败。

所构筑的超疏水凸起阵列,接触角超过 170°,优异的超疏水性确保了液滴的无损转移。而液滴是否转移成功,取决于液滴的重力,以及液滴与基底和操控器之间的黏附力。

对于液滴的捕获,只有当液滴与操控器之间的黏附力大于液滴的重力和液滴与基底之间的黏附力之和时,才能成功。如图 7.28(a)所示,使用正方形凸起阵列($N=4$)作为微滴操控器,可以将一个体积为 3 μL 的微滴从一个三角形阵列($N=3$)转移到另一个三角形阵列($N=6$)上,因为:

$$F_{\text{tri-3}} + G < F_{\text{squ-4}} < F_{\text{tri-6}}$$

其中,$F_{\text{tri-3}}$、$F_{\text{squ-4}}$ 和 $F_{\text{tri-6}}$ 分别表示由 3 个凸起组成的三角形阵列、4 个凸起构成的正方形阵列,以及 6 个凸起组成的三角形阵列对液滴的黏附力,G 是液滴所受的重力。

当液滴与操控器之间的黏附力小于液滴的重力和液滴与基底之间的黏附力之和时,可以将液滴释放到目标基底上。利用这一点,通过调整液滴的体积,可以在两个超疏水阵列之间实现液滴的单向转移[图 7.26(b)]。悬挂于三角形阵列上的微滴(3 μL)可以轻松转移到正方形阵列上,而悬挂在正方形阵列上的相同液滴却无法转移到三角形阵列上,因为($F_{\text{tri-3}} + G$) < $F_{\text{squ-4}}$。

图 7.26　超疏水凸起阵列用于微滴操控

(a) 通过超疏水凸起阵列将微滴从一个超疏水阵列转移到另一种个超疏水阵列上;
(b) 在三角形阵列和正方形阵列之间实现液滴的单向转移,图中标尺均为 1 mm

　　与其他微液滴操纵器不同,由于凸起状阵列的强超疏水性,在微滴捕获和释放过程中不会发生微滴的分离现象。这些结果表明,可以通过平衡凸起阵列的黏附力和液滴所受的重力来实现微滴的可控转移。

　　近年来,柔性器件的设计和制备因其广阔的应用前景而备受关注,如电子皮肤、可植入的人造设备和软机器人等[48]。超疏水凸起/乳胶双层体系既可以黏附在弹性基底表面,也可以粘贴在硬质基板上,用作柔软的微滴操控器。例如,可以通过微滴操控镊子捕获放置在三角形阵列(N=3)上的一个液滴(5 μL),并将其转移到正方形阵列(N=4)上[图7.27(a)]。此外,还可以将凸起阵列黏附到柔软的乳胶手套上,制成微滴操控手套,用来进行微滴转移[图7.27(b,c)]。

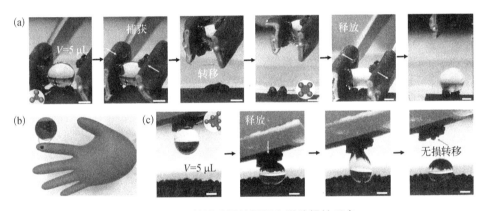

图 7.27　柔性微滴操控镊子和微滴操控手套

(a)通过微滴操纵镊子将一个液滴从三角形阵列(N=3)转移到正方形阵列(N=4);
(b,c)微滴操控手套,图中标尺均为1 mm

2. 超疏水凸起阵列用作多步微化学反应平台

　　由于在降低反应成本和确保实验人员的安全性等方面具有显著优势,液滴型微反应器备受研究者关注,已被用于蛋白质结晶、昂贵或危险的化学反应等领域[49]。在之前的研究中,由于反应器的液滴容量有限,只能开展一些简单的化学反应。构建具有大液体容量的液滴型多步微反应平台在微化学反应领域具有重要的应用价值,这使得研究人员可以通过透明液滴,观察到每个步骤中实时的化学反应现象。

　　所构筑的超疏水凸起阵列具有大范围可调液体容量,可以根据反应体系的大小,选用由不同数量或不同排列方式的凸起构成的阵列,作为液滴型反应器的平台。因此,超疏水凸起阵列非常适于构建多步微化学反应平台(图7.28)。

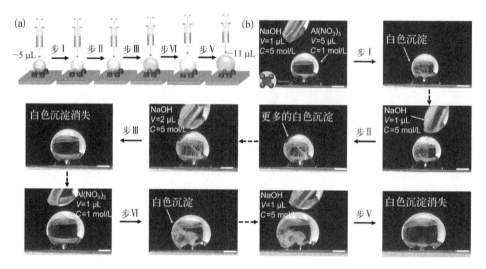

图 7.28　超疏水凸起阵列用作多步微化学反应平台

(a) 多步微反应示意图;(b) 通过液滴反应器直接观察化学反应现象,图中的标尺均为 1 mm

如图 7.28(a)所示,对于一个需要进行 5 步的化学反应,假设需要凸起阵列提供的最大液体容量为 11 μL,那么就可以选用由 4 个凸起组成的正方形阵列作为反应平台开展实验,既保证了超疏水性,又刚好符合反应的要求。

下面以经典的 $Al(NO_3)_3$ 和 NaOH 的沉淀反应为例,以验证基于超疏水凸起阵列的液滴型微反应器的优异性能[图 7.28(b)]。当 $Al(NO_3)_3$ 过量时,由于 Al^{3+} 和 OH^- 之间的反应,将生成 $Al(OH)_3$ 的白色沉淀:

$$Al(NO_3)_3 + 3NaOH = Al(OH)_3 + 3NaNO_3$$

当添加过量的 NaOH 时,由于 $Al(OH)_3$ 与 OH^- 之间的反应,白色沉淀消失:

$$Al(OH)_3 + NaOH = NaAlO_2 + 2H_2O$$

此处使用的 $Al(NO_3)_3$ 和 NaOH 溶液的浓度分别为 1 和 5 mol/L。

如图 7.28(b)所示,首先将 5 μL 的 $Al(NO_3)_3$ 溶液放置在正方形阵列上,通过将 1 μL NaOH 溶液滴入反应体系中,观察到白色絮状 $Al(OH)_3$ 沉淀;再加入 1 μL NaOH 溶液,会生成更多的白色沉淀物。当添加过量的 2 μL NaOH 溶液时,沉淀消失并转化为可溶性 $NaAlO_2$。之后添加 1 μL $Al(NO_3)_3$ 溶液,再次产生白色沉淀;将 1μL NaOH 溶液滴入微反应器,沉淀再次消失。

整个化学反应过程涉及 5 步反应,忽略反应过程中溶剂的挥发,反应体系的总体积达到约 11 μL。由于优异的超疏水性,凸起阵列上的液滴始终保持近乎完美的球形。另外,通过改变凸起的排列方式和凸起数量,可以大范围调整凸起阵列的液体容量(8~25 μL),以适应不同反应体系。

另一方面,细胞的 3D 培养和高通量筛分,在生物医学工程领域具有重要的应用前景[49]。基于微液滴的细胞培养,可以实现高密度细胞的聚集。所构筑的超疏水凸起阵列,同时具备超疏水特性和可调黏附力,是细胞 3D 培养的良好容器。

将凸起阵列固定在定轨振荡器上,即使将旋转速度提高到 480 r/min,放置于正方形凸起阵列上的液滴也可以保持稳定而不脱落。固定在定轨振荡器上的凸起阵列在多个方面具有潜在的应用,例如可控的微反应,通过改变旋转速度来控制各种成分的扩散速度,可以调整液滴中的微反应速率。

综上所述,玫瑰花瓣启发的超疏水凸起状阵列具有优异的超疏水性和大范围可调的黏附力,在诸多领域具有巨大的应用潜力,如微滴的无损转移、液滴型多步微反应平台,以及用于细胞三维培养的振荡容器。利用基底良好的柔韧性,所获得的超疏水凸起/乳胶双层体系可通过拉伸或弯曲来去除表面的结冰。此外,凸起阵列是构建用于分析化学的芯片实验室的良好平台,特别是用于检测和分析极小的液滴,可以大大减少化学试剂的使用,降低检测成本。

7.4　花状结构石墨烯褶皱用于气体吸附与传感

气体传感器是对特定气体具有吸附与响应特性的器件。目前基于半导体材料的电阻型气体传感器成本较低,运用最为广泛,并且,相对于光纤传感器,其传感信号为电信号更易于后续处理。半导体传感器普遍使用的敏感材料为氧化锡(SnO_2),性能较好,但是由于大多数半导体需要高温工作环境,大大增加了传感器的能量消耗[50]。由于石墨烯及其衍生物(包括 GO 和 RGO)在较低温度下对气体仍具有优越的敏感性,且二维材料具有良好的表面吸附特性,被证明是一种极具潜力的气体传感材料,近年来受到越来越多的关注[51]。

但是传统石墨烯材料的气敏性能仍然有限,石墨烯的三维化构筑是增强其传感响应的一种重要途径,即将二维的石墨烯片层通过组装形成三维石墨烯结构对于提升气敏性能至关重要[52]。然而,由于现阶段的构筑方法较为复杂,制备工艺仍然具有挑战性。本节提出了一种全新的燃烧法来构建三维石墨烯泡沫,单层的 RGO 被整合在蔗糖衍生的碳框架中,形成花状结构的石墨烯褶皱(flower-like WG,FWG)。FWG 在乙醇火焰中由蔗糖、GO 和 Na_2CO_3 的混合物中快速起泡制备,Na_2CO_3 充当加速热解的催化剂。RGO 的薄膜厚度可以低至单层。这项工作不仅展示了一种简单、快速的三维石墨烯褶皱构建方法,而且为高灵敏度、高选择性地痕量、快速检测 NO_2 提供了一个很有前景的候选材料。

7.4.1 花状结构石墨烯褶皱的构筑工艺与形貌调控

构筑流程如图 7.29 所示,取 800 mg 蔗糖与 50 mg Na_2CO_3 混合,添加不同质量的单层 GO,在去离子水中超声混合并自然干燥。混合材料在加热过程中迅速膨胀(约 320 ℃,40 s),取向后在盐酸溶液中清洗,并用去离子水浸泡,重复多次,去除材料中杂质,所得样品命名为 FWG-M(M 为 GO 质量,mg)。在管式炉中继续加热至不同温度,并保持该温度 1 h,最终所得样品命名为 FWG-M-T(T 为热处理温度,℃)。

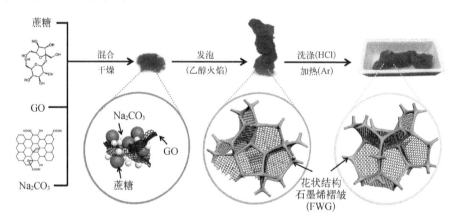

图 7.29 花状石墨烯褶皱的构筑流程图

图 7.30 中 SEM 图像显示的是 FWG 的微观结构。为了更直观地观察 GO 加入量对所制备的 FWG 微观形貌产生的影响,选择了 FWG-0、FWG-5、FWG-15 和 FWG-40 为研究对象。

如图 7.30(a)所示,在 FWG-0 中只存在微米级的碳骨架,即由于没有添加

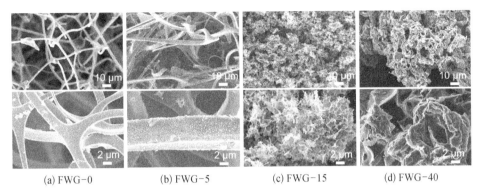

(a) FWG-0　　　　(b) FWG-5　　　　(c) FWG-15　　　　(d) FWG-40

图 7.30　花状结构石墨烯褶皱的 SEM 图像

GO,没有成膜,甚至少量 GO 的存在也不能成膜[图 7.30(b),FWG-5]。然而,在图 7.30(c)中,FWG-15 可以发现许多花瓣状的片层膜在碳骨架上向外延伸,同时碳骨架的直径和距离大大减小。这是由于加入的单层石墨烯被整合到碳骨架上,形成了花瓣状石墨烯褶皱。但是,如果引入 GO 过多,如图 7.30(d)中所示的 FWG-40,由于黏度变得太高而不利于 3D 骨架的形成。此时,纳米片倾向于在黏性蔗糖的作用下聚集成颗粒。因此,为充分发挥单层石墨烯气体传感的优势,原料混合物中的 GO 含量应尽可能低。FWG-15 是本工作中较好的选择,后续研究主要集中在 FWG-15 上。

　　FWG-15 在氩气中被加热到更高的温度,以进一步优化传感性能[53,54]。由于 Na$_2$CO$_3$ 已从系统中完全去除,材料在加热过程中保持相对稳定。FWG-15 经过氩气环境下 600℃的 1 h 的高温处理得到 FWG-15-600,进行微观结构分析。GO、FWG-15 和 FWG-15-600 的 SEM 图像分别显示在图 7.31(a~c)中。

　　首先,由图 7.31(a)中 GO 的形貌可知,由于 GO 片层间范德华力的存在,使得片层与片层易堆叠形成团聚,厚度较大,约为 50 μm。对于气体传感而言,GO 片层的团聚不利于气体分子在材料表面的扩散与吸附,会导致气敏性能降低,包括响应值的降低以及响应时间和恢复时间的延长。图 7.31(b, c)展示了 FWG-15 和 600℃热处理之后的 FWG-15-600 的 SEM 图像,通过对比可知,二者之间没有明显的差异,其中石墨烯纳米片紧密黏合在的碳框架结构上,这与 Wang 等人获得的花状微结构相似[55]。碳骨架的单个孔径约为几百纳米,在整个材料体系中分布较为均匀。碳化骨架上的石墨烯片层厚度较薄,单个片层宽度约为几百纳米。

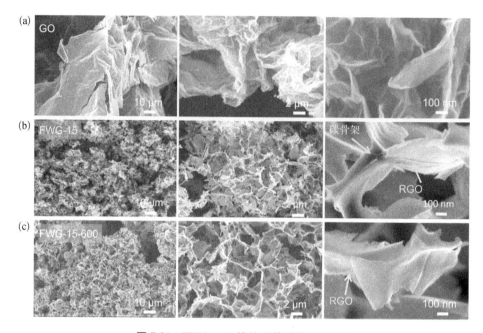

图7.31 FWG-15 热处理前后的 SEM 图

(a) GO;(b) FWG-15;(c) FWG-15-600

对比微观形貌可知,通过蔗糖碳化获得三维骨架成功搭载了石墨烯纳米片,避免了石墨烯片层的团聚,使得其可以很好地分布在整个三维材料的空间里,因此,FWG-15 与 FWG-15-600 中的石墨烯片层更利于与气体产生有效接触。

为了分析材料中的薄膜是否存在单层的石墨烯,进行了 TEM 测试,结果如图7.32 所示。可见 FWG-15 和 FWG-15-600 中的花状结构的薄膜存在单层结构柔软的石墨烯,由于原料中添加了 GO,因此,单层的花状微结构可以归属于加入的单层 GO,经过高温热处理仍然保留了原本的形貌特征。

进一步进行了 AFM 测试,结果如图7.33 所示。结果表明 FWG-15 和 FWG-15-600 上的石墨烯褶皱薄膜的厚度可以低至 1.0 nm 以下,即位于碳骨架上的石墨烯片层低至单层。同时,其尺寸从几百纳米到几微米不等,与图7.33(b,c)中微观结构一致。因此有理由相信加入的单层石墨烯在蔗糖和 Na_2CO_3 发泡过程中被很好地整合到 FWG-15 的三维碳骨架上,并且高温处理后仍然保持原有的形貌和结构,单层石墨烯仍然位于碳骨架之间。

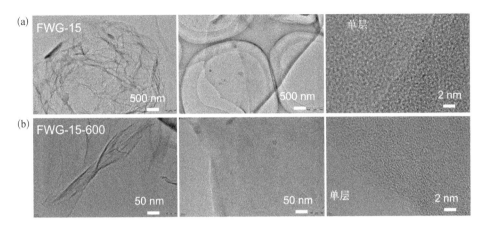

图 7.32　FWG‑15 热还原前后的 TEM 图像

（a）FWG‑15；（b）FWG‑15‑600

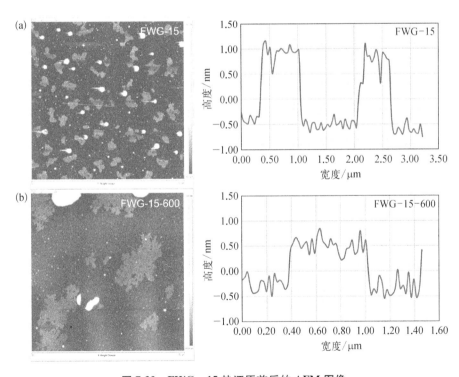

图 7.33　FWG‑15 热还原前后的 AFM 图像

（a）FWG‑15；（b）FWG‑15‑600

图 7.34 为 GO,RGO－600,FWG－15 和 FWG－15－600 的 XPS 分析结果。通过图 7.34(a－d)的全扫图,可知材料主要由 C 和 O 两种元素构成。FWG－15

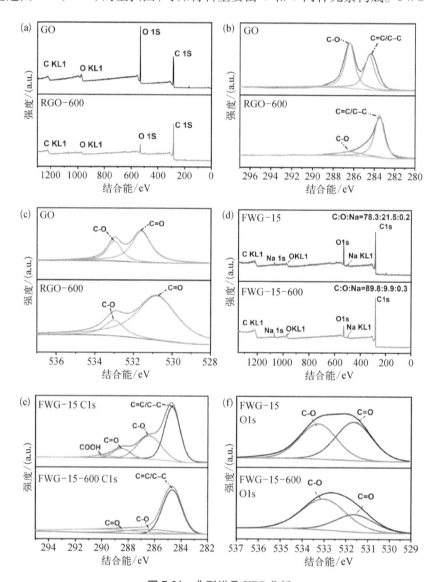

图 7.34 典型样品 XPS 分析

(a~c) GO 和 RGO－600 的 XPS 总图及 C1s,O1s 的分峰谱图;(d~f) FWG－15 与
FWG－15－600 的 XPS 总图及 C1s,O1s 的分峰谱图

和 FWG - 15 - 600 中的 C/O 原子比分别为 3.9 和 8.9,说明 600℃ 高温处理后,
FWG - 15 - 600 还原更加完全,并且都比原料 GO(C/O 原子比为 2.0)具有更高
的还原程度。

图 7.34(d)全扫图中有一个小峰位于 500 eV 左右,属于 Na KL1,是残余的钠
离子,在 FWG - 15 中原子百分含量为 0.2 at%,在 FWG - 15 - 600 中为 0.3 at%。
产生残余钠离子的原因可能是其被阻挡在碳骨架中,即使用盐酸和去离子水反
复洗涤后也不容易完全去除。如图 7.34(e)所示,C1s 位于 284.5、286.4、287.8
和 288.5 eV 的四个峰,分别对应于(C=C/C—C)芳环、C—O(环氧基和烷氧
基)、C=O(羰基)和 COOH(羧基)[56]。对比 FWG - 15,可以观察到含氧基团
(包括 C—O 和 C=O)从 FWG - 15 - 600 中被大大去除,—COOH 完全消失。
FWG - 15 - 600 中 O 的原子百分含量从 FWG - 15 的 30 at% 降低到 10 at%。
图 7.34(f)表明在 FWG - 15 - 600 中 C=O 键占比低于 C—O 键,高温处理后残
留的氧主要以 C—O 键形式存在。

7.4.2　花状结构石墨烯褶皱的吸附与气体传感性能

气敏性能的测试使用 CGS - MT 光电气综合测试系统。动态配气系统的测
试腔室总体积为 150 mL。由质量流量控制器控制目标气体与空气混合的比例,
产生不同浓度的目标气体。在整个测试过程中,通入气体的流速恒定为每分钟
1 000 SCCM,背景气体为空气。通过测试腔室的微加热银台可精准控制测试温
度,该加热装置的控温精确度为±0.2℃。数据采集系统在测试过程中记录电阻
值随时间的变化曲线。

具有较短的响应时间、恢复时间,以及可以达到动态平衡,是传感材料所应
该具备的基础条件。因此,化学电阻型气体传感性能可以从响应度、灵敏度、检
测限、响应/恢复时间、选择性及稳定性等方面进行综合评价[50-56]。

响应度定义为电阻的相对变化值($\Delta R/R_0$):

$$\Delta R/R_0 = (R_0 - R)/R_0 \tag{7.10}$$

式中,R_0 表示气敏材料在空气气氛中的电阻值;R 为测试过程中敏感材料的电
阻值。

检测限(limit of detection, LOD)是气体传感器理论上所能检测的目标气体
浓度的最低值,体现了传感器检测低浓度目标气体的能力。计算方法首先以目
标气体浓度为横坐标,响应值为纵坐标绘图。线性拟合后得到目标气体浓度和

对应响应值的线性拟合曲线。由于响应的噪声不可忽略,一般认为当信号值 S 与噪声 N 满足 S/N=3 的时候,此时的信号是可区分的,对应的响应值是可取的。因此 LOD 可通过式(7.11)计算得到[57,58]:

$$LOD = 3S_a/k \tag{7.11}$$

式中,k 表示气体响应值随气体浓度变化曲线线性拟合的斜率;S_a 表示测试过程中的均方根噪声。

绘制响应度在空气吹扫环境下随时间的变化曲线,然后对该曲线进行均方差计算,得到 S_a:

$$S_a = \frac{\sqrt{\Sigma(\Delta y_i - \Delta y)^2}}{N} \tag{7.12}$$

响应时间与气敏材料的吸附速率有关,气敏材料的吸附速度越快,到达平衡的时间越短。定义响应时间为达到动态平衡响应值的 90% 所需的时间(t_{90}),定义恢复时间为恢复过程中响应程度恢复到初始电阻 R_0 的时间。

图 7.35 展示了 RGO-600、FWG-0-600 和 FWG-15-600 的吸附等温线。根据吸附规律,三种材料都属于典型的大孔材料,经计算可知其 BET 比表面积分别为 89.8 m^2/g、9.1 m^2/g 和 70.2 m^2/g。该结果表明 FWG-0-600 中三维碳框架比表面积非常有限,而 FWG-15-600 中少量单层 RGO 的引入大大增加了其比表面积,有利于气体分子的吸附与传感。

图 7.36 为花状结构石墨烯褶皱的气敏性能测试结果。图 7.36(a)研究了测试温度对气体传感性能的影响。FWG-15 和 FWG-15-600 的最大峰值响应都在 100℃,所以材料保持在 100℃ 的环境下使用为最佳,相对于传统气敏材料的 300~400℃,这一较低的温度具有较好的优越性。

图 7.36(b)对比了几种材料的响应曲线,可见碳骨架不具备检测低浓度的 NO_2 的能力,未添加石墨烯的 FWG-0-600 在此浓度范围内没有响应,只有在骨架上搭载单层石墨烯后,以石墨烯为主要传感材料时,才能识别低浓度的 NO_2 气体。因此,在碳骨架上搭载石墨烯是必要的。FWG-15 和 FWG-15-600 两者在 ppb 级别都具有优越的动态响应,在 20~150 ppb 的浓度范围内响应均呈阶梯状增长,表明其具备区分低浓度 NO_2 的能力,并且在此区间内两者响应均呈线性增加。与 2D 材料 RGO-600 相比,3D 结构的 FWG-15-600 具有更好的响应:RGO-600 在 20~150 ppb 的浓度范围内没有响应,这是因为 2D 片层

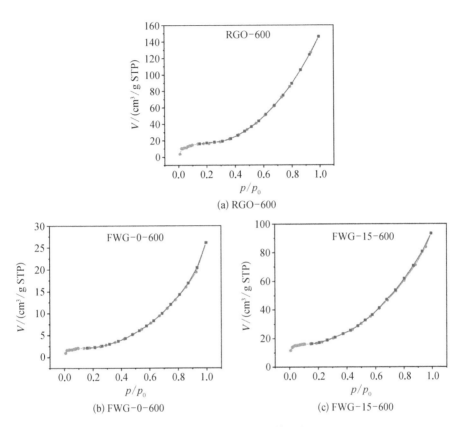

(a) RGO-600

(b) FWG-0-600

(c) FWG-15-600

图 7.35　典型样品的吸附等温曲线

之间容易产生 π-π 堆叠,降低了目标气体分子的扩散速率,气体响应度降低[59,60]。通过碳框架在空间上的支撑作用,石墨烯纳米片可以在很大程度上克服这一缺点。

NO$_2$被归类为典型的空气污染物,其暴露极限为 53 ppb[61],1 ppb = 1 μg/L。日本的标准是 40~60 ppb[62]。因此,理想的 NO$_2$传感器应该能够检测低于这一浓度的 NO$_2$。LOD 是基于线性回归方法计算的,当信噪比大于等于 3 时,信号被认为是真实信号[57]。根据图 7.36(c)可以计算出 FWG-15 与 FWG-15-600 的 LOD 分别为 17.8 ppb 和 0.7 ppb。由于 FWG-15 和 FWG-15-600 对 20 ppb 的 NO$_2$表现出显著的响应,并且 FWG-15-600 的检测限远低于推荐的检测浓度,因此它们具有作为商用 NO$_2$气体传感器的潜力。尽管 FWG-15 在传感性能上不如 FWG-15-600,但其优点在于成本较低,无须后续热处理。

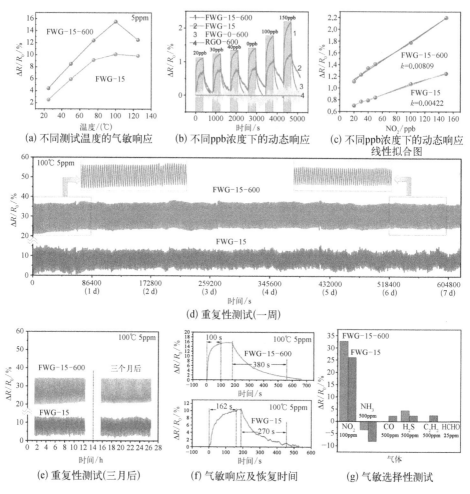

(a) 不同测试温度的气敏响应

(b) 不同ppb浓度下的动态响应

(c) 不同ppb浓度下的动态响应线性拟合图

(d) 重复性测试(一周)

(e) 重复性测试(三月后)

(f) 气敏响应及恢复时间

(g) 气敏选择性测试

图7.36 花状结构石墨烯褶皱的气敏性能

如图7.36(d)所示,传感器被连续测试5 ppm(1 ppm = 1 mg/L)的 NO$_2$ 持续一周,表明具有稳定的响应和恢复行为。轻微的波动主要是由于环境湿度和温度的变化。图7.36(e)展示间隔3个月的传感器,FWG-15-600 在空气中比 FWG-15 更稳定,因为其经历了600℃高温热处理还原过程。

图7.36(f)展示了 FWG-15 和 FWG-15-600 响应和恢复时间。FWG-15 的响应时间 t_{90} 约为100 s,恢复时间约为380 s;FWG-15 的响应时间 t_{90} 约为162 s,恢复时间约为270 s。两者均表现出较好的响应和恢复速率,其中 FWG-

15-600 的响应恢复速率更突出,这是因为经过了高温热处理,材料中的含氧基团降低,气体在其表面吸附与脱附速率加快。

图 7.36(g)是通过比较不同气体(NO_2、NH_3、CO、H_2S、C_2H_2 和 $HCHO$)的灵敏度来研究传感器的选择性。在干扰气体中,NH_3 对 FWG-15 的影响最大,H_2S 对 FWG-15-600 的影响最大,但它们的信号都远低于 NO_2。此外,由于 NH_3 的高还原性,其响应信号是相反的,因此该传感器对 NO_2 具有良好的选择性。

所构筑的花状结构石墨烯褶皱传感材料的响应机理如图 7.37 所示。

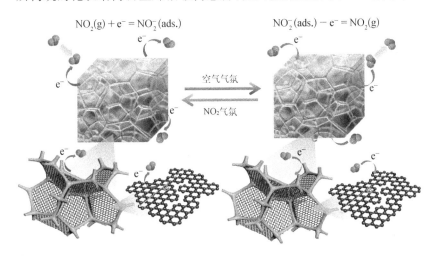

$$NO_2(g) + e^- = NO_2^-(ads.)$$

$$NO_2^-(ads.) - e^- = NO_2(g)$$

空气气氛

NO_2气氛

图 7.37　花状结构石墨烯褶皱的气体传感原理示意图

暴露在 NO_2 气氛中时,气态 NO_2 分子通过化学吸附后从 p 型 RGO 中获得电子,转化为 NO_2^- 离子,RGO 由于空穴浓度增加(即电子浓度降低),从而导致电阻率降低[63];暴露在空气中时,NO_2^- 离子将转化为气态的 NO_2 分子,并通过向传感材料释放电子而离开 RGO 表面,电阻因此得以恢复[64]。在本工作中,传感性能主要由固定在碳框架上的单层石墨烯贡献。由于其独特的三维结构,使单层石墨烯和空气中的 NO_2 分子有更多的有效接触位点,因此响应更为灵敏。三维结构更有利于气体分子的扩散,使得检测信号达到动态平衡的时间更迅速,因而所需的响应时间更短。RGO 载流子的非凡流动性使得极低的噪声感测成为可能。综上所述,该花状结构的石墨烯褶皱具有高灵敏度和良好的选择性,是痕量和快速检测 NO_2 的有前途的候选材料。

7.4.3　花状结构二维异质结的构筑与气体传感性能

在分析半导体复合材料的气敏机理时,异质结作用通常是气敏性能增强的重要因素。通过费米能级及能带的电子相互作用,不同组分半导体材料之间会形成异质结结构,可以改变界面处的耗尽层厚度及势垒高度,实现气敏性能的改善[65]。两种半导体材料由于二者费米能级不同,高能级上的电子会向低能级转移,同时空穴则从低能级一侧转移到高能级一侧,直至二者的费米能级平衡[65]。因此会在二者界面处形成空间电荷层,同时界面两边的能带发生弯曲,产生势垒,这种现象叫作"费米能级介导的电荷转移",从而使电子输运通道大大变窄,气体分子在材料表面获得或者失去电子的能力更强,以此提高气敏响应[65]。异质结分为异型异质结(p-n 结)和同型异质结(n-n 结、p-p 结)两种[66,67]。

近来,二维层状过渡金属硫化物,如 WS_2、MoS_2 等,因其较高的比表面积和优异的电学性能而成为一种优秀的气体传感材料[68-71]。将石墨烯褶皱与 WS_2、MoS_2 复合是进一步改进其性能的良好选择。

如图 7.38(a)所示,在前述获得花状结构石墨烯褶皱 FWG-15-600 的基础上,通过分散液浸泡、干燥的方式,利用二维材料片层间的范德华相互作用力,引入二维层状过渡金属硫化物,构筑了 RGO 与 WS_2、MoS_2 复合的二维异质结。其中,所使用的单层 WS_2 与单层 MoS_2 的分散液浓度分别为 3 mg/mL 和 4 mg/mL。

图 7.38(b)展示了二维异质结的 SEM 微观形貌,可见 FWG-15-600 浸泡于单层 WS_2、MoS_2 等分散液并干燥后,其微观结构没有改变,仍然具备花瓣状结构。这部分原因在于 FWG-15-600 制备时是经历过了洗涤与干燥过程的,可以承受浸渍而不变化。同时,微观形貌上也没有出现 WS_2、MoS_2 等自身的团聚现象。为更准确分析 WS_2、MoS_2 的分散状态,对其进行了 EDS 能谱分析,结果如图 7.18(c,e)所示。可以看出 W 元素、Mo 元素均匀地分布于花状结构石墨烯褶皱的表面,有利于后续气体传感应用[72]。经定量分析,测得样品 FWG-15-600-W-3 与 FWG-15-600-Mo-4 中 W、Mo 元素的质量百分含量分别为 5.0 wt%、1.2 wt%。

由于二维异质结构的存在[图 7.38(d)],在气体响应中,二维过渡金属硫化物可以促进"费米能级介导的电荷转移",增强气敏效应[65]。因此,测试了二维异质结的气体传感性能,如图 7.39(a)所示,在相同的 NO_2 气体浓度下,二维异质结构样品 FWG-15-600-Mo-4、FWG-15-600-W-3 的响应值均优于

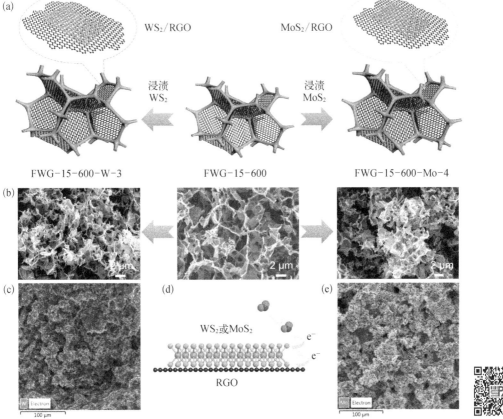

图 7.38　花状结构二维异质结的构筑及其微观形貌

（a）花状结构二维异质结的构筑示意图；（b）花状结构二维异质结的 SEM 形貌；（c）W 元素的
EDS 能谱分布；（d）异质结的气体响应机理；（e）Mo 元素的 EDS 能谱分布

FWG－15－600，其中 FWG－15－600－Mo－4 响应值最高。FWG－15－600－
Mo－4 传感器的响应随着 NO_2 浓度的增加而单调增加，由 20 ppb 响应 2.5% 到
150 ppb 响应 5.5%，显示出检测不同 ppb 浓度的 NO_2 能力。由于传感材料的噪
声 S_a 较小，只有 0.0015 左右，因此在极低的响应值中也可以较为明显地区分辨
识出不同浓度的气体[72]。显而易见，在 20~150 ppb 的浓度区间 FWG－15－
600－Mo－4 传感器显示出了对极低浓度下检测 NO_2 的实用能力。

对不同浓度气体的响应作图[图 7.39（b）]，FWG－15－600－W－3、FWG－

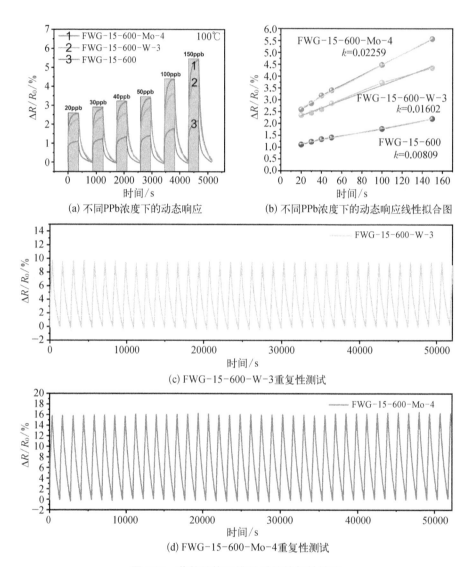

(a) 不同PPb浓度下的动态响应

(b) 不同PPb浓度下的动态响应线性拟合图

(c) FWG-15-600-W-3重复性测试

(d) FWG-15-600-Mo-4重复性测试

图 7.39　花状结构二维异质结的气敏性能

15-600-Mo-4 在 20~150 ppb 浓度的响应值几乎为线性关系,经计算,二者的气体检测限 LOD 分别约为 0.3 ppb、0.2 ppb。这表明二者在花状结构石墨烯褶皱 FWG-15-600(LOD=0.7 ppb)上构筑二维金属硫化物异质结后,LOD 得以显著降低。

为了评估稳定性,将传感器暴露于 100℃ 温度环境 1 ppm 浓度的 NO_2 气体中,测试了异质结传感器的循环响应特性。如图 7.39(c-d) 所示,可以观察到一致的响应和完全的信号恢复,表明异质结具有极好的重复性和可逆性。这是因为不管是 RGO,还是二维金属硫化物,其在该测试温度下均具有良好的稳定性。

花状结构石墨烯褶皱及其异质结的整体气敏性能优于大多数其他 3D 石墨烯材料,如表 7.2 所示。由表可知,以基于 Ni 泡沫的 3D 石墨烯为例[73],其对 20 ppm NO_2 的响应仅为 2%,响应时间为 360 s,而 FWG-15-600 对 20 ppb NO_2 的响应可以达到 1.86%,响应时间更短(100 s)。此外,Wu 等人报道的一种超灵敏的 3D 石墨烯花,通过 Ni 为模板的 CVD 方法,对 100 ppb 的 NO_2 的响应高达 34%,其 LOD 低至 0.785 ppb,但是达到这个高信号的响应时间高达 3 000 s[74]。FWG-15-600 与 3D 石墨烯花的 100 s 时的响应值非常接近,并且 FWG-15-600 的微结构也与 3D 石墨烯花非常相似,因此具有类似的优异气敏性能。值得注意的是,使用的燃烧合成法比牺牲模板 CVD 法简单得多。因此,对比发现,FWG-15-600 的气敏性能在最近的三维石墨烯气体传感器中位于前列。

表 7.2　三维石墨烯气体传感性能对比

材 料 体 系	检测限 LOD/ ppb	最低检测浓度/ ppm	最低检测浓度时的响应度/%	是否达到平衡	响应时间/ s	测试温度/ (℃)	文献
3D RGO	9.1	1	48.2	是	116	140	[54]
3D-CVD 石墨烯-	—	20	2	是	360	100	[73]
花状 3D 石墨烯	0.785	0.1	34	否	3 000	50	[74]
SnO_2/3D-RGO	2 000	14	5.7	否	400	45	[75]
SiO_2@RGO	—	1	28	否	300	室温	[76]
TiO_2/3D-RGO/CNT	—	50	2	是	10	室温	[77]
MoS_2/rGO	100	3	2	是	80	160	[78]
MoS_2/rGO	1.2	5	8.7	是	100	150	[79]
MoS_2/rGO	14	0.5	8.7	是	600	200	[80]

续　表

材料体系	检测限LOD/ppb	最低检测浓度/ppm	最低检测浓度时的响应度/%	是否达到平衡	响应时间/s	测试温度/(℃)	文献
FWG-15	17.8	0.02	0.72	是	162	100	本工作
FWG-15-600	0.7	0.02	1.86	是	100	100	
FWG-15-600-W-3	0.3	0.02	2.40	是	141	100	
FWG-15-600-Mo-4	0.2	0.02	2.60	是	195	100	

7.5　小结

　　材料的表面界面对材料整体性能具有决定性的影响,表面起皱首先导致表面形貌的变化,使表面粗糙度提高,因此,表面褶皱的表面与界面特性会发生显著变化。例如玫瑰花瓣表面具有阵列状凸起褶皱,其与水滴接触角大于150°,达到超疏水状态;但是将玫瑰花瓣上表面倒置,水滴依然可以悬挂在其表面而不掉落,形成特殊的花瓣效应。

　　类大脑皮层高度折叠GO的高面积压缩比、优异的力学强度、良好的抗弯折能力与乳胶基底的弹性和可溶胀特性有机结合在一起,可以构筑双层结构溶剂响应型致动器,展现出优异的双向、可逆、大曲率变形的特性。其中,在THF中的最大曲率变化可达2.75 mm^{-1},远超其他同类致动器。基于其优异的溶剂响应性能,可用于仿生致动和海上浮油收集等领域。

　　通过非均匀薄膜表面起皱,成功模仿了玫瑰花瓣表面的多尺度起皱结构,获得了同时具备超疏水性(接触角大于170°)和高黏附力的多尺度凸起阵列。继而,通过表面材质改性、微观形貌调控和宏观阵列排布,实现了凸起阵列表面黏附力(39.2~129.4 μN)和液体容量(0~25 μL)的大范围可调。在微滴操控和微化学反应器领域具有良好应用潜力,可实现液滴的无损转移和多步微化学反应。

　　以蔗糖、GO和碳酸钠为起始物,在乙醇火焰中一步法制备了固定在碳骨架上的花状结构的石墨烯褶皱。碳酸钠充当了催化剂,起到了很好的催化裂解产气作用。花状结构石墨烯褶皱对 NO_2 的检测限可至 0.7 ppb，经负载 WS_2、MoS_2 后构筑花状结构二维异质结可以进一步降低检测限至 0.3 ppb、0.2 ppb，均可以实际检测出 20 ppb 的 NO_2 并表现出良好的动态响应特性，在气体传感领域表现出优异的应用潜力。

参考文献

[1]　Yan X, Jin Y, Chen X, et al. Nature-Inspired Surface Topography：Design and Function [J]. Science China Physics, Mechanics & Astronomy, 2020, 63：224601.

[2]　Tan Y, Hu B, Song J, et al. Bioinspired Multiscale Wrinkling Patterns on Curved Substrates：An Overview [J]. Nano-Micro Letters, 2020, 12(1)：101.

[3]　Li M, Hakimi N, Perez R, et al. Microarchitecture for a Three-Dimensional Wrinkled Surface Platform [J]. Advanced Materials, 2015, 27(11)：1880 − 1886.

[4]　Li M, Joung D, Hughes B, et al. Wrinkling Non-Spherical Particles and Its Application in Cell Attachment Promotion [J]. Scientific Reports, 2016, 6：30463.

[5]　Tan Y, Chu Z, Jiang Z, et al. Gyrification-Inspired Highly Convoluted Graphene Oxide Patterns for Ultralarge Deforming Actuators [J]. ACS Nano, 2017, 11(7)：6843 − 6852.

[6]　Wang R, Liu Z, Wan G, et al. Controllable Preparation of Ordered and Hierarchically Buckled Structures for Inflatable Tumor Ablation, Volumetric Strain Sensor, and Communication via Inflatable Antenna [J]. ACS Applied Materials & Interfaces, 2019, 11(11)：10862 − 10873.

[7]　Pocivavsek L, Ye S H, Pugar J, et al. Active Wrinkles to Drive Self-Cleaning：A Strategy for Anti-Thrombotic Surfaces for Vascular Grafts [J]. Biomaterials, 2019, 192：226 − 234.

[8]　Liu Z F, Fang S, Moura F A, et al. Hierarchically Buckled Sheath-Core Fibers for Superelastic Electronics, Sensors, and Muscles [J]. Science, 2015, 349(6246)：400 − 404.

[9]　Song Y, Xie Y, Malyarchuk V, et al. Digital Cameras with Designs Inspired by the Arthropod Eye [J]. Nature, 2013, 497(7447)：95 − 99.

[10]　Ko H C, Stoykovich M P, Song J, et al. A Hemispherical Electronic Eye Camera Based on Compressible Silicon Optoelectronics [J]. Nature, 2008, 454(7205)：748 − 753.

[11]　Chandra D, Yang S, Lin P C. Strain Responsive Concave and Convex Microlens Arrays [J]. Applied Physics Letters, 2007, 91(25)：9588.

[12]　Terwagne D, Brojan M, Reis P M. Smart Morphable Surfaces for Aerodynamic Drag Control [J]. Advanced Materials, 2014, 26(38)：6608 − 6611.

[13]　Ionov L. Polymeric Actuators [J]. Langmuir, 2014, 31(18)：5015 − 5024.

[14] Li B, Du T, Yu B, et al. Caterpillar-Inspired Design and Fabrication of a Self-Walking Actuator with Anisotropy, Gradient, and Instant Response [J]. Small, 2015, 11(28): 3494 – 3501.

[15] Qiu Y, Wang M, Zhang W, et al. An Asymmetric Graphene Oxide Film for Developing Moisture Actuators [J]. Nanoscale, 2018, 10(29): 14060 – 14066.

[16] Jun K, Kim D, Ryu S, et al. Surface Modification of Anisotropic Dielectric Elastomer Actuators with Uni- and Bi-Axially Wrinkled Carbon Electrodes for Wettability Control [J]. Scientific Reports, 2017, 7(1): 6091.

[17] Watanabe M, Shirai H, Hirai T. Wrinkled Polypyrrole Electrode for Electroactive Polymer Actuators [J]. Journal of Applied Physics, 2002, 92(8): 4631 – 4637.

[18] Timoshenko S. Analysis of Bimetal Thermostats [J]. Journal of the Optical Society of America, 1925, 11: 233 – 255.

[19] Zhao Q, Dunlop J W C, Qiu X, et al. An Instant Multi-responsive Porous Polymer Actuator Driven by Solvent Molecule Sorption [J]. Nature Communications, 2014, 5(5): 4293.

[20] Dai M, Picot O T, Verjans J M, et al. Humidity-responsive Bilayer Actuators Based on a Liquid-Crystalline Polymer Network [J]. ACS Applied Materials & Interfaces, 2013, 5(11): 4945 – 4950.

[21] Shen L, Fu J, Fu K, et al. Humidity Responsive Asymmetric Free-standing Multilayered Film [J]. Langmuir, 2010, 26(22): 16634 – 16637.

[22] Lee W, Jin Y, Park L, et al. Fluorescent Actuator Based on Microporous Conjugated Polymer with Intramolecular Stack Structure [J]. Advanced Materials, 2012, 24(41): 5604 – 5609.

[23] Asoh T A, Matsusaki M, Kaneko T, et al. Fabrication of Temperature-responsive Bending Hydrogels with a Nanostructured Gradient [J]. Advanced Materials, 2010, 20(11): 2080 – 2083.

[24] Rana S, Cho J W, Park J S. Thermomechanical and Water-responsive Shape Memory Properties of Carbon Nanotubes-reinforced Hyperbranched Polyurethane Composites [J]. Journal of Applied Polymer Science, 2013, 127(4): 2670 – 2677.

[25] Cheng F, Yin R, Zhang Y, et al. Fully Plastic Microrobots Which Manipulate Objects using Only Visible Light [J]. Soft Matter, 2010, 6(15): 3447 – 3449.

[26] Jin Y, Paris S I M, Rack J J. Bending Materials with Light: Photoreversible Macroscopic Deformations in a Disordered Polymer [J]. Advanced Materials, 2011, 23(37): 4312 – 4317.

[27] Cheng L, Torres Y, Lee K M, et al. Photomechanical Bending Mechanics of Polydomain Azobenzene Liquid Crystal Polymer Network Films [J]. Journal of Applied Physics, 2012, 112(1): 34 – 42.

[28]　Wu W, Yao L, Yang T, et al. NIR-light-induced Deformation of Cross-linked Liquid-crystal Polymers using Upconversion Nanophosphors [J]. Journal of the American Chemical Society, 2011, 133(40): 15810 – 15813.

[29]　Safronov A P, Shakhnovich M, Kalganov A, et al. DC Electric Fields Produce Periodic Bending of Polyelectrolyte Gels [J]. Polymer, 2011, 52(11): 2430 – 2436.

[30]　Kim O, Shin T J, Park M J. Fast Low-voltage Electroactive Actuators using Nanostructured Polymer Electrolytes [J]. Nature Communications, 2013, 4(3): 2208.

[31]　Wu T, Wang D, Zhang M, et al. RAFT Synthesis of ABA Triblock Copolymers as Ionic Liquid-containing Electroactive Membranes [J]. ACS Applied Materials & Interfaces, 2012, 4(12): 6552 – 6559.

[32]　Vargantwar P H, Roskov K E, Ghosh T K, et al. Enhanced Biomimetic Performance of Ionic Polymer-metal Composite Actuators Prepared with Nanostructured Block Ionomers [J]. Macromolecular Rapid Communications, 2012, 33(1): 61 – 68.

[33]　Kanai T, Pandey K, Samui A B. Synthesis and Characterization of Electroactive Epoxy-based Interpenetrating Polymer Network Gel [J]. Polymers for Advanced Technologies, 2012, 23(9): 1234 – 1239.

[34]　Zhang N, Li R, Zhang L, et al. Actuator Materials Based on Graphene Oxide/Polyacrylamide Composite Hydrogels Prepared by in situ Polymerization [J]. Soft Matter, 2011, 7(16): 7231 – 7239.

[35]　Wang Z, Tonderys D, Leggett S E, et al. Wrinkled, Wavelength-tunable Graphene-based Surface Topographies for Directing Cell Alignment and Morphology [J]. Carbon, 2016, 97: 14 – 24.

[36]　Zhao Y, Song L, Zhang Z, et al. Stimulus-responsive Graphene Systems towards Actuator Applications [J]. Energy & Environmental Science, 2013, 6(12): 3520 – 3536.

[37]　Feng C, Yi Z, She F, et al. Superhydrophobic and Superoleophilic Micro-wrinkled Reduced Graphene Oxide as a Highly Portable and Recyclable Oil Sorbent [J]. ACS Applied Materials & Interfaces, 2016, 8(15): 9977 – 9985.

[38]　Demello A. Control and Detection of Chemical Reactions in Microfluidic Systems [J]. Nature, 2006, 442(7101): 394 – 402.

[39]　Joanicot M, Ajdari A. Droplet Control for Microfluidics [J]. Science, 309(5736): 887 – 888.

[40]　Wang Y, Chen Z, Bian F, et al. Advances of Droplet-Based Microfluidics in Drug Discovery [J]. Expert Opinion on Drug Discovery, 2020(1): 1 – 11.

[41]　Song H, Chen D L, Ismagilov R F. Reactions in Droplets in Microfluidic Channels [J]. Angewandte Chemie International Edition, 2006, 45(44): 7336 – 7356.

[42]　He M, Wang P, Xu B, et al. The Flexible Conical Lamella: A Bio-Inspired Open System

for the Controllable Liquid Manipulation [J]. Advanced Functional Materials, 2018, 28(49): 1800187.

[43] Feng L, Zhang Y, Xi J, et al. Petal Effect: A Superhydrophobic State with High Adhesive Force [J]. Langmuir, 2008, 24(8): 4114-4119.

[44] Viswanadam G, Chase G G. Contact Angles of Drops on Curved Superhydrophobic Surfaces [J]. Journal of Colloid & Interface Science, 2012, 367(1): 472-477.

[45] Wu D, Wang P, Wu P, et al. Determination of Contact Angle of Droplet on Convex and Concave Spherical Surfaces [J]. Chemical Physics, 2015, 457: 63-69.

[46] Barthlott W, Schimmel T, Wiersch S, et al. The Salvinia Paradox: Superhydrophobic Surfaces with Hydrophilic Pins for Air Retention Under Water [J]. Advanced Materials, 2010, 22(21): 2325.

[47] Tricinci O, Terencio T, Mazzolai B, et al. 3D Micropatterned Surface Inspired by Salvinia Molesta via Direct Laser Lithography [J]. ACS Applied Materials & Interfaces, 2015, 7(46): 25560-25567.

[48] Cheng I C, Wagner S, Gleskova H, et al. Flexible Electronics [J]. Advanced Materials, 2009, 19(15): 1897-1916.

[49] Yang Y, Li X, Zheng X, et al. 3D-Printed Biomimetic Super-Hydrophobic Structure for Microdroplet Manipulation and Oil/Water Separation [J]. Advanced Materials, 2018, 30(9): 1870062.

[50] Kim J H, Mirzaei A, Kim J Y, et al. Enhancement of Gas Sensing by Implantation of Sb-ions in SnO_2 Nanowires [J]. Sensors and Actuators B: Chemical, 2020, 304: 127309.

[51] Dong Q C, Xiao M, Chu Z Y, et al. Recent Progress of Toxic Gas Sensors Based on 3D Graphene Frameworks [J]. Sensors, 2021, 21(10): 3386.

[52] Wu J, Wu Z, Ding H, et al. Flexible, 3D SnS_2/Reduced Graphene Oxide Heterostructured NO_2 Sensor [J]. Sensors and Actuators B Chemical, 2020, 305: 127445.

[53] Wu J, Tao K, Miao J M, et al. Improved Selectivity and Sensitivity of Gas Sensing Using a 3D Reduced Graphene Oxide Hydrogel with an Integrated Microheater [J]. ACS Applied Materials & Interfaces, 2015, 7(49): 27502-27510.

[54] Wu J, Li Z, Xie X, et al. 3D Superhydrophobic Reduced Graphene Oxide for Activated NO_2 Sensing with Enhanced Immunity to Humidity [J]. Journal of Materials Chemistry A, 2018, 6(2): 478-488.

[55] Wang X B, Zhang Y J, Zhi C Y, et al. Three-dimensional Strutted Graphene Grown by Substrate-free Sugar Blowing For High-power-density Supercapacitors [J]. Nature Communications, 2013, 4(4): 2905.

[56] Lei Y, Kai Q, Diao D F, et al. Magnetostrictive Friction of Graphene Sheets Embedded Carbon Film [J]. Carbon, 2020, 159: 617-624.

[57] Shrivastava A, Gupta V. Methods for the Determination of Limit of Detection and Limit of Quantitation of the Analytical Methods [J]. Chronicles of Young Scientists, 2011, 2(1): 21 – 25.

[58] Li J, Lu Y, Ye Q, et al. Carbon Nanotube Sensors for Gas and Organic Vapor Detection [J]. Nano Letters, 2003, 3(7): 929 – 933.

[59] Tiwari J N, Mahesh K, Le N H, et al. Reduced Graphene Oxide-based Hydrogels for the Efficient Capture of Dye Pollutants from Aqueous Solutions [J]. Carbon, 2013, 56: 173 – 182.

[60] Zhao Y, Hu C, Song L, et al. Functional Graphene Nanomesh Foam [J]. Energy & Environmental Science, 2014, 7(8): 1913.

[61] Chen W, Tang H, Zhao H. Urban Air Quality Evaluations under Two Versions of the National Ambient Air Quality Standards of China [J]. Atmospheric Pollution Research, 2015, 7(1): 49 – 57.

[62] Li Q, Cen Y, Huang J Y, et al. Zinc Oxide-black Phosphorus Composites for Ultrasensitive Nitrogen Dioxide Sensing. [J]. Nanoscale Horizons, 2018, 3(5): 525 – 531.

[63] Yuan W J, Liu A, Huang L, et al. High-performance NO_2 Sensors Based on Chemically Modified Graphene [J]. Advanced Materials, 2012, 25(5): 766 – 771.

[64] Choi Y R, Yoon Y G, Choi K S, et al. Role of Oxygen Functional Group in Graphene Oxide for Reversible Room-temperature NO_2 Sensing [J]. Carbon, 2015, 91: 178 – 187.

[65] Frisenda R, Molina M, Aday J, et al. Atomically Thin p—n Junctions based on Two-dimensional Materials [J]. Chemical Society Reviews, 2018, 47(9): 3339 – 3358.

[66] Qin Z, Ouyang C, Zhang J, et al. 2D WS_2 Nanosheets with TiO_2 Quantum Dots Decoration for High-Performance Ammonia Gas Sensing at Room Temperature [J]. Sensors and Actuators B: Chemical, 2017, 253: 1034 – 1042.

[67] Wu S Z, Yang S B, Sun Y, et al. 3D Nitrogen-Doped Graphene Aerogel-Supported Fe_3O_4 Nanoparticles as Efficient Electrocatalysts for the Oxygen Reduction Reaction [J]. Journal of the American Chemical Society, 2012, 134(22): 9082 – 9085.

[68] Yan W, Worsley M A, Pham T, et al. Effects of Ambient Humidity and Temperature on the NO_2 Sensing Characteristics of WS_2/Graphene Aerogel [J]. Applied Surface Science, 2018, 450: 372 – 379.

[69] Ko K Y, Song J G, Kim Y, et al. Improvement of Gas-Sensing Performance of Large-Area Tungsten Disulfide Nanosheets by Surface Functionalization [J]. ACS Nano, 2016, 10(10): 9287 – 9296.

[70] Xu T, Pei Y, Liu Y Y, et al. High-Response NO_2 Resistive Gas Sensor based on Bilayer MoS_2 Grown by a New Two-step Chemical Vapor Deposition Method [J]. Journal of Alloys and Compounds, 2017, 725: 253 – 259.

[71] Zhou Y, Liu G, Zhu X, et al. Ultrasensitive NO₂ Gas Sensing based on RGO/MoS₂ Nanocomposite Film at Low Temperature [J]. Sensors and Actuators B: Chemical, 2017, 251: 280 − 290.

[72] Dong Q C, Chu Z Y, Gong X F, et al. Reduced Graphene Oxide Spatially Scaffolded by a Sucrose-Derived Carbon Framework for Trace and Fast Gas Detection[J]. Carbon, 2022, 191: 164 − 174.

[73] Yavari F, Chen Z, Thomas A V, et al. High Sensitivity Gas Detection Using a Macroscopic Three-Dimensional Graphene Foam Network [J]. Scientific Reports, 2011, 1(1): 166.

[74] Jin W, Feng S, Wei X, et al. Facile Synthesis of 3D Graphene Flowers for Ultrasensitive and Highly Reversible Gas Sensing [J]. Advanced Functional Materials, 2016, 26(41): 7462 − 7469.

[75] Li L, He S, Liu M, et al. Three-dimensional Mesoporous Graphene Aerogel-Supported SnO₂ Nanocrystals for High-Performance NO₂ Gas Sensing at Low Temperature [J]. Analytical Chemistry, 2015, 87(3): 1638 − 1645.

[76] Huang D, Yang Z, Li X L, et al. Three-dimensional Conductive Networks based on Stacked SiO₂@ Graphene Frameworks for Enhanced Gas Sensing [J]. Nanoscale, 2016, 9(1): 109 − 118.

[77] Seekaew Y, Wisitsoraat A, Phokharatkul D, et al. Room Temperature Toluene Gas Sensor Based on TiO₂ Nanoparticles Decorated 3D Graphene-carbon Nanotube Nanostructures [J]. Sensors & Actuators B: Chemical, 2019, 279: 69 − 78.

[78] Cho B, Yoon J, Lim S K, et al. Chemical Sensing of 2D Graphene/MoS₂ Heterostructure Device [J]. ACS Applied Materials & Interfaces, 2015, 7(30): 16775 − 16780.

[79] Wang Z, Zhang T, Zhao C, et al. Rational Synthesis of Molybdenum Disulfide Nanoparticles Decorated Reduced Graphene Oxide Hybrids and Their Application for High-performance NO₂ Sensing [J]. Sensors & Actuators B: Chemical, 2018, 260: 508 − 518.

[80] Long H, Harley T A, Pham T, et al. High Surface Area MoS₂/Graphene Hybrid Aerogel for Ultrasensitive NO₂ Detection [J]. Advanced Functional Materials, 2016, 26(28): 5158 − 5165.

第8章 仿生表面褶皱的力学性能及其应用

8.1 引言

随着智能终端的普及,可穿戴柔性电子器件在全球范围内引起了学术界和工业界的广泛关注[1]。作为柔性电子器件的重要组成部分,应变传感器是可以将机械形变(包括拉伸、压缩、弯曲形变等)转换成电学信号的器件,被广泛地应用于柔性电子器件、生物医学、机器人、人体运动监测和健康监测等领域[2,3]。

目前,电阻式和电容式传感器由于设备要求简单,并具有较好的柔性和可拉伸性,在实际应用中更为常见和广泛。电容式传感器具有出色的拉伸性和线性度,但是灵敏度非常低;而电阻型传感器可以兼具高灵敏度和高拉伸性,尽管存在一定的滞后现象和非线性,但是可以通过对柔性基底、纳米导电材料的选择与优化减少这两种现象[2]。

鉴于简单的读取系统和制造工艺,电阻型应变传感器引起了广泛的研究兴趣[4]。常规金属或半导体应变传感器的应变探测范围较小(<5%),而且穿戴舒适性较差,不能满足一些特殊场景的应用需求,例如,外太空的机械臂,要求传感器具备大行程位移;运动员的姿态监测,需要传感器具备柔软舒适的可穿戴性。新兴的柔性聚合物基传感器具有出色的可拉伸性,在柔性电子器件中具有广阔的应用前景[5]。通常,利用导电纳米材料与高分子聚合物复合的方法赋予柔性基材导电性,常用的导电填料包括金属纳米粒子[6]、纳米线[7]、碳纳米管[8]和石墨烯[9]。

可拉伸应变传感器的性能可通过四个指标进行评价,包括:应变探测范围、灵敏度、线性度和稳定性[4]。兼具高灵敏度和大应变监测范围的应变传感器,既可以探测微小振动,也可以监测大机械变形,一直是应变传感领域的研究重点,而仿生表面褶皱在可拉伸应变传感器领域具有极高的应用潜力。

8.2　泡桐树皮启发的仿生褶皱用于各向异性应变传感器件

一般来说,电阻型传感器通常由导电传感膜与柔性基底复合形成[5-9]。当对复合结构施加拉伸或压缩应力时,传感膜中的微结构会发生变化,从而导致电阻变化,而在释放外加应力之后,传感膜会发生重组回复到原始状态,同时电阻也恢复。石墨烯褶皱(WG)上褶皱与褶皱之间存在许多接触点,可以将其看作无数个开关器件,当对其施加外加应力时,褶皱随着乳胶基底的拉长而展开,发生接触点断裂,从而导致电阻发生变化。同时由于具有超疏水性质和溶剂阻隔性质,因此可以用石墨烯褶皱制备具有自清洁能力、化学防护性能的柔性多功能应变传感器。

第3章利用柱状气球通过各向异性收缩工艺构筑的类泡桐树皮石墨烯褶皱具有形貌各向异性、疏水各向异性。第4章验证了双轴收缩顺序不同导致的各向异性石墨烯褶皱具有各向异性的导电性能。

本节介绍第3章制备的类泡桐树皮石墨烯褶皱(WG-N,WG-C)的应变传感性能,并与WG-S褶皱样品进行对比分析。

8.2.1　应变传感性能

测试应变传感性能之前先将石墨烯褶皱组装成应变传感器[10]。如图8.1所示,将石墨烯褶皱/乳胶双层体系裁剪为长方形片状结构,然后将两端固定。采用银浆把铜片黏结到石墨烯褶皱两端作为电极使用。之后,在电极上焊接导线,即可获得应变传感器的应变探测单元。

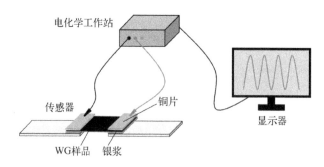

图 8.1　应变传感器的组装与测试示意图

　　将获得的应变传感器固定在自制的拉伸装置上,对其施加应变载荷。利用电化学工作站记录不同应变下裂纹型应变传感器的电阻变化,即将两端用导线接入电化学工作站,工作模式调整为电流-时间曲线。然后,通过控制拉伸速率和位移量,即可实时获取不同应变下石墨烯褶皱薄膜的电阻变化情况。

　　1. 灵敏度与应变范围分析

　　首先观察外加拉伸应变对样品电阻的影响。图 8.2(a)显示了电阻相对变化值($\Delta R/R_0$)随外加应变的变化曲线(以 WG - Ca 为代表),这里,$\Delta R = R - R_0$,其中,R_0 是外加应变为零时的电阻值,R 是不同拉伸应变下的电阻。当外加应变从 0% 增加到 300% 时,电阻相对变化值的变化曲线可以分为三个阶段。在应变增加初期,相对电阻值的变化随应变变化较大,随着应变增大到一定程度,电阻变化速度减慢,逐渐趋于平衡,最后应变增加到达临界值时相对电阻变化又快速增长。在第 I 阶段(区间 I),由于在未施加外加应力时,石墨烯褶皱与褶皱之间相互接触,稍微施加应力,就会发生接触点的减少,从而导致样品电阻迅速增加。在第 II 阶段(区间 II),电阻变化趋于平缓,这是由于接触点分离已经达到一定的阈值,继续拉伸只会产生将褶皱拉平,而不会产生接触点数量的变化。而在第 III 阶段(区间 III),由于石墨烯褶皱的重组和部分断裂,电阻又增大。

　　图 8.2(b)显示了 WG - N 和 WG - C 沿轴向和周向的电阻值与应变之间的关系(涂层厚度约为 230 nm)。纵坐标 $R/L_m = \rho/S$,显示了单位横截面积 S 上的电阻率 ρ 的稳定性,从图中可以看出,R/L_m 在应变初期随着应变的增加而迅速增加,然后达到饱和,最后应变达到一定程度时又继续增大,这与图 8.2(a)中曲线的变化趋势相似。另外,从图中还可以看出,R/L_m 沿周向的变化值(WG - Cc,

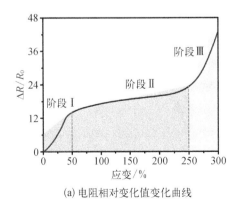

(a) 电阻相对变化值变化曲线

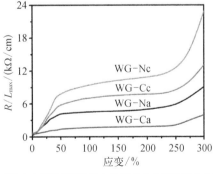

(b) 各向异性 WG 沿轴向和周向的电阻值变化曲线

图 8.2　电阻相对变化值与外加应变的关系

WG-Nc)大于沿轴向的变化值(WG-Ca,WG-Na)。

图 8.3(a~f)分别展示了 WG-Sa,WG-Na,WG-Ca,WG-Sc,WG-Nc 和 WG-Cc 相对电阻变化值随外加应变变化关系曲线。从图中可以看出,WG-N

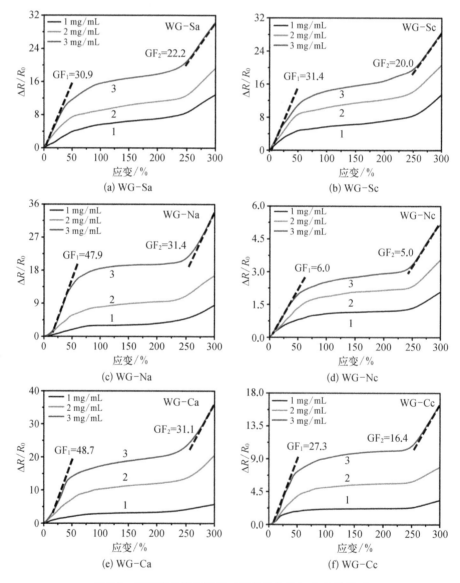

图 8.3 典型样品的电阻相对变化值与外加应变的关系

和 WG-C 在轴向的相对电阻变化值［图 8.3（b,c）］大于周向相对电阻［8.3（a,d）］，进一步证明了基于球形基底样品的各向同性和基于柱形基底样品的各向异性。

　　通过表征传感器随应变增加的电阻相对变化，可以计算出传感器在不同应变区间的灵敏因子（gauge factor, GF）[2]：

$$\mathrm{GF} = \frac{(R_1 - R_0)/R_0}{(L_1 - L_0)/L_0} = \frac{\Delta R/R_0}{\varepsilon_{\mathrm{applied}}} \tag{8.1}$$

其中，R_0 和 L_0 分别为传感器的初始电阻和初始长度，R_1 为传感器被拉伸至长度 L_1 时的电阻，$\varepsilon_{\mathrm{applied}}$ 为施加的拉伸应变。

　　由于石墨烯褶皱的相对电阻变化值随着外加应力的增加而增加，因此可以将其应用于应变传感器。图 8.4（a）和图 8.4（b）分别展示了各向同性与各向异性石墨烯褶皱不同样品在不同浓度下的应变灵敏因子（GF）。当涂层厚度增加时，石墨烯褶皱的 GF 值增加，这是由于随着厚度的增加，褶皱宽度增加，因此，当样品被拉伸至同一长度时，宽褶皱由于存在的接触点相对较少，其灵敏度会更大，同时也会导致石墨烯褶皱可以更快地到达平台期（区间Ⅱ）。从图中也可以看出，对于 WG-N 和 WG-C 来说，轴向拉伸时应变灵敏系数会比周向拉伸要大。所得传感器的最大 GF 值可达 48，最大传感范围可达 300%，与其他文献相比较[2-9]，该应变传感器兼具良好的应变灵敏因子与较宽的应变传感范围。

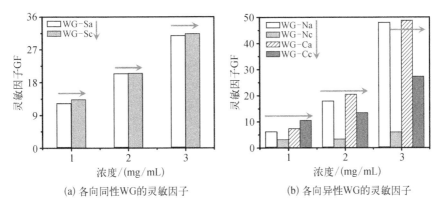

(a) 各向同性WG的灵敏因子　　　　(b) 各向异性WG的灵敏因子

图 8.4　灵敏因子与分散液浓度的关系

2. 动态/静态应变响应分析

测试了应变传感器在静态和动态应变条件下的响应和恢复性能。应变传感器的频率依赖性是传感器的重要特征之一,所以对在不同拉伸频率条件下(0.3 Hz,1.0 Hz,2.0 Hz 和 2.5 Hz)的响应进行测试,电阻相对变化值的变化如图 8.5(a)所示。从图中可以看出,每一次响应的强度和形状都是特有的,而且在同一频率作用下,特征响应无明显变化。结果显示,石墨烯褶皱应变传感器可以准确测量人体日常各种频率的运动,同时也具有快速的响应率。图 8.5(b)显示了电阻相对变化值随外加应变的变化,当石墨烯褶皱应变传感器在应力施加-释放过程中经历大范围的拉伸应变,在应力施加过程中,石墨烯褶皱应变传感器的电阻由于接触点的减少而显著增大,当外加应变从 10%逐渐增加到 50%

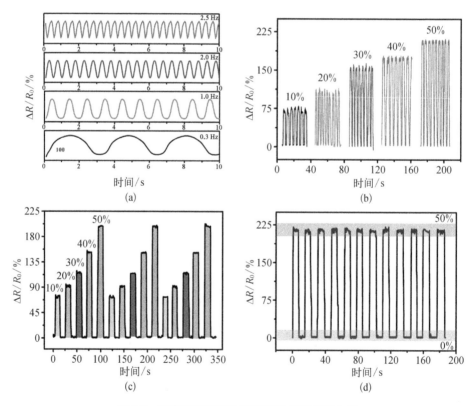

图 8.5 应变传感器的动态与静态应变响应曲线

(a)拉伸频率与外加应变对电阻相对变化的影响;(b)不同外加应变条件下电阻相对变化值的多次循环测试;(c,d)不同静态应变条件下电阻相对变化值

时,电阻相对变化值从约 74% 增加到约 207%。

　　同时还测试了应变传感器在静态应变状态下的传感性能。如图 8.5(c) 所示,拉伸应变依次增加至 10%,20%,30%,40% 和 50%,并在此应变处保持 10 s,重复这一过程,从图中可以看出当处于相同应变状态时,电学响应稳定,而当应变发生变化时,电学响应也随之变化。外加应变越大,电学响应越大,进一步证实了该应变传感器可以测试不同大小的应变信号。除此以外,还测试了应变传感器在较大应变(50%)状态下的响应和恢复性质,图 8.5(d) 显示了在同一应变状态下,应变传感响应稳定。从图 8.5(c) 和图 8.5(d) 中同时也发现,应变传感器的电学响是可重复的,即使经过多次施加应力-释放应力过程,依然可以保持良好的传感性能。

　　结果表明,石墨烯褶皱应变传感器无论是对静态应变还是动态应变都具有稳定的电响应信号和较大的应变传感范围,因此可以用来监测人类活动,如手指运动、手势识别等。

　　3. 稳定性分析

　　应变传感器要想应用于实际,还要求其必须具有很好的稳定性,即应变传感器在长期拉伸-释放的循环使用中可以保持良好的传感性能和结构完整性,同时应变传感器还要能够承受大应变、复杂应变和动态应变[4]。因此,测试了该应变传感器的稳定性,应变传感器经历了 1 000 次应力施加-释放循环过程,每次拉伸应变从 0% 增加至 50% 再回到 0% [图 8.6(a)],从 0% 增加到 300% 再回到 0% [图 8.6(b)]。可见基于石墨烯褶皱的应变传感器即使经过多次循环仍然可以保持性能稳定,当拉伸应变为 300% 时经过多次拉伸初始电阻会有所增加。

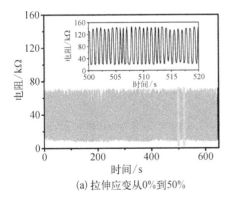

(a) 拉伸应变从0%到50%

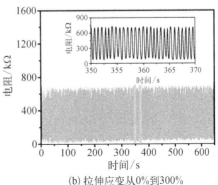

(b) 拉伸应变从0%到300%

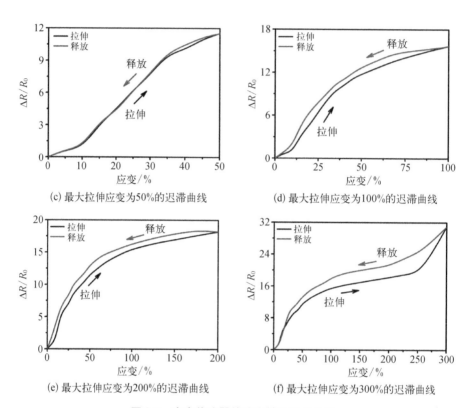

(c) 最大拉伸应变为50%的迟滞曲线 (d) 最大拉伸应变为100%的迟滞曲线

(e) 最大拉伸应变为200%的迟滞曲线 (f) 最大拉伸应变为300%的迟滞曲线

图 8.6 应变传感器的稳定性和迟滞曲线

图 8.6 同时展示了基于石墨烯褶皱的应变传感器的迟滞性能,图 8.6(c~f) 分别对应了最大拉伸应变为 50%,100%,200% 和 300% 时的迟滞曲线。从图中可以看出,当最大拉伸应变为 50% 时,迟滞现象几乎可以忽略不计,而当最大拉伸应变逐渐增加时,迟滞现象会逐渐增加,这是由基底的迟滞现象产生的。但是,即使在这种情况下,当拉伸应变完全释放时,应变传感器的电阻在 0% 应变条件下仍能恢复到初始值。

8.2.2　应变传感模型

为进一步理解在外力拉伸作用下,应变传感器的电阻相对变化过程,测试了不同的石墨烯褶皱在不同拉伸应变条件下的 SEM 形貌(图 8.7)。如图 8.7(a, b)所示,基于球形基底的 WG - S 分别沿轴向和周向拉伸时变化相似,而基于柱形基底的 WG - N 和 WG - C 在沿轴向和周向拉伸时所形成的形貌会有所不同。比如,在沿轴向拉伸时,WG-N 的网眼结构立即发生取向[图 8.7 (c)],但是,沿周向拉伸时,取向没有那么明显[图 8.7(d)],要达到与轴向相同的取向程度时,需要施加更大的拉伸应变。不同的取向程度使 WG-N 沿轴向和周向拉伸时产生的电阻变化不同,从而导致沿轴向的电阻相对变化值和 GF 大于沿周向的电阻相对变化值和 GF。

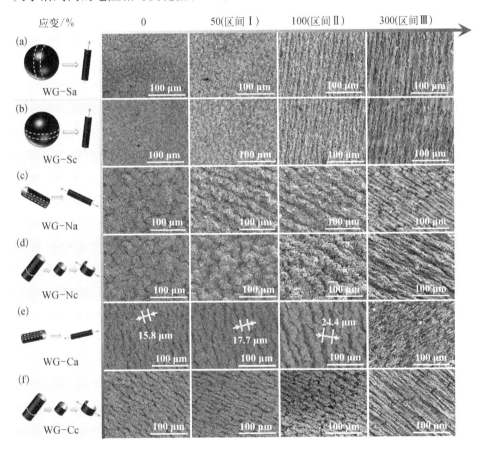

图 8.7　不同拉伸应变条件下 WG 的 SEM 图像

(a) WG-Sa;(b) WG-Sc;(c) WG-Na;(d) WG-Nc;(e) WG-Ca;(f) WG-Cc

　　由于 WG-C 具有特殊的取向结构,沿轴向将应变从 0% 增加至 100% 时,取向结构保持不变,但是二级褶皱宽度从 15.8 μm 增加至 24.4 μm。但是,当沿周向拉伸时,取向仍保持稳定,褶皱却像弹簧一般发生拉伸。即 WG-C 本身取向性非常强,两个不同方向拉伸 WG – Ca 和 WG – Cc 其取向性变化不大。所有的石墨烯褶皱当拉伸应变增加至 300% 时,都会发生部分断裂,这与图 8.3 中第Ⅲ阶段中电阻增加是相对应的。

褶皱间的电流通路和 RGO 涂层的导电通路作为两种不同的电阻并联在一起,WG 应变传感机理可以用简单的电阻模型加以解释(图 8.8)[10]。在并联电路中,GO 薄膜电阻 R_f 和接触电阻 R_c 与总电阻 R_t 之间的关系由下列公式计算: $1/R_t = 1/R_f + 1/R_c$, $1/R_c \propto A_c$,这里,A_c 是褶皱在垂直于拉伸方向的平均接触面积。当拉伸过程的应变达到 50% 时(第Ⅰ阶段),褶皱重组并且逐渐分离,这样褶皱之间的接触面积减小从而导致接触电阻 R_c 的迅速增长。接下来在第Ⅱ阶段,由于接触点数目变化减小,同时接触面积变化不大,此时电阻变化很小。在第Ⅲ阶段,当拉伸应变超过 250% 时,褶皱重组更加明显,同时部分断裂,这会使 R_f 增加,从而使 R_t 增加。

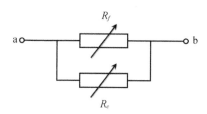

图 8.8　石墨烯褶皱导电网络的模型

8.2.3　应变传感应用

1. 人类活动监测

手指运动是日常生活中最常用的动作之一,吃饭、写字、运动等日常活动都会引起手指运动。手势识别传感器可以将不同的手势转化为可识别的电信号,从而提供有关手指弯曲方向、手指弯曲角度等信息,因此可以利用手势识别传感器将一些简单的手语转换为电信号,再通过电信号与其他信号之间的对应关系,帮助聋哑人与他人沟通。

将石墨烯褶皱应变传感器应用于监测手指运动时,可以将不同的手势转化为成电学信号,提供关于手指弯曲与否及弯曲角度等信息。如图 8.9(a)所示,将应变传感器固定于手指关节处,可以识别手指的弯曲运动,当手指弯曲时,石墨烯褶皱被拉伸,褶皱彼此分离导致接触点减少,进一步导致电阻的急剧上升。除此以外,应变传感器也用来实时监测手指的弯曲角度[图 8.9(b)],电阻随弯曲角度的增大而增加。当手指弯曲角度从 0° 增加到 82.0° 时,电阻相对变化值从 0 增加到约 200%。

在此基础上,设计了一个手势识别传感器[如图 8.9(c)所示],在五个手指上分别固定五个相同的应变传感器,并将其串联在一起,从图 8.9(d)中可以看出,串联的应变传感器可以识别从 0 到 5 的不同手势并将其转化为不同的电流信号。其中,动作"5"引起的电阻变化最小,因为此时没有手指处于弯曲状态,而"0"的手势同时有五个手指发生弯曲,从而导致的电阻变化最大。因此,当手势从"0"依次变化到"5"时,弯曲手指的数目在减少,从而导致电阻相对变化值依次减少。

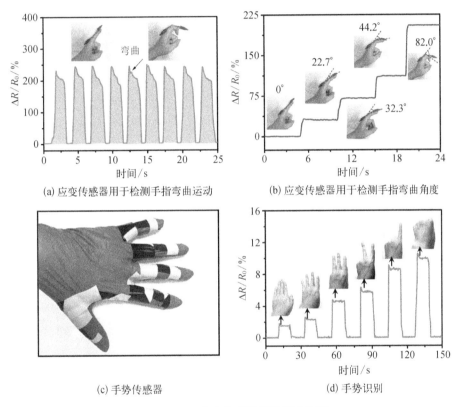

(a) 应变传感器用于检测手指弯曲运动　　(b) 应变传感器用于检测手指弯曲角度

(c) 手势传感器　　　　　　　(d) 手势识别

图 8.9　WG 应变传感器用于活动检测

2. 生命体征监测

微应变识别对于监测人体健康尤为重要,通过对脉搏、呼吸、吞咽、发声等人体特征的适时检测,可以更好地监测人体健康状态。如图 8.10(a) 和图 8.10(b) 所示,直接将石墨烯褶皱应变传感器贴于声带皮肤表面,由于说话和吞咽等动作会直接引起表面皮肤拉伸,应变传感器也随之被拉伸,原本相互接触的还原氧化石墨烯褶皱被拉开,引起应变传感器的电阻增大,可以实现对发声和吞咽动作的检测。将应变传感器贴于手腕皮肤表面可以测试人体脉搏次数,图 8.10(c)测得静息状态下,脉搏约为 69 次/min,而正常的静息脉率为 60～100 次/min,该应变传感器测试脉搏与商用脉搏检测器所测脉率无差异。

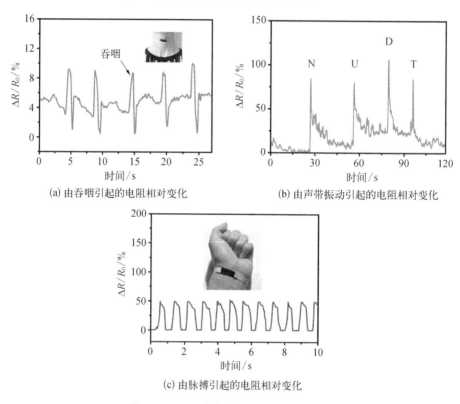

(a) 由吞咽引起的电阻相对变化   (b) 由声带振动引起的电阻相对变化

(c) 由脉搏引起的电阻相对变化

图 8.10　WG 应变传感器用于健康监测

3. 多功能柔性传感手套

为进一步确认石墨烯褶皱的可穿戴性和耐洗特性,将 GO 溶液涂在充气手套上,干燥放气后,在水合肼蒸汽中还原,形成石墨烯褶皱手套[图 8.11(a)]。如图 8.11(b)所示,将手套与二氯甲烷(DCM)直接接触,即使超过 2.5 h 仍能维持原样,不发生放气或泄漏。一般来说,在硬质基底的疏水表面在摩擦力作用下很容易被破坏,但是基于弹性基底的疏水微结构会有所不同。将石墨烯褶皱手套分别经过不同的机械力处理,包括:手洗、超声处理和机洗等,手套表面的褶皱形貌保持稳定[图 8.11(c)],显示该应变传感器具有一定的耐穿性和化学防护性能。同时,由于石墨烯褶皱具有超疏水性质,因此该手套是一种多功能柔性应变传感器。

(a) 石墨烯褶皱手套　　　DCM溶剂阻隔>2.5 h　　　原始形貌　　　手洗

　　　　　　　　　　　　(b) 化学防护性能　　　超声洗涤　　　洗衣机洗涤

　　　　　　　　　　　　　　　　　　　　　　　　(c) 耐洗性能

图 8.11　应变传感器的可穿戴与耐洗性能

8.3　大脑皮层启发的仿生阵列用于高灵敏度应变传感器件

兼具高灵敏度和大应变监测范围的应变传感器,既可以探测微小振动,也可以监测大机械变形,一直是应变传感领域的研究重点[1,4]。师法自然,蜘蛛的腿关节附近有缝隙组织,即使是微弱的外界振动也会引起裂纹组织的变形,细微的变形进一步转化为神经刺激信号,传输到蜘蛛的大脑,从而实现超灵敏的应变探测[11,12]。受蜘蛛机械感知系统的启发,科学家已经研发出许多具有高灵敏度的裂纹型应变传感器,在声音识别、人体健康监测和手势识别等领域展现出巨大的应用潜力[13-16]。

虽然裂纹结构的引入,极大地提高了应变传感器的灵敏度,但大多数已有的裂纹型应变传感器的应变探测范围非常窄,限制了它们在大位移场景的应用[15]。此外,通过简单的拉伸很难控制均匀薄膜中裂纹的形成,如裂纹的形成位置、密度和取向等,裂纹的可控形成和扩展依然是一个挑战。

第 6 章利用丝网印刷和曲面起皱技术,构筑了仿大脑皮层高度褶皱的微结构阵列。从尺度来看,类大脑皮层凸起具有更小的尺度,与蜘蛛腿部裂纹的长度更接近;从微结构的拉伸稳定性看,在拉伸应变下,易在类大脑皮层凸起之间的起皱石墨烯薄膜内形成平行的裂纹结构,与蜘蛛腿部裂纹的取向一致。依此,本节选择类大脑皮层多尺度石墨烯凸起阵列,仿生构筑裂纹型应变传感器。

8.3.1　仿生设计

蜘蛛具有非常灵敏的机械感知系统,当小昆虫、微液滴等外来物撞击蜘蛛网时,蜘蛛能够迅速探测振动位置并作出反应[11]。蜘蛛的这种微机械振动感知能力,源于其腿部的裂纹组织(图 8.12)。科学家对蜘蛛腿部的裂纹组织进行生理解剖发现,蜘蛛的裂纹感受器由 8 条平行的缝感受器组成,单条缝感受器的长度在 20~100 μm 之间,缝的宽度小于 10 μm。对缝感受器进一步做切片分析,发现每条缝感受器都有一对神经元细胞与之相连,将外界的机械振动转化为神经刺激信号传导到中枢神经系统,经中枢神经处理后,进而对外界刺激作出响应[11]。

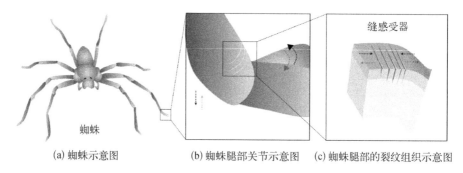

(a) 蜘蛛示意图　　　　(b) 蜘蛛腿部关节示意图　　(c) 蜘蛛腿部的裂纹组织示意图

图 8.12　蜘蛛的微机械感知系统

根据构筑工艺可知,多尺度石墨烯凸起阵列的引入,不仅可以加速起皱石墨烯薄膜中裂纹的形成,还可以调控裂纹的取向和扩展。另外,裂纹两侧密集的山脊结构,可进一步增加裂纹之间的接触位点,有利于提高裂纹型应变传感器的灵敏度。

受蜘蛛机械感知系统的启发,仿生设计了一种多尺度石墨烯凸起阵列诱导的裂纹型应变传感器[17]。如图 8.13 所示,对多尺度石墨烯凸起阵列施加应变时,由于应力的局部化,会在凸起之间的起皱石墨烯薄膜内诱导形成平行的裂纹结构。类似于蜘蛛并列平行的缝感受器,通过拉伸或释放应变,可以控制起皱石墨烯薄膜内裂纹的打开和闭合,从而引起整个传感器电阻的急剧变化,实现微机械变形的探测。

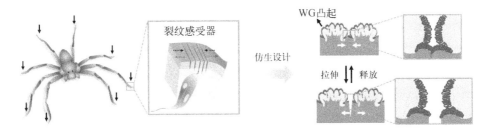

图 8.13　微结构阵列裂纹型应变传感器的仿生设计思路和传感机理

图 8.14 中的 SEM 图片展示了在拉伸或松弛状态下,凸起阵列诱导起皱石墨烯薄膜内裂纹的打开和闭合的过程。在 0%拉伸应变(即松弛状态)下,凸起阵列之间起皱石墨烯薄膜内的裂纹闭合,裂纹两侧的石墨烯起皱结构相互接触;当施加 10%的拉伸应变时,裂纹打开,裂纹两侧原本相互接触的起皱结构也随着裂纹的打开而断开。以上多尺度石墨烯凸起阵列在拉伸和松弛状态下的形貌演化,很好地印证了仿生设计思路。通过应变调控裂纹的打开和闭合,从而实现应变的高灵敏度探测。

(a) 0%拉伸应变　　　　　　　　　　　　　　(b) 10%拉伸应变

图 8.14　凸起阵列诱导起皱石墨烯薄膜内裂纹的打开和闭合

8.3.2　应变传感性能

1. 石墨烯凸起阵列应变传感器的灵敏度

通常,应变传感器的性能可通过应变探测范围、灵敏度、响应时间和稳定性等指标进行评价。电阻型应变传感器的灵敏度一般使用灵敏因子 GF 进行表征,所谓灵敏因子,其实就是传感器在一定拉伸应变范围内,电阻的相对变化与拉伸应变的比值。一般是一条曲线,通常会有一定范围的线性区间。

通过改变丝网印刷橡胶盘的径间比（D_0/L_0，即直径与间距的比值），制备了一系列具有不同径间比的多尺度石墨烯凸起阵列。径间比越大，表明凸起阵列越密集，凸起部分的面积与起皱石墨烯薄膜的面积比越大。

首先测试了具有凸起阵列的起皱石墨烯薄膜的相对电阻值变化曲线。如图 8.15 所示，应变传感器的灵敏因子与凸起阵列的径间比高度相关，在不同的应变区间，传感器的灵敏因子具有显著差异。

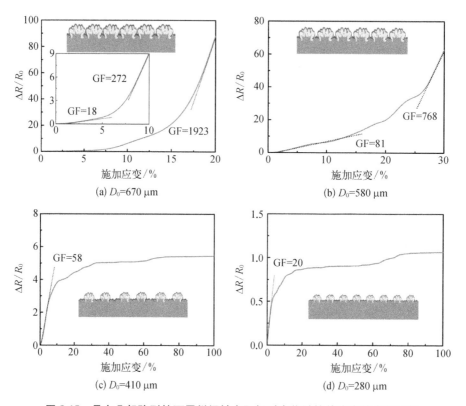

图 8.15　具有凸起阵列的石墨烯褶皱电阻相对变化随拉伸应变的变化趋势

（a）$D_0/L_0 = 1.5$；（b）$D_0/L_0 = 1.2$；（c）$D_0/L_0 = 0.7$；（d）$D_0/L_0 = 0.4$。
D_0 和 L_0 分别为制备多尺度微结构阵列的橡胶盘直径和间距，D_0/L_0 为橡胶盘的径间比

当 $D_0/L_0 = 1.5$ 时［图 8.15（a）］，随着拉伸应变从 0 增加至 20%，应变传感器的电阻先缓慢增加，而后快速拉升，甚至变得不导电。在 0 至 5% 应变范围内，灵敏因子仅为 18，而在 17%~20% 的应变范围内，灵敏因子急剧增大，达到

1 923。总体而言,当径间比较大时,虽然传感器在特定区间内显示出超高灵敏
因子,但线性度较差。

随着 D_0/L_0 降至 1.2[图 8.15(b)],应变传感器的电阻随拉伸应变的变化趋
势与 D_0/L_0 = 1.5 时相似,都是先慢后快。不同的是,当 D_0/L_0 = 1.2 时,在较宽
的应变区间内,应变传感器显示出良好的线性度。如在 0~15% 的应变区间内,
传感器的灵敏因子约为 81,展现出良好的线性度。在 25%~30% 应变范围内,
灵敏因子增大至 768。

对于具有较小径间比的样品[图 8.15(c, d)],应变传感器展现出相反的电
阻变化趋势。随着应变的增加,电阻先快速增大,而后缓慢增加。在前 5% 拉伸
应变区间内,当 D_0/L_0 分别为 0.7 和 0.4 时,传感器的灵敏因子分别为 58 和 20。
随着拉伸应变继续增大至 100%,电阻的相对变化越来越迟缓。

作为对比,也测试了没有凸起阵列的起皱石墨烯薄膜的应变传感性能
(图 8.16)。可以发现,在施加 100% 的拉伸应变后,仅展现出 15% 的电阻相对
变化。在 0%~100% 的应变区间内,灵敏因子都不超过 1,最高为 0.7,展现出优
异的电阻稳定性。

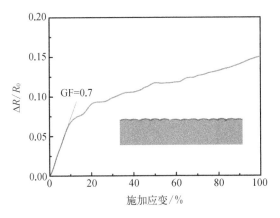

**图 8.16 无凸起阵列的石墨烯褶皱的电阻
随拉伸应变增加的变化趋势**

裂纹型应变传感器的电阻随拉伸应变的变化趋势,主要由石墨烯褶皱中裂
纹的形成和扩展所决定。因此,可以通过表征不同应变下石墨烯褶皱的微观形
貌来解释电阻的变化趋势。通过施加较小的拉伸应变,即可在石墨烯褶皱内诱
导裂纹的形成;而且,在同一拉伸应变下,径间比越大,所形成裂纹宽度越大。

与具有凸起阵列的石墨烯褶皱相比,无凸起阵列的石墨烯褶皱在高达 100% 拉伸应变下,仍然保持结构稳定,未在其表面观察到裂纹的形成。这些表征结果很好地解释了应变传感器的电阻随拉伸应变增加的变化趋势。由于高灵敏因子和良好的线性度,选择橡胶盘径间比为 1.2 时的样品作进一步性能表征。

2. 石墨烯凸起阵列应变传感器的响应和恢复时间

应变传感器在不同应变下的响应和恢复时间是评价应变传感器的重要指标,它们代表了应变传感器对外界刺激的反应快慢,也是评价应变传感器的实时性和有效性的重要依据。一般来说,响应速度越快、迟滞性(即响应时间和恢复时间之差)越小的应变传感器,其性能越好[4]。

由于应变传感器在 0%~15% 的应变区间内具有良好的线性度,选择区间内的三个拉伸应变对应变传感器的响应和恢复时间进行表征,分别为 6%、9% 和 12%(图 8.17)。

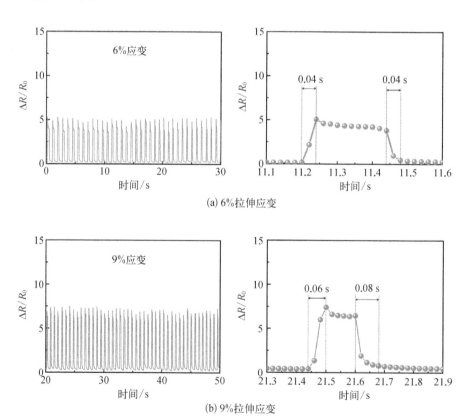

(a) 6% 拉伸应变

(b) 9% 拉伸应变

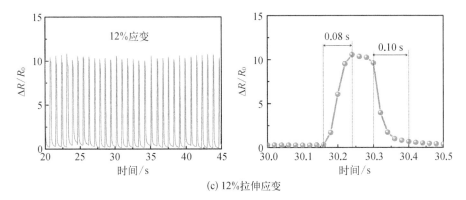

(c) 12%拉伸应变

图 8.17　裂纹型应变传感器在不同拉伸应变下的电阻相对变化和响应时间

根据应变传感器在不同循环拉伸应变下的电阻相对变化,可以发现石墨烯凸起阵列应变传感器展现出良好的稳定性,传感器的响应时间和恢复时间随着拉伸应变的增加有所延长,但都小于或等于 0.1 s。

迟滞效应一般用来描述应变传感器对外界应变的反应能力,即施加应变时达到一定电阻所需时间与释放应变后电阻恢复至初始值所需时间之差,当响应时间与恢复时间相同时,表示应变传感器具有零迟滞性。应变传感器展现出较小的迟滞性,响应时间和恢复时间之差低于或等于 0.02 s。特别是,当拉伸应变为 6%时,应变传感器的响应和恢复时间都为 0.04 s,展现出零迟滞性[图 8.17(a, b)]。

与以往的柔性应变传感器有所不同,石墨烯凸起阵列应变传感器的超快响应速度源于其独特的传感机制。凸起阵列在其中起到了非常重要的作用,类似于蜘蛛丝的关节部位,多尺度石墨烯凸起能够将应力迅速传导至凸起之间的起皱薄膜中,实现裂纹的快速打开和闭合,从而获得超快响应速度。

3. 石墨烯凸起阵列应变传感器的稳定性

除了灵敏度、应变响应范围和响应时间,稳定性也是检验应变传感器实用性的一项重要指标,主要是为了评价应变传感器的可靠性和耐用性。

图 8.17 已经初步验证了石墨烯凸起阵列应变传感器的可靠性,在 6%、9%和 12%的拉伸应变下,经过几十次的循环拉伸,应变传感器展现出优异的稳定性。为进一步验证石墨烯凸起阵列应变传感器的稳定性,将应变大小设置为5%,记录传感器在多次循环拉伸/释放下的电流变化趋势。如图 8.18 所示,在超过 1 000 次的循环拉伸/释放后,应变传感器依然具有良好的稳定性和可重复性,具备进一步实用化的基础。

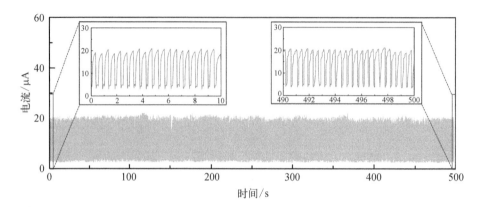

图 8.18　裂纹型应变传感器 5%的拉伸应变下的稳定性测试

总之,裂纹型应变传感器的线性与石墨烯凸起阵列的密集程度紧密相关,当径间比为 1.2 时,传感器在 0%~15%的应变区间内,展现出良好的线性。同时,所构筑的裂纹型应变传感器在 6%、9%和 12%应变下的响应和恢复时间之差不超过 0.02 s,展现出较低的迟滞性。

8.3.3　应变传感应用

1. 石墨烯凸起阵列应变传感器用于三维应变的探测和识别

已有的应变传感器,大多只能实现单个方向应变的检测,具有多方向应变感知能力的应变传感器鲜有报道。由于独特的阵列式结构和基于微裂纹的应变传感机制,石墨烯凸起阵列应变传感器既可以探测水平方向的拉伸变形,也具有探测垂直方向载荷的潜力。

如图 8.19 所示,为了探测垂直方向的载荷,需要对应变传感器进行适当的改装。将多尺度石墨烯凸起阵列固定在 2 块厚度为 1.1 mm 的玻璃板之间,中间悬空,凸起阵列朝下,乳胶基底朝上,在两端制备铜电极之后,即可用于垂直方向载荷的探测[图 8.19(a)]。

由于应变传感器的两端固定,在受到垂直向下的载荷时,乳胶基底被迫发生拉伸形变,受压部位正下方凸起之间的裂纹断开,导致传感器的电阻增大,当垂直方向的载荷移除后,传感器的电阻恢复至初始值,这就是多尺度石墨烯凸起应变传感器探测和识别垂直方向载荷的内在机制。基于此,多尺度石墨烯凸起应变传感器可用于探测和识别由点、线或面载荷引起的微弱变形[图 8.19(b)]。

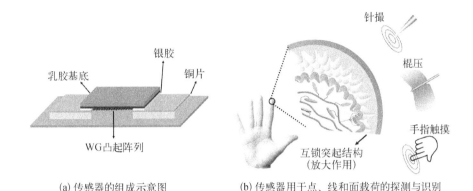

(a) 传感器的组成示意图　　　　(b) 传感器用于点、线和面载荷的探测与识别

图 8.19　多尺度石墨烯凸起阵列裂纹型传感器用于探测垂直方向载荷的原理

图 8.20 为应变传感器在三种不同的垂直载荷下的电阻变化,包括点载荷、线载荷和面载荷。图中插入的照片展示了三种不同载荷的施加方式:采用直径为 0.6 mm 的针尖向应变传感器施加点载荷,通过针管水平下压施加线载荷,以及利用手指触碰施加面载荷。

结果显示,多尺度石墨烯凸起阵列传感器不仅能够对垂直方向的载荷作出响应,而且还可以识别不同种类的垂直载荷。与线载荷和平面载荷的信号波形图有所不同,当对应变传感器施加点载荷时,每个波峰顶端又能观察到尖锐的双峰结构[8.20(a)中的插图],表明石墨烯凸起阵列应变传感器具有识别不同类型垂直方向载荷的潜力。与线载荷和面载荷相比,点载荷的作用面积小,在施压和释放的一瞬间,会引起施压位点附近裂纹的突然断开和闭合,导致传感器电阻值的波动,从而呈现出与众不同的波形。

人体也具有分辨不同压力载荷的能力,例如,用手指触碰针尖时,针尖会穿过表皮,刺激皮肤层深处的神经,产生剧烈的痛觉,迫使手指迅速缩回,避免造成更严重的伤害。相反,当手指触摸到润滑的肌肤时,则是另一种感觉。因此,仿生构筑具有探测和识别不同压力载荷的传感器,对于模仿甚至超越人体的这种感知能力尤为重要,在柔性机器人领域具有巨大的应用潜力。

2. 石墨烯凸起阵列应变传感器用于人体生命体征信息的监测

由于多尺度石墨烯阵列应变传感器超高的灵敏度,除了检测显著变形之外,还可以用于探测诸如腕部脉搏之类的微弱振动。使用医用胶带将传感器固定在手腕上,可以长时间检测人体脉搏,以进行生命体征信息监测。

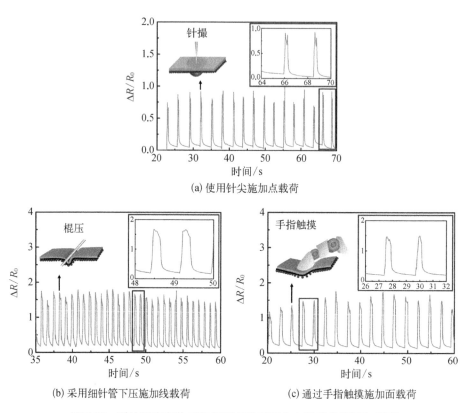

(a) 使用针尖施加点载荷

(b) 采用细针管下压施加线载荷

(c) 通过手指触摸施加面载荷

图 8.20　裂纹型应变传感器用于多种垂直方向载荷的探测与识别

　　如图 8.21 所示,通过石墨烯凸起阵列应变传感器,可以获取人体腕部脉搏的振动波形图,从而提供具有临床参考价值的心率生理信号。可以看出,应变传感器所监测到的脉搏波形图,呈现出典型的脉搏波形的特征峰,由高到低三个波形分别对应于敲击波(P 波)、潮汐波(T 波)和舒张波(D 波)[图 8.21(b)]。根据获得的结果,在正常条件下,被测志愿者的心率为 65 次/分钟,与实测结果一致。

　　综上所述,受蜘蛛机械感知系统的启发,基于多尺度石墨烯凸起阵列,仿生设计和制备了具有高灵敏度、超快响应速度和宽应变探测范围的裂纹型应变传感器。灵敏因子高达 1 923。石墨烯凸起阵列应变传感器不仅可以检测关节弯曲等大变形,也可以检测腕部脉搏等微弱振动,表明其在可穿戴电子设备、健康监测和智能机器人等领域具有巨大的应用潜力。

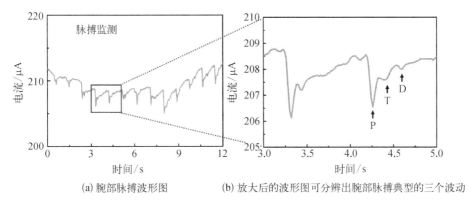

(a) 腕部脉搏波形图　　　(b) 放大后的波形图可分辨出腕部脉搏典型的三个波动

图 8.21　石墨烯凸起阵列应变传感器用于腕部脉搏监测

8.4　层状石墨烯褶皱复合结构用于高灵敏度应力传感器件

石墨烯气凝胶(graphene aerogel, GA)具有高压缩性和导电性,在压力传感应用方面得到了广泛的研究[18-20]。石墨烯片通过范德华力组装成气凝胶结构,片层之间的物理连接提供了宏观导电性[20]。通常,当外部压力施加到气凝胶上时,整体结构会发生变形,这增加了石墨烯片之间的接触面积,从而增加了电导率[21],正是这种机制使得 GA 适用于压阻式传感器。高灵敏度、宽线性范围、良好的稳定性、低检测限和短响应时间是压阻传感器的关键特性[22]。虽然 GA 三维互联结构满足了大部分的要求,但各向同性 GA 微观结构混乱,稳定性差,线性度有限,严重限制了其实际应用。

本节以 GO 为基体,以甲基纤维素(methyl cellulose, MC)为增强剂,利用氢键等分子间相互作用使其分散均匀,并通过加热凝胶化制备甲基纤维素/氧化石墨烯水凝胶(MC/GOH),之后使用定向冷冻-冷冻干燥的方法制备高度取向的甲基纤维素/氧化石墨烯气凝胶(MC/GOA),最后,为了保持其结构完整和保留部分的含氧官能团,采取水蒸气辅助的热还原方式,在较低温度(120℃)下进行还原热处理,得到了柔性、可压缩回弹、稳定的甲基纤维素/还原氧化石墨烯气凝胶(MC/GA)。将制备出的 MC/GA 与导电银浆、铜箔组装成压阻式压力传感器,对其压力传感和弯曲传感性能进行了系统的研究,并探究了其在可穿戴器件上的应用潜力。

8.4.1 构筑工艺与形貌调控

图 8.22 显示了 MC/GA 的制作过程和光学图像。制造过程包含四个步骤
[图 8.22(a)]：混合凝胶化、定向冷冻、冷冻干燥、水热还原。首先将 MC 通
过搅拌分散到 GO 水溶液中,在搅拌过程中,产生了 GO 与 MC 之间的氢键相
互作用。将混合物置于 90℃ 水浴中形成甲基纤维素增强的氧化石墨烯水凝胶
(MC/GOH),凝胶有利于保持氧化石墨烯的分散稳定性,如图 8.22(b)所示,在冷
冻的过程中不会产生析出现象。然后在冷板上将水凝胶进行定向冷冻,如图 8.22
(c)所示,接着冷冻干燥,生成 MC 增强的 GO 气凝胶(MC/GOA)。最后,在 120℃
的水热反应釜中进行水蒸气辅助的水热处理,将 MC/GOA 还原为 MC/GA。

由此过程得到的气凝胶非常轻($<0.2\ \mathrm{g/cm^3}$),可以由花蕊支撑[图 8.22(d)]。
经热处理后,气凝胶的导电性明显提高。将 MC/GA 串联到电池和一个 LED 上,

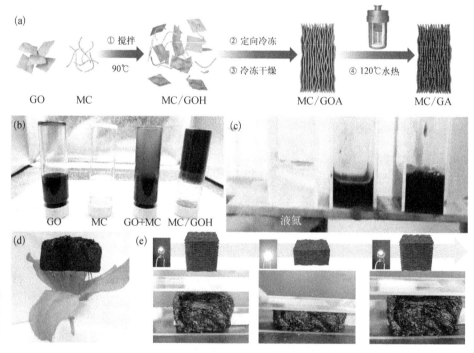

图 8.22 MC/GA 的制备流程示意图与样品实物图

(a)制备流程示意图;(b)样品的光学图片;(c)定向冷冻装置图;
(d)花蕊支撑效果;(e)串联电路系统

当被压缩或释放时,LED 的亮度增加或恢复[图 8.22(e)]。宏观电导率随石墨烯网络接触程度的增加而增加。这表明了其具有压阻式传感器的应用潜力[23,24]。

如图 8.23 中的 SEM 图像所示,气凝胶的微观结构取决于 MC 和 GO 的比例。复合层之间的距离随着 MC 含量的增加而减小。这是因为 MC 的存在能够减少冰晶在冻结过程中的生长[24]。由图 8.23(a~d)可知,MC 含量较高的 MC/GA‒2 和 MC/GA‒1.5 处于片层粘连的状态。当 MC 含量降低到 MC∶GO = 1∶1 时,如图 8.23(f)所示,所得样品(MC/GA‒1)的微观组织明显更加有序。而对于 MC 含量最低的 MC∶GO = 1∶2(所得样品为 MC/GA‒0.5),片层是有取向规律的,但呈现出较为明显的波浪状[图 8.23(i,j)]。这可能是因为 MC 的含量不足以连接氧化石墨烯片。这种有序的微观结构可以归因于冰晶的定向生长和石墨烯片的排列[25,26]。在 MC/GA‒1 中获得了最优的高取向和规则层状结构,因此选择 MC/GA‒1 验证后续性能。

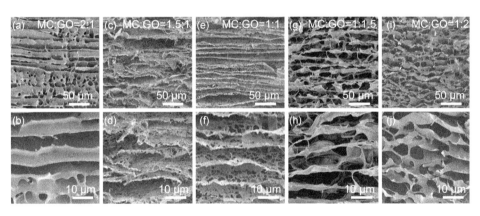

图 8.23　不同配比 MC/GA 的 SEM 图像

(a, b) MC/GA‒2;(c, d) MC/GA‒1.5;(e, f) MC/GA‒1;(g, h) MC/GA‒0.7;(i, j) MC/GA‒0.5

图 8.24 为水热还原时间对 MC/GA‒1 微观形貌影响(所得样品定义为 MC/GA‒1‒t,t 为时间)。随着热处理时间的增加,混合层开始出现褶皱和孔洞,这是热处理过程中失重和热还原的结果。未经水蒸气辅助热处理的样品呈现较为完整的片层结构[图 8.24(a, b)]。在水蒸气热处理 10 min 后,其片层明显变薄,且片层内部出现少许空洞结构。随着热处理时间增加,这种孔洞结构越来越明显,数量明显增多[图 8.24(c~f)]。如果热处理时间过长,MC/GA 的层状结构会被破坏,致使气凝胶变得易碎,如图 8.24(i, j)所示。

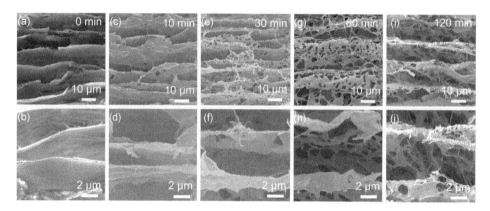

图 8.24　不同还原时间的 SEM 图像

(a, b) MC/GA-1-0, (c, d) MC/GA-1-10, (e, f) MC/GA-1-30,
(g, h) MC/GA-1-60, (i, j) MC/GA-1-120

8.4.2　微观结构分析

利用 FTIR、Raman、XPS、XRD、TG 等分析手段对原料(GO、MC)、中间产物(MC/GOA-1)和最终产物(MC/GA-1-60)四种典型样品进行了化学结构分析,结果如图 8.25 所示。

FTIR 谱图如图 8.25(a)所示,在 GO 和 MC/GOA-1 样品中,O—H 基团位于 3 360 cm^{-1}附近,C=O 基团在 1 626 cm^{-1}处,C=C 基团在 1 732 cm^{-1}处有吸收峰。MC 在 3 417 cm^{-1}处的窄峰对应于羟基的伸缩振动[27]。在 MC/GOA-1 的光谱中,3 417 cm^{-1}处的宽峰强度减弱,可能由于 MC 和 GO 之间形成了氢键[28]。在 MC/GA-1-60 中,GO 的羟基峰进一步减弱,证明了在水蒸气辅助热处理过中 GO 的还原。在 MC/GA-1-60 中,1 078 cm^{-1}附近的 C—O—C 基团仍然很强,在 MC、GO 和 MC/GOA 中也是如此,这表明 GO 的部分还原。此外,MC 和 GA 之间的一些氢键也可能在热处理过程中脱水形成 C—O—C 基团。

图 8.25(b)为四种样品的拉曼光谱。除 MC 外,所有样品均出现明显的 D峰和 G 峰。中间产物 MC/GOA-1 的 I_D/I_G 略低于 GO 前驱体的 I_D/I_G,而最终产物 MC/GA-1-60 的 I_D/I_G 大大提高,说明 MC 在热处理过程中部分热解为有缺陷的非晶碳[27]。

图 8.25(c)为四种样品的 XPS 全扫图。所有样品均在 286.6 eV 和 531.2 eV处观察到尖峰,分别归属于 C 1s 和 O 1s;从原料到中间产物,再到最终产物,

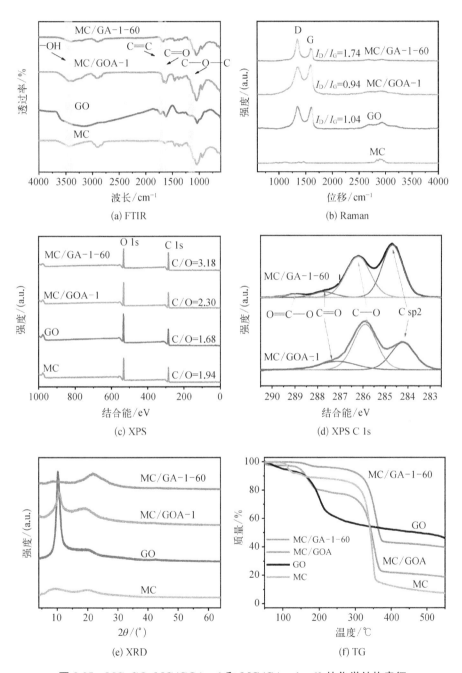

图 8.25　MC、GO、MC/GOA－1 和 MC/GA－1－60 的化学结构表征

C/O原子的比值逐渐增大,说明氧原子脱除、还原程度增大。图8.25(d)为MC/GOA-1和MC/GA-1-60的C1s峰的分峰拟合处理,证明热处理后,C—O和C=O键相对减少,C=C键增加。

图8.25(e)为样品的XRD谱图。MC没有衍射峰,呈无定形态。在MC/GOA-1中,GO在$2\theta=12°$处的强衍射峰变弱,在$2\theta=25°$处出现另一个较宽的弥漫性衍射峰,对应于石墨碳(002)的晶面衍射。在MC/GA-1-60内,两峰均呈弥漫状态,原属于GO的液晶态被破坏。这是由于GO被还原为RGO,且片层褶皱化。

TG分析可以获得热还原转化过程的重要信息。如图8.25(f)所示,MC从140℃开始分解,直到300℃仍保持90 wt%的质量;在350℃左右失重较大,到500℃重量残留率约为10 wt%,这主要是由于含氧基团的脱除和分子链段分解造成的。GO从加热开始就开始分解,但在500℃时,其重量残留较高(50 wt%),主要失重发生在150~200℃范围内。MC/GOA-1的稳定性恰是MC和GO的组合,在500℃时重量残留率约为20 wt%。MC/GA-1-60在150℃时保持稳定,在350℃时失重也显著降低,说明水热还原后GO得到了较大程度的还原。

以上的化学表征都证明了GO在最终产物MC/GA中被部分还原,MC在此过程中部分碳化,失去了部分含氧基团和分子链段。GO因为仍存在较多的C=O基团未能被除去,因此只是部分还原的过程。如图8.26所示,在MC和GO片层之间存在较多的氢键相互作用,在水热作用下,部分氢键转化为酯基和醚键,加强了GO的还原及其与MC之间的结合[23,28]。

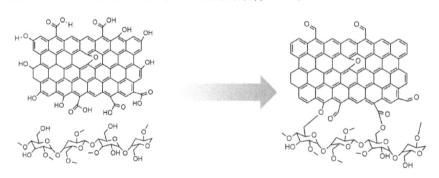

图8.26 水蒸气还原过程中的化学机理示意图

为进一步揭示水蒸气热处理时间对MC/GA-1力学性能的影响,使用电子万能试验机对样品进行了压缩-释放试验,结果如图8.27所示。

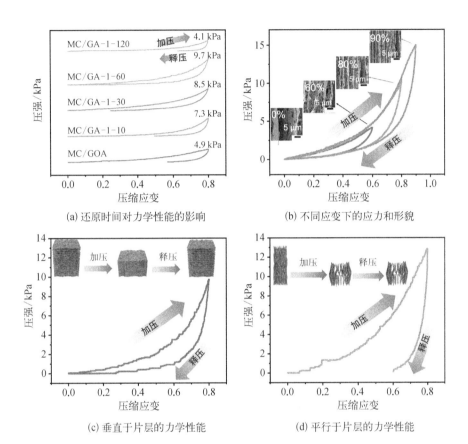

(a) 还原时间对力学性能的影响

(b) 不同应变下的应力和形貌

(c) 垂直于片层的力学性能

(d) 平行于片层的力学性能

图 8.27　MC/GA - 1 的各向异性力学和回弹性能

　　如图 8.27(a)所示,随着热处理时间从 10 min 增加到 60 min,在相同应变 ε 下,MC/GA - 1 的应力 σ 明显呈现上升趋势,且显著高于 MC/GOA - 1,此试验是在 5 mm/min 的速度下进行的。压缩后片层密度明显增大,片层间距与压缩应变近似成正比。然而,热处理时间过长(如 120 min)会破坏层间的连接,使其在压缩时变碎。热处理 60 min 的 MC/GA - 1 - 60 压缩 90% 后还可完全恢复。

　　此外,如图 8.27(c, d)所示,MC/GA - 1 - 60 样品在不同压缩方向时展现出明显不同的 $\sigma - \varepsilon$ 曲线,这是其微观结构上的取向产生的各向异性造成的。当压应力垂直于片层时,压缩导致片层之间的间隙减小,应力撤销后,内部组织迅速恢复;但当压力平行于片层时,压缩形变会使片层发生弯曲、折断甚至破裂,这是一种不可逆的损伤,不能恢复到原来的状态。

在较慢的速度下(2 mm/min)测试压力负载-卸载循环性能,测试稳定性,结果如图 8.28 所示。可以看出,随着 MC 添加量的减小,其在相同应变下的应力也随之减小,即力学强度降低,这说明 MC 的加入对力学强度提升具有积极的作用。MC/GA-1-60 经 1 000 次循环后应力保持率约为 90%。随着 MC 含量的增加,应力保持率从 74%(MC/GA-0.5-60)增加到 93%(MC/GA-2-60),表明 MC 的加入不仅可以增强气凝胶的力学强度,还可以有效增强气凝胶的循环稳定性。

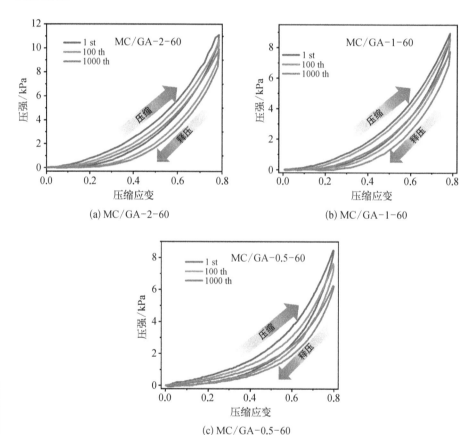

图 8.28　1 000 次循环后应力保留情况

利用有限元分析方法,模拟了随机取向的片层、规则取向的片层、规则取向的多孔片层受压时的力学状态,如图 8.29 所示。当压力施加在随机排列的片层上时,局部会产生集中的高应力,可能发生破损;当压力施加在有序取向的片层时,应力在片层之间的接触点周围均匀分布,但在非接触区域几乎没有应力分布;如果在此基础上引入孔洞结构,多孔片层有助于将应力集中分散到片层的整个表面,这有利于整个气凝胶的压缩性和压缩-释放的循环稳定性。

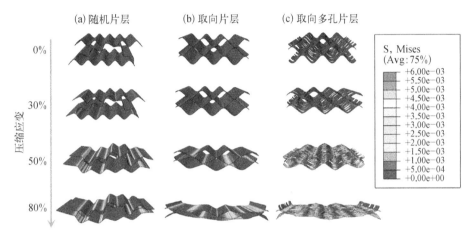

图 8.29　各种微观结构在压缩状态下的受力有限元分析

8.4.3　应力传感性能

层状结构的气凝胶的电学和力学性能均具有各向异性。只有垂直于片层的压缩是可恢复的,因此 MC/GA 复合结构的应力传感性能主要在法向检测。

测量了 MC/GA $-1-60$ 的电流响应($\Delta I/I_0$)随电压和压力的变化情况,结果如图 8.30 所示。如图 8.30(a)所示,MC/GA $-1-60$ 在 $0\sim3.5$ kPa 压力下,扫描电压为 $-0.5\sim0.5$ V 时的 $I-V$ 曲线呈线性,说明在测试过程中,未负载压力的 MC/GA $-1-60$ 的电阻是稳定的,并不随测试电压的改变而发生变化,电流的热效应可以忽略。压阻传感器在 4.4 Pa 下的响应和松弛时间通常小于 40 ms[图 8.30(b)],但正如预期的那样,在更高的压力下需要更长的回弹时间[图 8.30(c)],但即使在高达 2 kPa 的压强下,该传感器也可以在 150 ms 内完成快速的响应和恢复,说明其具有快速响应的优势。在不同压力下可以产生稳定的电流响应[图 8.30(d)],当压力消除时,电流可以迅速回到初始值。

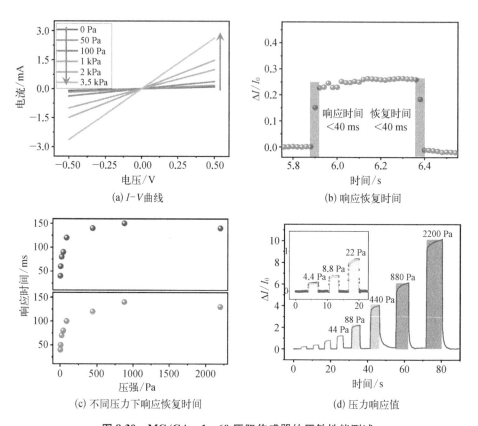

(a) I-V曲线

(b) 响应恢复时间

(c) 不同压力下响应恢复时间

(d) 压力响应值

图 8.30　MC/GA‑1‑60 压阻传感器的压敏性能测试

图 8.31 展示了 MC/GA 传感器的应用潜力,包括应力、应变和弯曲半径的检测,都表现出较好的信号响应。MC/GA‑0.5‑60、MC/GA‑1‑60、MC/GA‑2‑60 的应力响应 $\Delta I/I_0$ 曲线如图 8.31(a)所示。它们的灵敏度分别为 15.38 kPa^{-1}、9.38 kPa^{-1}、2.24 kPa^{-1},说明 MC/GA 中,MC 含量越大,其灵敏度越差,但随之,线性度较好,其线性范围的宽度分别为 14、17 和 20 kPa 左右,是已有报道的最大的线性范围。MC/GA‑1‑60 的性质刚好处于中间位置,具有较好的综合性能,其线性良好(R^2>0.997),灵敏度高(9.38 kPa^{-1}),线性范围宽(0~17 kPa)。

如图 8.31(b)所示,平行于片层方向压缩(不可恢复)时,曲线分为 3 个线性范围,灵敏度变化较大。如果将图 8.31(a)的 x 轴从压缩压强转换为压缩应变,则可以研究其作为应变传感器的潜力,如图 8.31(c)所示。MC/GA‑0.5‑60、MC/GA‑1‑60 和 MC/GA‑2‑60 的应变系数(GF)均随压缩应变

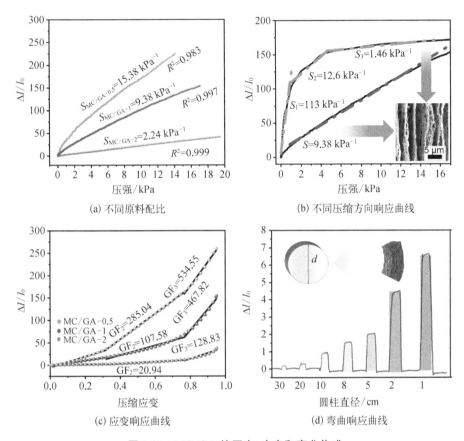

(a) 不同原料配比　　　　　(b) 不同压缩方向响应曲线

(c) 应变响应曲线　　　　　(d) 弯曲响应曲线

图 8.31　MC/GA 的压力、应变和弯曲传感

的增大而增大。虽然线性范围是有限的,但工作范围较宽。在 80% ~ 90% 的应变范围内,MC/GA－0.5－60 的 GF 最高(约 535)。组装的压阻传感器还可以作为弯曲传感器,如图 8.31(d)所示。当弯向较短的直径时,可以获得较大且稳定的信号。

　　改变压力、温度和频率等条件测试该压阻传感器的稳定性,如图 8.32 所示。图 8.32(a~d)为 4.4、8.8、22 和 44 Pa 的小压力下的响应稳定性,发现其在较小的压力下也可以产生相对稳定的响应信号。图 8.32(e)为 2.5 Hz 和 4.5 Hz 频率下 MC/GA－1－60 的 $\Delta I/I_0$ 曲线,在测试频率和压力下较为稳定。如图 8.32(g－i)所示,在 4 Hz,20 000 次循环下测试了气凝胶的抗疲劳性能,压缩应变为 35%,气凝胶的电流信号非常稳定,信号保留率达到 99% 以上。

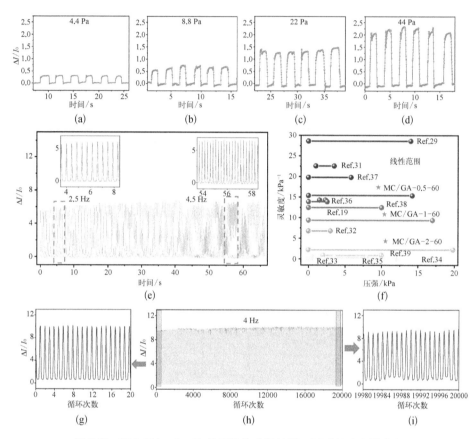

图 8.32　MC/GA‐1‐60 基压敏传感器的循环测试及稳定性表征

(a) 4.4 Pa, (b) 8.8 Pa, (c) 22 Pa 和 (d) 44 Pa 下的小压力重复测试；
(e) 不同频率下的循环测试表征；(f) 与已报道数据对比；
(h) 2 万次重复测试及其中的(g) 前二十次和(i) 后二十次

将所制备传感器的灵敏度和线性范围与之前的工作进行比较，图 8.32(f)
说明了本工作具有最宽线性范围的优点。表 8.1 显示了本工作中制备的传感
器与其他报道的基于 GA 的传感器的对比，包括了灵敏度、线性区间、最低检
出限、响应时间和循环稳定性等指标。其中 MC/GA‐1‐60 气凝胶具有高灵
敏度(9.38 kPa^{-1})、快速响应和恢复时间(在 4.4 Pa 下小于 40 ms)、宽范围
(0~17 kPa)、高线性度(R^2>0.997)和极佳的稳定性(在 20 000 次循环后信号保
留>99%)。其线性范围是已知石墨烯基气凝胶压力传感器的最宽范围。

表 8.1　MC/GA 压阻传感器与其他文献报道的基于 GA 的传感器的比较

石墨烯气凝胶	灵敏度/kPa^{-1}	线性范围/kPa	检测限/Pa	响应时间/ms	重复性与稳定性	文献
rGO/BC	13.89	0~2.54	47.2	120	30%,1 000 循环	[19]
aPANF/GA	28.62	0~14	3	37	20%,2 600 循环	[29]
rGO/MXene	609	6.4~10	6	232	<1%,6 000 循环	[30]
MX/rGO	22.56	1~3.5	10	200	510 Pa,10^5 循环	[31]
GCNTAs	6.81	0~3	—		30%,300 循环	[32]
OGF	0.43	1~3.5			60%,500 循环	[33]
GAS	0.15	0~12		100	20%,100 循环	[34]
CGA	0.46	0.5~8			5 kPa,4 200 循环	[35]
SGA	14.3	1.5~2.3	30		80%,10 循环	[36]
ACNT/G	19.8	0~5.8	0.6	16	150 Pa,35 000 循环	[37]
CECAs	12.5	0~10	—	—	50%,10^5 循环	[38]
MGMs	0.92	2~10	—	—	—	[39]
MC/GA-1-60	9.38	0~17	4.4	40	35%,20 000 循环	本工作
MC/GA-0.5-60	15.38	0~14.2				

　　基于 MC/GA-1-60 压阻传感器的优异性能,它可以用于身体运动、呼吸、语音和脉搏等健康监测应用。为此,压阻传感器被安装在鼻子下以检测呼吸[图 8.33(a)],安装在颈部以感知语音[图 8.33(b)],安装在手腕上以获取腕脉产生的微小变形[图 8.33(c)]。对于运动检测,将传感器固定在手指关节[图 8.33(d)]、肘部[图 8.33(e)]和脚底[图 8.33(f)]上,检测运动产生的大信号。传感器可以检测气流中的微小扰动,从而监测呼吸频率,这在健康监测中具有重要意义,因为它与人类的情绪和心肺功能密切相关。

　　如图 8.33(b)所示,基于 MC/GA 的压阻式传感器通过不同字母的发音可以得到不同的信号,这表明它在语音识别方面有潜在的应用前景。此外,该传感器能够检测腕脉的小信号,并能清晰区分叩诊峰(P)、潮位峰(T)和舒张峰(D)。人

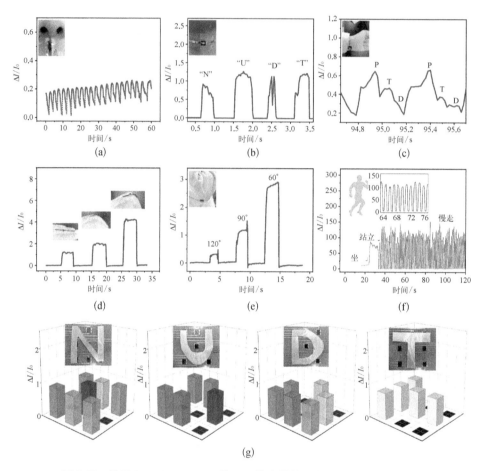

图 8.33 基于 MC/GA‑1‑60 的压阻传感器检测各种人体信号的演示

（a）呼吸；（b）发音；（c）脉搏；（d）手指弯曲；（e）肘部弯曲；（f）足底压力；（g）传感器阵列

体脉搏的频率和力度对甲状腺功能亢进、心肌炎等疾病具有重要的诊断和早期预警功能[40]。同一个传感器还可以检测到较大的动作，如手指和肘部的不同弯曲角度，如图 8.33（d，e）所示，不同的弯曲角度会产生不同的稳定信号，这就使得该传感器对于肢体运动的各种形态可以做到有效的检测。如图 8.33（f），传感器被放置在鞋底对人体进行运动检测，通过电流响应可以明显区分脚的不同状态，如悬空、坐、站和行走，由此可以监测人体走路、跑步等运动情况。此外，为探究传感器在机器人触觉感知方面的潜在应用能力，组装了一个简单的传感器阵列来检测特定区域的压力分布［图 8.33（g）］,将裁成"N""U""D""T"的纸片放置于传感器阵列上时,可以采集到相应受压区域的信号,通过电脑端的软件可以轻易地实现图像重构,这对于触觉探查中的信号采集来讲具有重要的实用价值。

8.5　小结

　　作为新一代柔性可穿戴器件,应变传感器与应力传感器在柔性电子器件、生物医学、机器人、人体运动检测和健康监测等领域具有广阔的应用前景。电阻型传感器由于可以兼具高灵敏度和高拉伸性,具有较大应变检测范围,且工艺简单,成本低廉,成为研究热点。二维材料形成的褶皱型柔性电子材料,结合了二维材料的本征柔性与表面褶皱带来的结构柔性,是电阻型柔性传感材料的优先选项。

　　类泡桐树皮 GO 褶皱具有拉伸各种异性,轴向的应变灵敏系数明显高于周向应变灵敏系数。所构筑的应变传感器具有很高的灵敏度（最大 GF 值可达48）、较宽的应变传感范围、超高表面拉伸率（2 690%）,良好的静态/动态应变响应和稳定性。可以用于检测手势、动作、吞咽、发声、脉搏等人类活动和生命体征。

　　受蜘蛛机械感知系统的启发,以类大脑皮层凸起阵列诱导的裂纹为力学感知单元,构筑了超灵敏应变传感器,具有高灵敏因子（1 923）和极短的响应和恢复时间（<0.05 s）。能够检测和识别多种垂直变形模式,包括点、线和平面载荷,还可以检测腕部脉搏的微弱振动,对人体生命体征信息进行健康监测。

　　将二维材料褶皱、取向的微观构筑设计应用到宏观石墨烯气凝胶中,通过冷冻干燥法获得了具有灵敏度高（9.38 kPa^{-1}）、检测限低（4.4 Pa）、线性度和线性范围佳、响应和恢复时间短、循环稳定性好的应力传感器,克服了传统石墨烯气凝胶基传感器低线性度和不稳定性的局限性。可以用于身体运动、呼吸、语音和脉搏等健康监测。

参考文献

［1］　冯雪.可延展柔性光子/电子集成器件专辑　编者按［J］.中国科学: 物理学,力学,天

文学, 2016, 4: 1 - 2.

[2] Liu Y, He K, Chen G, et al. Nature-Inspired Structural Materials for Flexible Electronic Devices [J]. Chemical Reviews, 2017, 117(20): 12893 - 12941.

[3] Wang J L, Hassan M, Liu J W, et al. Nanowire Assemblies for Flexible Electronic Devices: Recent Advances and Perspectives [J]. Advanced Materials, 2018, 30(48): 1803430.

[4] Amjadi M, Kyung K U, Park I, et al. Stretchable, Skin-Mountable, and Wearable Strain Sensors and Their Potential Applications: A Review [J]. Advanced Functional Materials, 2016, 26(11): 1678 - 1698.

[5] Trung T Q, Lee N E, Lee E N. Recent Progress on Stretchable Electronic Devices with Intrinsically Stretchable Components [J]. Advanced Materials, 2016, 29(3): 1603167.

[6] Kahn N, Lavie O, Paz M, et al. Dynamic Nanoparticle-Based Flexible Sensors: Diagnosis of Ovarian Carcinoma from Exhaled Breath [J]. Nano Letters, 2015, 15: 7023 - 7028.

[7] Lu L, Wei X, Zhang Y, et al. A Flexible and Self-Formed Sandwich Structure Strain Sensor Based on AgNW Decorated Electrospun Fibrous Mats with Excellent Sensing Capability and Good Oxidation Inhibition Properties [J]. Journal of Materials Chemistry C, 2017, 5: 7035 - 7042.

[8] Ryu S, Lee P, Chou J B, et al. Extremely Elastic Wearable Carbon Nanotube Fiber Strain Sensor for Monitoring of Human Motion [J]. ACS Nano, 2015, 9(6): 5929 - 5936.

[9] Wang Y, Hao J, Huang Z, et al. Flexible Electrically Resistive-Type Strain Sensors Based on Reduced Graphene Oxide-Decorated Electrospun Polymer Fibrous Mats for Human Motion Monitoring [J]. Carbon, 2017, 126: 360 - 371.

[10] Song J, Tan Y, Chu Z, et al. Hierarchical Reduced Graphene Oxide Ridges for Stretchable, Wearable, and Washable Strain Sensors [J]. ACS Applied Materials & Interfaces, 2019, 11(1): 1283 - 1293.

[11] Fratzl P, Barth F G. Biomaterial Systems for Mechanosensing and Actuation [J]. Nature, 2009, 462(7272): 442 - 448.

[12] Kang D, Pikhitsa P V, Choi Y W, et al. Ultrasensitive Mechanical Crack-Based Sensor Inspired by the Spider Sensory System [J]. Nature, 2014, 516(7530): 222 - 226.

[13] Song H, Zhang J, Chen D, et al. Superfast and High-Sensitivity Printable Strain Sensors with Bioinspired Micron-Scale Cracks [J]. Nanoscale, 2017, 9: 1166 - 1173.

[14] Yang T, Li X, Jiang X, et al. Structural Engineering of Gold Rhin Films with Channel Cracks for Ultrasensitive Strain Sensing [J]. Materials Horizons, 2016, 3(3): 248 - 255.

[15] Jung J, Kim K K, Suh Y D, et al. Recent Progress in Controlled Nano/Micro Cracking as an Alternative Nano-Patterning Method for Functional Applications [J]. Nanoscale Horizons, 2020, 5: 1036 - 1049.

[16]　Park B, Kim J, Kang D, et al. Dramatically Enhanced Mechanosensitivity and Signal-to-Noise Ratio of Nanoscale Crack-Based Sensors: Effect of Crack Depth [J]. Advanced Materials, 2016, 28(37): 8130－8137.

[17]　Tan Y L, Hu B R, Kang Y, et al. Cortical-Folding-Inspired Multifunctional Reduced Graphene Oxide Microarchitecture Arrays on Curved Substrates [J]. Advanced Materials Technologies, 2022, 7: 2101094.

[18]　Chun S, Choi Y, Park W. All-graphene Strain Sensor on Soft Substrate [J]. Carbon, 2017, 116: 753－759.

[19]　Wei S, Qiu X, An J, et al. Highly Sensitive, Flexible, Green Synthesized Graphene/Biomass Aerogels for Pressure Sensing Application [J]. Composites Science and Technology, 2021, 207: 108730.

[20]　Worsley M A, Pauzauskie P J, Olson T Y, et al. Synthesis of Graphene Aerogel with High Electrical Conductivity [J]. Journal of the American Chemical Society, 2010, 132(40): 14067－14069.

[21]　Jia J, Huang G, Deng J, et al. Skin-inspired Flexible and High-sensitivity Pressure Sensors based on rGO Films with Continuous-gradient Wrinkles [J]. Nanoscale, 2019, 11(10): 4258－4266.

[22]　Min P, Li X, Liu P, et al. Rational Design of Soft Yet Elastic Lamellar Graphene Aerogels via Bidirectional Freezing for Ultrasensitive Pressure and Bending Sensors [J]. Advanced Functional Materials, 2021, 31(34): 2103703.

[23]　Li G C, Chu Z Y, Gong X F, et al. A Wide-Range Linear and Stable Piezoresistive Sensor Based on Methylcellulose-Reinforced, Lamellar, and Wrinkled Graphene Aerogels [J]. Advanced Materials Technologies, 2022, 7: 2101021.

[24]　Sun H, Xu Z, Gao C. Multifunctional, Ultra-Flyweight, Synergistically Assembled Carbon Aerogels [J]. Advanced Materials, 2013, 25(18): 2554－2560.

[25]　Roy P K, Haider G, Chou T C, et al. Ultrasensitive Gas Sensors Based on Vertical Graphene Nanowalls/SiC/Si Heterostructure [J]. ACS Sensors, 2019, 4(2): 406－412.

[26]　Yao B, Chen J, Huang L, et al. Base-Induced Liquid Crystals of Graphene Oxide for Preparing Elastic Graphene Foams with Long-Range Ordered Microstructures [J]. Advanced Materials, 2016, 28(8): 1623－1629.

[27]　Hummers W S, Offeman R E. Preparation of Graphitic Oxide [J]. Journal of American Chemical Society, 1958, 208: 1334－1339.

[28]　Wang M, Shao C, Zhou S, et al. Super-compressible, Fatigue Resistant and Anisotropic Carbon Aerogels for Piezoresistive Sensors [J]. Cellulose, 2018, 25(12): 7329－7340.

[29]　Cao X, Zhang J, Chen S, et al. 1D/2D Nanomaterials Synergistic, Compressible, and Response Rapidly 3D Graphene Aerogel for Piezoresistive Sensor [J]. Advanced Functional

Materials, 2020, 30(35): 2003618.

[30] Zhu M, Yue Y, Cheng Y, et al. Hollow MXene Sphere/Reduced Graphene Aerogel Composites for Piezoresistive Sensor with Ultra-High Sensitivity [J]. Advanced Electronic Materials, 2020, 6(2): 1901064.

[31] Ma Y, Yue Y, Zhang H, et al. 3D Synergistical MXene/Reduced Graphene Oxide Aerogel for a Piezoresistive Sensor [J]. ACS Nano, 2018, 12(4): 3209 − 3216.

[32] Afroze J D, Tong L, Abden M J, et al. Hierarchical Honeycomb Graphene Aerogels Reinforced by Carbon Nanotubes with Multifunctional Mechanical and Electrical Properties [J]. Carbon, 2021, 175: 312 − 321.

[33] Mao R, Yao W, Qadir A, et al. 3 − D Graphene Aerogel Sphere-based Flexible Sensors For Healthcare Applications [J]. Sensors and Actuators: A Physical, 2020, 312: 112144.

[34] Yang C, Liu W, Liu N, et al. Graphene Aerogel Broken to Fragments for a Piezoresistive Pressure Sensor with a Higher Sensitivity [J]. ACS Applied Materials & Interfaces, 2019, 11(36): 33165 − 33172.

[35] Xiao J, Tan Y, Song Y, et al. A Flyweight and Superelastic Graphene Aerogel as High-capacity Adsorbent and Highly Sensitive Pressure Sensor [J]. Journal of Materials Chemistry A, 2018, 6: 9074 − 9080.

[36] Jian M, Xia K, Wang Q, et al. Flexible and Highly Sensitive Pressure Sensors Based on Bionic Hierarchical Structures [J]. Advanced Functional Materials, 2017, 27(9): 1606066.

[37] Chen Z, Hu Y, Zhuo H, et al. Compressible, Elastic, and Pressure-Sensitive Carbon Aerogels Derived from 2D Titanium Carbide Nanosheets and Bacterial Cellulose for Wearable Sensors [J]. Chemistry of Materials, 2019, 31, 3301 − 3312.

[38] Sheng L, Liang Y, Jiang L, et al. Bubble-decorated Honeycomb-like Graphene Film as Ultrahigh Sensitivity Pressure Sensors [J]. Advanced Functional Materials, 2015, 25(41): 6545 − 6551.

[39] Li Y, He T, Shi L, et al. Strain Sensor with Both a Wide Sensing Range and High Sensitivity Based on Braided Graphene Belts [J]. ACS Applied Materials & Interfaces, 2020, 12(15): 17691 − 17698.

[40] Rodríguez-Hernández J. Wrinkled Interfaces: Taking Advantage of Surface Instabilities to Pattern Polymer Surfaces [J]. Progress in Polymer Science, 2015, 42: 1 − 41.

第9章 仿生表面褶皱的电学性能及其应用

9.1 引言

可拉伸电极因其在各种可穿戴和软电子设备中的潜在应用而备受关注,如个性化健康监测、运动检测、智能服装和显示器[1,2]。这些装置需要均匀地连接到曲面上,并承受较大的变形。因此,这些器件中使用的电极应具有高电导率,并在大应变下保持优异的电学性能[3]。可拉伸电极分为结构可拉伸电极、本征可拉伸导体和复合材料可拉伸电极,但这些可拉伸电极在高应变或循环拉伸下仍然不够稳定[4]。

为了开发可拉伸电极,科研人员已经在结构设计和材料选择方面作出了各种努力。比如,可使用的导电材料包括金属纳米线[5]、碳纳米材料[6-9]和导电聚合物[2,10]等,其中一维碳纳米管(CNT)和二维石墨烯因其优异的导电性而受到更多关注。这些碳纳米材料,可以设计成各种可拉伸的宏观结构,包括褶皱[6,8,11]、网格[12]、蛇形[12,13]、裂缝[14]、3D 多孔结构[15]等。褶皱结构相对简单、可控,是可拉伸电极的最常用的结构之一。

褶皱结构通常由弹性基底与导电层结合而成。弹性基底的收缩会导致褶皱形貌的形成。弹性基材的收缩模式包括热收缩[16]、脱水[17]、预拉伸[18,19]等。其中,热收缩和脱水可以获得均匀的褶皱结构,但收缩率低,可控性差。相比之下,预拉伸更广泛地用于制备褶皱结构,因为它的制造过程简单,往往需要较大的预应变[12-14]。例如,Dong[20]等人在预拉伸的 TPU 织物上喷涂 MXene 涂层,释放应变后,形成褶皱涂层结构,制备的可拉伸 MXene 涂层织物具有良好的电磁屏蔽性能,在 50% 拉伸应变范围内,电磁屏蔽性能基本保持不变。基于 MXene 涂层的高导电性及能够增强光吸收能力的褶皱结构,该可拉伸织物还具有优异的焦耳加热和光热转换性能。

然而,常用的机械预应变方法通常在单轴或多轴拉伸方向上进行,并且需要具有复杂操作的定制夹具。直接在三维球体或柱体的闭合表面上预拉伸,可以避免夹具的使用,简化制备工艺,并且制备的最终材料结合力强,更有优势作为电极材料用于柔性电子设备[8]。

9.2 碳纳米管褶皱薄膜的构筑及其电学性能

通过在膨胀的乳胶气球上涂覆 CNT 分散液、干燥和放气收缩可以比较容易地构筑柔性电极。调整周向应变和轴向应变释放的顺序,可以在乳胶基底的表面上形成各向异性褶皱。在本书中,统一用 WT 表示由碳纳米管构筑的褶皱,即碳纳米管褶皱(wrinkled carbon nanotube paper, WT)。WT 可以应用于可拉伸的锌离子电池(zinc-ion battery, ZIB)、柔性摩擦电纳米发电机(triboelectric nanogenerator, TENG)和可穿戴焦耳加热装置(Joule heating device, JHD)等柔性电子器件中。

9.2.1 构筑工艺与形貌调控

1. 构筑工艺

实验过程中选择了 SWCNT 水性浆料和 MWCNT 水性浆料为导电涂层原料,乳胶气球为弹性基底。观察 SWCNT、MWCNT 样品和乳胶基底的微观结构,如图 9.1 所示。可以看到 SWCNT 的管径约 5 nm,MWCNT 具有明显的多层结构,外径约 14 nm,内径约 7 nm。由图 9.1(c)可以看出乳胶基底表面呈粗糙的结构。

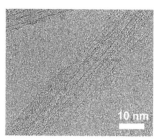 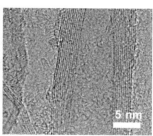 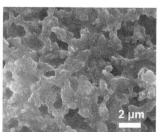

(a) SWCNT的TEM图像   (b) MWCNT的TEM图像   (c) 乳胶基底表面SEM图像

图 9.1 原料微观形貌

　　碳纳米管褶皱的制备过程如图9.2(a)所示,选择了圆柱形乳胶气球作为基底,MWCNT 和 SWCNT 为起皱薄膜,通过释放应变构筑多级褶皱结构。乳胶基底使用之前,先用95%的乙醇溶液清洗基底表面,将乳胶基底浸泡在乙醇溶液中,超声清洗 20 min,去除乳胶基底表面的杂质,之后用去离子水清洗后放置于40℃烘箱中干燥。

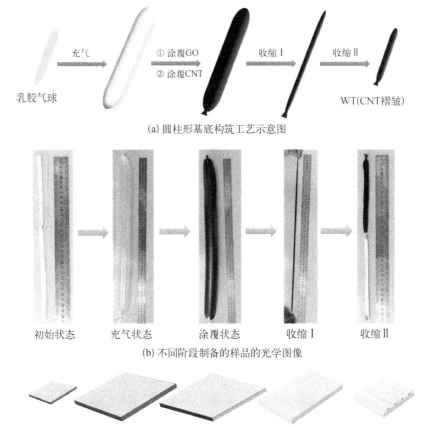

(a) 圆柱形基底构筑工艺示意图

(b) 不同阶段制备的样品的光学图像

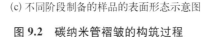

(c) 不同阶段制备的样品的表面形态示意图

图 9.2　碳纳米管褶皱的构筑过程

　　不同质量浓度的 MWCNT 分散液是以 2.0 wt% 的 MWCNT 水性浆料为原料,加入去离子水稀释超声分散后得到的;不同质量浓度的 SWCNT 分散液是以0.4 wt% 的 SWCNT 浆料为原料,加入去离子水稀释超声分散后得到的。在使用CNT 在气球基底表面制膜之前,先浸涂一层 GO 乙醇溶液,增加 CNT 与基底之间的黏附力,使用的 GO 乙醇溶液浓度为 1.0 mg/mL,以 1.0 wt% 的 GO 水性浆料为原料加入 95% 的乙醇溶液稀释超声分散后得到的。GO 片层存在褶皱,AFM 测试的厚度在 1.0 nm 左右[参见第 2 章图 2.5(f)]。

如图 9.2(b)所示,在空气中干燥后,充气的气球通过两个连续的步骤进行放气收缩:首先轴向两端固定释放气体,然后轴向两端释放收缩。该操作作为各向异性收缩工艺,可以控制预拉伸应变释放的方向。图 9.2(c)展示了控制收缩过程中褶皱的形成演变过程,可以看到,控制轴向长度不变时,沿周向收缩形成平行于轴向的一级褶皱,沿轴向收缩后,一级褶皱进一步沿轴向折叠形成平行于周向的二级褶皱。图 9.3(a)展示了圆柱形基底周向和轴向示意图,图 9.3(b)展示了各向异性褶皱微观结构示意图,定义了一级褶皱宽度(W_1)、二级褶皱宽度(W_2)以及褶皱层厚度(h_f)。

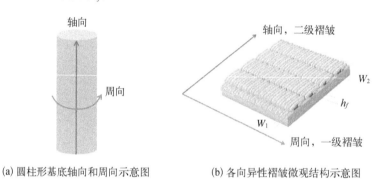

(a) 圆柱形基底轴向和周向示意图　　　(b) 各向异性褶皱微观结构示意图

图 9.3　各向异性褶皱结构示意图

分别以浓度 0.5 wt%、1.0 wt% 和 2.0 wt% 的 MWCNT 水分散液和浓度 0.04 wt%、0.08 wt% 和 0.12 wt% 的 SWCNT 水分散液为原料,采用控制收缩法在圆柱形基底上制备系列样品。相应地,不同浓度 MWCNT 水分散液制备的样品分别标记为 MWCNT‐C‐0.5、MWCNT‐C‐1、MWCNT‐C‐2,不同浓度 SWCNT 分散液制备的样品分别标记为 SWCNT‐C‐0.04、SWCNT‐C‐0.08、SWCNT‐C‐0.12。

未充气气球、充气气球、涂附膜层的气球和排出空气后的带有褶皱层的气球的直径分别表示为 d_1、d_2、d_3 和 d_4,长度分别表示为 l_1、l_2、l_3 和 l_4,其中 $d_3 = d_2 + 2h_f \approx d_2$, $l_3 = l_2 + 2h_f \approx l_2$,因为充气气球的直径 d_2 和长度 l_2 远大于膜层的厚度 h_f。

基底充气后的预拉伸应变又称为制备应变,在周向和轴向上是不同的,分别记为 ε_{p-c} 和 ε_{p-a},其中 $\varepsilon_{p-c} = (d_2 - d_1)/d_1$,$\varepsilon_{p-a} = (l_2 - l_1)/l_1$。

基底收缩引起的应变称为压缩应变,在周向和轴向的压缩应变记为 ε_{c-c} 和 ε_{c-a},其中 $\varepsilon_{c-c} = (d_3 - d_4)/d_3 \approx (d_2 - d_4)/d_2$,$\varepsilon_{c-a} = (l_3 - l_4)/l_3 \approx (l_2 - l_4)/l_2$。$d_4$ 和 l_4 大于 d_1 和 l_1,因为排出空气后,乳胶基底没有恢复到初始状态,薄膜基底双层体系中基底内存在残余拉伸应变。

CNT 膜的褶皱程度用折叠指数 GI 来量化,GI 值等于褶皱前表面积和褶皱后表面积之比,$GI = d_2 l_2 / d_4 l_4$。

具体构筑参数如表 9.1、表 9.2 所示。不管是 MWCNT,还是 SWCNT,其周向制备应变($\varepsilon_{p-c} = 438\%$、$646\%$)均高于轴向制备应变($\varepsilon_{p-a} = 375\%$、$364\%$),说明周向更容易形成细小褶皱。从表中还可以看出,在本实验中,GI 分别高达 18.2、21.8,即表面积的变化接近原始乳胶气球的 20 倍左右,可望实现碳纳米管薄膜高度折叠。

表 9.1 基于 MWCNT 的 WT 的构筑参数

工 艺 参 数	MWCNT-C-0.5	MWCNT-C-1	MWCNT-C-2
MWCNT 浓度,c_{CNT}/%	0.5	1.0	2.0
褶皱层厚度,h_f/μm	9.66	17.61	106.17
一级褶皱宽度,W_1/μm	0.46	0.59	3.79
二级褶皱宽度,W_2/μm	3.25	7.23	32.44
原始直径,d_1/cm	0.8	0.8	0.8
充气直径,$d_2 \approx d_3$/cm	4.3	4.3	4.3
收缩后直径,d_4/cm	0.9	0.9	1.0
原始长度,l_1/cm	12	12	12
充气长度,$l_2 \approx l_3$/cm	57	57	57
收缩后长度,l_4/cm	15	15	16
周向制备应变,ε_{p-c}/%	438	438	438
轴向制备应变,ε_{p-a}/%	375	375	375
周向压缩应变,ε_{c-c}/%	79	79	77
轴向压缩应变,ε_{c-a}/%	74	74	72
折叠指数,GI	18.2	18.2	15.3

表 9.2 基于 SWCNT 的 WT 的构筑参数

工 艺 参 数	SWCNT-C-0.04	SWCNT-C-0.08	SWCNT-C-0.12
SWCNT 浓度,c_{CNT}/%	0.04	0.08	0.12
褶皱层厚度,h_f/μm	18.14	28.77	45.40
一级褶皱宽度,W_1/μm	0.27	0.56	1.63
二级褶皱宽度,W_2/μm	5.45	14.17	52.83
原始直径,d_1/cm	0.6	0.6	0.6
充气直径,$d_2 \approx d_3$/cm	4.8	4.8	4.8
收缩后直径,d_4/cm	0.8	0.8	0.8
原始长度,l_1/cm	11	11	11
充气长度,$l_2 \approx l_3$/cm	51	51	51
收缩后长度,l_4/cm	14	14	14
周向制备应变,ε_{p-c}/%	646	646	646
轴向制备应变,ε_{p-a}/%	364	364	364
周向压缩应变,ε_{c-c}/%	83	83	83
轴向压缩应变,ε_{c-a}/%	69	69	69
折叠指数,GI	21.8	21.8	21.8

2. 形貌调控

基于 MWCNT 构筑的 WT 样品的 SEM 图像和微观结构尺寸如图 9.4、图 9.5 所示,可以看出,随着 MWCNT 分散液浓度的提高,所构筑的分级褶皱薄膜的厚度增加,一级褶皱宽度和二级褶皱宽度也随之增加。褶皱薄膜厚度(h_f)从约 15 μm 增加到约 110 μm,一级褶皱宽度(W_1)从约 1 μm 增加到约 4.5 μm,二级褶皱宽度(W_2)从约 6 μm 增加到约 38 μm。

基于 SWCNT 的 WT 样品的 SEM 图像和微观结构尺寸如图 9.6 和图 9.7 所示。同样,随着溶液浓度增加,SWCNT 层的厚度增加,褶皱尺寸增加。褶皱层厚度(h_f)从约 20 μm 增加到约 44 μm,一级褶皱宽度(W_1)从约 0.2 μm 增加到约 1.8 μm,二级褶皱宽度(W_2)从约 6 μm 增加到约 54 μm。上述实验说明浓度越高,褶皱层越厚,褶皱越宽。

将乳胶基底表面起皱简化为平面的双层软硬体系。对于一个由硬质膜层和柔软基底组成的软硬双层体系,当薄膜所受的压应力超过其临界值时,硬质膜层

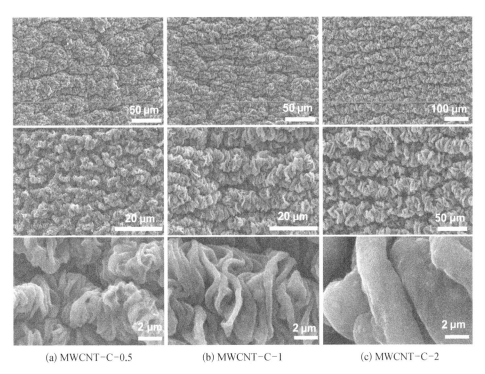

(a) MWCNT-C-0.5　　　　　(b) MWCNT-C-1　　　　　(c) MWCNT-C-2

图 9.4　基于 MWCNT 的 WT 样品 SEM 图像

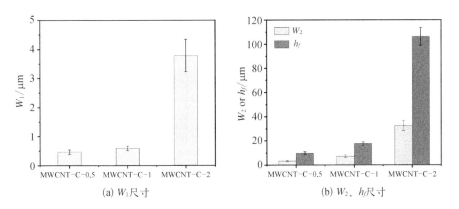

(a) W_1 尺寸　　　　　　　　　　(b) W_2、h_f 尺寸

图 9.5　基于 MWCNT 的 WT 样品的微观尺寸

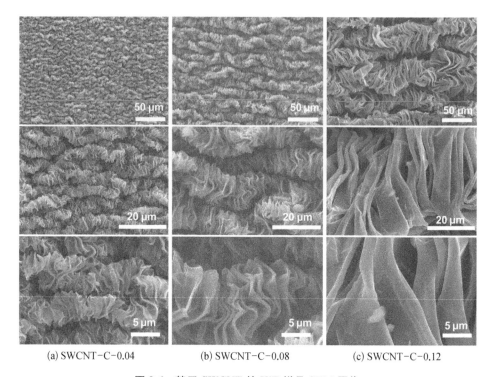

(a) SWCNT-C-0.04   (b) SWCNT-C-0.08   (c) SWCNT-C-0.12

图 9.6　基于 SWCNT 的 WT 样品 SEM 图像

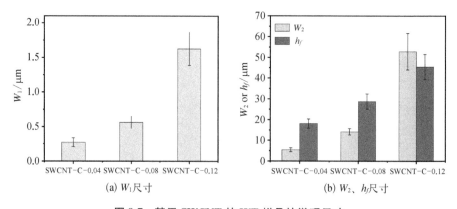

(a) W_1尺寸　　　　　　　　(b) W_2、h_f尺寸

图 9.7　基于 SWCNT 的 WT 样品的微观尺寸

便会以表面起皱的形式释放双层体系的能量从而达到稳定状态,在临界屈曲应力下形成的表面褶皱波长称为临界波长 λ_c。由第 1 章式(1.8)可知,在涂层和基底都固定的情况下,涂层厚度是褶皱波长的决定性因素:涂层厚度越厚,在相同压缩应力下收缩越困难,制备的褶皱波长越大,这与实验结果相符。

9.2.2　碳纳米管褶皱的电学性能

　　电极的导电性是电路特性的一个重要指标,其质量直接影响电路的正常运行,甚至会影响到电路的长期可靠性。电极的导电性可以从多个角度考虑,比如电学特性、热学特性、力学特性、表面形貌等。从电子特性理解,就是电路中电极的电阻、电容、耗散系数等指标[3,4]。

　　采用四探针方阻仪测试了不同 WT 样品的平均电阻率,如图 9.8(a)所示,可以看出,随着分散液浓度的增加,WT 褶皱膜的电阻率下降,导电性提升。这是因为提高分散液浓度能够增加乳胶基底上碳纳米管的负载量,从而增加导电膜层的厚度。由 SWCNT 构筑的样品比由 MWCNT 构筑的样品具有更好的导电性。同时,研究了拉伸过程中 WT 的电阻值变化情况,如图 9.8(b)所示。电阻相对变化值($\Delta R/R_0$)随拉伸应变 ε 的增加而增加,可以用 GF 值来衡量柔性可拉伸导电材料的拉伸稳定性。GF 值越低,材料电阻值对应变越不敏感,性能越稳定。可以看到,MWCNT‐C‐2 样品沿轴向拉伸在 500% 的应变范围内能保持导电性,在近 300% 拉伸应变范围内保持较低的 GF 值(≤0.5),具有良好的拉伸电学稳定性和承受极大应变的能力。

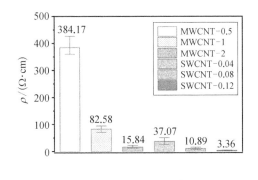

(a) 不同样品的电阻率

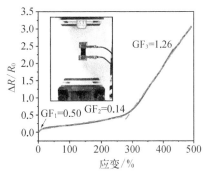

(b) MWCNT‐C‐2在0~500%应变范围内的电阻值相对变化情况

图 9.8　碳纳米管褶皱膜的电阻值

对于圆柱形基底,褶皱是各向异性的,因为不同方向(轴向或周向)的制造应变不同。那么,可以预期其电学性质在不同方向上也可能是各向异性的。为进一步研究碳纳米管褶皱膜拉伸过程中的各向异性,将其组装成应变传感器测试其在不同拉伸方向时电阻值的变化。

图 9.9 为拉伸条件下多壁碳纳米管褶皱的各向异性导电特性和 SEM 图像。图 9.9(a－c)显示了多壁碳纳米管褶皱样品沿轴向(A)拉伸过程中 $\Delta R/R_0-\varepsilon$

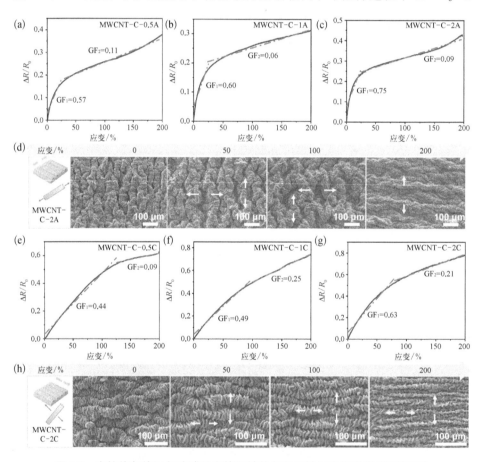

图 9.9　在拉伸条件下多壁碳纳米管褶皱的各向异性导电特性和 SEM 图像

在轴向拉伸过程中,(a) MWCNT－C－0.5、(b) MWCNT－C－1 和(c) MWCNT－C－2 在 200%应变下的 $\Delta R/R_0-\varepsilon$ 曲线;(d) MWCNT－C－2 在轴向拉伸过程中在不同应变状态下的 SEM 图像;在周向拉伸过程中,(e) MWCNT－C－0.5、(f) MWCNT－C－1 和(g) MWCNT－C－2 在 200%应变下的 $\Delta R/R_0-\varepsilon$ 曲线;(h) MWCNT－C－2 在周向拉伸期间在不同应变状态下的 SEM 图像

曲线。在0~25%拉伸范围内,GF值相对较高,约为0.7,这是由于紧密接触的二级褶皱分离导致的;在25%~200%拉伸阶段,曲线接近水平,GF值小于0.1。在200%的整体拉伸范围内,电阻对应变不敏感,满足大多数柔性器件的要求。从图9.9(d)不同拉伸阶段的SEM图像可以看到,在沿轴向拉伸过程中,二级褶皱逐渐平滑,多级褶皱结构逐渐消失。图9.9(e~g)显示了多壁碳纳米管褶皱样品沿周向(C)拉伸过程中 $\Delta R/R_0 - \varepsilon$ 曲线。与轴向拉伸相比,周向拉伸的曲线更加线性,这是因为周向与一级褶皱方向相同,一级褶皱在拉伸时起弹簧作用。图9.9(h)为周向拉伸期间在不同应变状态下的SEM图像,随着拉伸的进行,一级褶皱逐渐扩展的同时,二级褶皱宽度也逐渐变小,但仍能保持多级褶皱结构。

　　图9.10为拉伸条件下单壁碳纳米管褶皱的各向异性导电特性和SEM图像。图9.10(a~c)显示了单壁碳纳米管褶皱样品沿轴向(A)拉伸过程中 $\Delta R/R_0 - \varepsilon$ 曲线,可以看出,拉伸初始阶段(约20%)的GF值比后面阶段的高,同样是因为紧密接触的褶皱结构的突然分离。但总体上,在200%的拉伸范围内,测试样品的GF值都保持在很低的水平(<0.1),电阻对应变极不敏感,相比于图9.9中的多壁碳纳米管褶皱样品更加稳定。图9.10(e~g)显示了单壁碳纳米管褶皱样品沿周向(C)拉伸过程中 $\Delta R/R_0 - \varepsilon$ 曲线,图9.10(h)为周向拉伸期间在不同应变状态下的SEM图像,可以看出,与轴向拉伸相比,周向拉伸的曲线同样具有更好的线性度,电阻值的增加更加平稳。

　　整体上,所制备的WT褶皱膜在200%拉伸应变范围内电阻值变化都很小,导电性具有良好的拉伸稳定性,在柔性可拉伸电子器件领域具有良好的应用前景[12]。

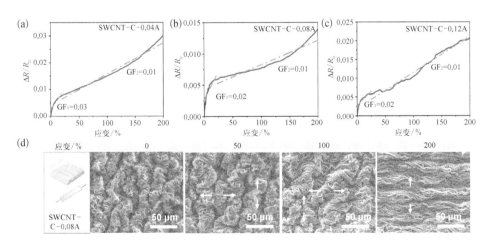

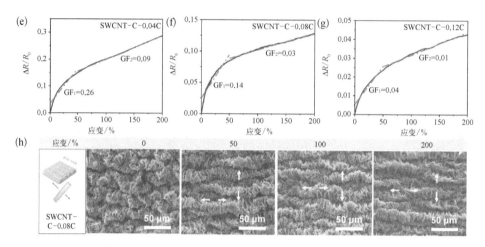

图9.10 在拉伸条件下单壁碳纳米管褶皱的各向异性导电特性和 SEM 图像

在轴向拉伸过程中,(a) SWCNT-C-0.04、(b) SWCNT-C-0.08 和(c) SWCNT-C-0.12 在200%应变下的 $\Delta R/R_0 - \varepsilon$ 曲线;(d) SWCNT-C-0.08 在轴向拉伸过程中在不同应变状态下的 SEM 图像;在周向拉伸过程中,(e) SWCNT-C-0.04、(f) SWCNT-C-0.08 和(g) SWCNT-C-0.12 在200%应变下的 $\Delta R/R_0 - \varepsilon$ 曲线;(h) SWCNT-C-0.08 在周向拉伸期间在不同应变状态下的 SEM 图像

9.2.3 碳纳米管褶皱的耐疲劳性能

作为柔性电极使用时,碳纳米管褶皱需要具有良好的耐疲劳性能。将 MWCNT-C-2 样品制成应变传感器固定在耐疲劳测试装置上,在50%拉伸应变下循环拉伸 25 000 次,通过万用表采集电阻值变化,结果如图9.11 所示。可以看出,在循环拉伸过程中电阻稳定,经历 25 000 次拉伸循环后,电阻值仅提高1.6%,且碳纳米管褶皱膜层没有脱落现象,具有很好的耐疲劳性能。

碳纳米管褶皱薄膜良好的耐疲劳性能得益于基底与褶皱膜之间牢固的结合,采用胶带剥离实验测试了褶皱层与弹性基底之间的附着力,结果如图9.12 所示。

可以看出,MWCNT-C-2 样品在5 次胶带剥离过程中,表面有少量碳纳米管被胶带粘掉,但是表面形貌保持完整;SWCNT-C-0.12 样品在5 次胶带剥离过程中,没有肉眼可见的脱落现象。剥离过程中的最大拉力可以达到11.46 N,说明界面结合强度非常高[19]。褶皱膜在水中浸泡24 小时并干燥后仍保持稳定;在达到50%应变的 25 000 次拉伸循环后,褶皱膜结构保持不变。所有这些都表明褶皱膜和衬底之间具有良好结合性。

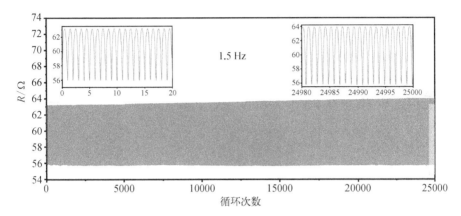

图 9.11　MWCNT‑C‑2 在 0~50% 拉伸应变下 25 000 次循环稳定性

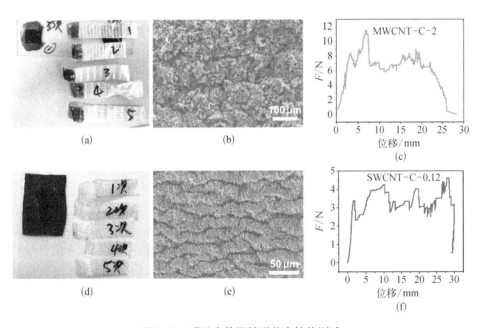

图 9.12　碳纳米管褶皱附着力性能测试

（a）MWCNT‑C‑2 经过 5 次胶带剥离后光学照片；（b）MWCNT‑C‑2 经过 5 次胶带剥离后 SEM 图像；
（c）MWCNT‑C‑2 胶带剥离实验中拉力的变化；（d）SWCNT‑C‑0.12 经过 5 次胶带剥离后光学照片；
（e）SWCNT‑C‑0.12 经过 5 次胶带剥离后 SEM 图像；（f）SWCNT‑C‑0.12 胶带剥离实验中拉力的变化

为探讨乳胶基底碳纳米管褶皱膜稳定性的原因,利用 SEM 观察了褶皱样品的横截面[图 9.13(a)],可见在基底收缩过程中,上部的褶皱薄膜与基底之间形成互锁结构,使其与基底牢牢地结合在一起。如图 9.13(b)所示,由于中间引入的 GO 层,乳胶基底铆钉状的粗糙表面[参见图 9.1(c)]促进了 GO 膜层的附着,进而促进了碳纳米管薄膜的结合。此外,易变形的基底与 CNT 自身交织的网络也促进了二者抵抗撕裂的能力,促进了整体的力学稳定性[21]。

(a) MWCNT-C-2横截面SEM图像 (b) MWCNT-C-2横截面互锁结构示意图

图 9.13 MWCNT-C-2 横截面 SEM 形貌及其示意图

9.3 碳纳米管褶皱薄膜用于柔性电子器件

9.3.1 柔性锌离子电池中的柔性电极

由于大部分的柔性可穿戴设备的驱动力为电能,因此其柔性驱动电源的性能对于该领域的发展具有举足轻重的作用,而柔性驱动电源必须具有柔韧性好、小巧、超薄和体积能量密度高的特点才能更好地提升柔性可穿戴设备的性能[21,22]。柔性水系锌离子电池(ZIB)由于其成本效益、环境友好性和高理论能量密度而被认为是可穿戴电子产品的有前途的储能装置[23,24]。

为探索 WT 在柔性可拉伸 ZIB 储能电子设备中的应用,研究了其用作电子收集系统的潜力。首先按以下步骤组装了基于 WT 电极的 ZIB 电池:

(1)通过水热合成法制备 MnO_2 纳米材料(图 9.14)。将 $MnSO_4 \cdot H_2O$ 溶于去离子水中,充分搅拌后加入 $KMnO_4$。将混合物转移到水热反应釜中,并加热至 140℃,持续 24 h[24]。用 CNT 水溶液代替上述步骤中的去离子水,制备 MnO_2 纳米材料和 CNT 的混合物。将产物离心、过滤并稀释以获得含有 MnO_2 和 MWCNT 的水分散液,涂覆到 MWCNT－C－2 表面,干燥后可得含有 α－MnO_2 的正极材料(MnO_2/MWCNT－C－2)。

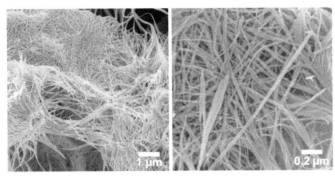
(a) MnO_2纳米线的SEM图像

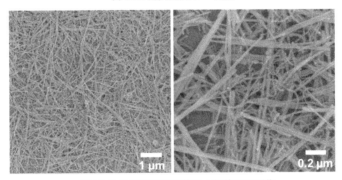
(b) MnO_2纳米线和CNT的混合物的SEM图像

图 9.14 ZIB 电极材料的微观结构

(2)通过在 MWCNT－C－2 上电沉积金属 Zn 制备 Zn 负极材料。以 Zn 为阴极,将 MWCNT－C－2 固定在铂电极上作为阳极,在 10 mA 恒流直流电源下使用 $ZnSO_4$、Na_2SO_4 和 H_3BO_3 进行电解质电沉积,获得 Zn 负极(Zn/MWCNT－C－2)。

(3)制备 PVA 水凝胶作为 ZIB 电解质。将 $Zn(CF_3SO_3)_2$、$MnSO_4 \cdot H_2O$、PVA 和去离子水依次加入厚壁反应烧瓶中,在油浴中搅拌。然后,将它们在温热的情况下倒入模具中,并在室温下放置 24 h,获得 $Zn(CF_3SO_3)_2$－PVA 凝胶电解质。

(4)组装电池。准备好的 MnO_2/MWCNT－C－2、$Zn(CF_3SO_3)_2$－PVA 凝胶电解质和 Zn/MWCNT－C－2 按图 9.15(a)示意的结构自下而上逐一组装,最后用医用 PU 膜封装,可得柔性可拉伸 ZIB。

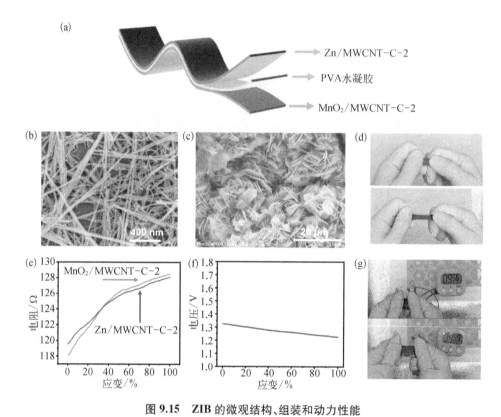

图 9.15 ZIB 的微观结构、组装和动力性能

(a) ZIB 装配示意图；(b) MnO₂/MWCNT-C-2 的 SEM 图像；(c) Zn/MWCNT-C-2 的 SEM 图像；(d) 柔性电极拉伸时的光学图像；(e) 柔性电极拉伸时的电阻变化；(f) ZIB 拉伸期间输出电压变化；(g) ZIB 拉伸时的光学图像

所制备电极材料的 SEM 形貌与电极的基本性能也展示在图 9.15 中。可以发现，水热合成方法制备的二氧化锰(MnO_2)纳米材料呈棒状结构[图 9.15(b)]，$\alpha-MnO_2$ 和 CNTs 地交织在一起，构成正极材料(MnO_2/MWCNT-C-2)。电沉积形成的金属锌为纳米片结构[图 9.15(c)]，沉积在 MWCNT-C-2 上，构成负极材料(Zn/MWCNT-C-2)。两个电极都可以承受拉伸过程[图 9.15(d)]。并且，如图 9.15(e~g)所示，在 100% 拉伸应变下，两个电极的电阻变化保持在 10% 以内，具有良好应用前景[4]。

测试封装后的 ZIB 电池的循环伏安特性，结果如图 9.16 所示。如图 9.16(a)所示，在扫描速度为 0.1 mV/s，电压窗口为 1~2 V 之间的条件下，获得的循环伏安(cyclic voltammetry, CV)曲线表明，在 1.7 V 处有明显的氧化峰，在

1.2 V 处有相对明显的还原峰。电池在低输出电流下具有相对持久的输出容量
[图 9.16(b)]。1 cm² 大的电池可以在 0.5 mA 下连续工作近 20 h。当电池用于
秒表电路时,电流输出在拉伸下可以保持稳定[图 9.15(f,g)]。更具体地说,开
路电压将随着拉伸应变的增加而降低,但降低控制在 0.1 V 以内,反映了拉伸过程
中相对稳定的输出容量[24,25]。对柔性电池进行反复充电和放电[图 9.16(c)],
电压输出曲线可重复,具有良好的稳定性。

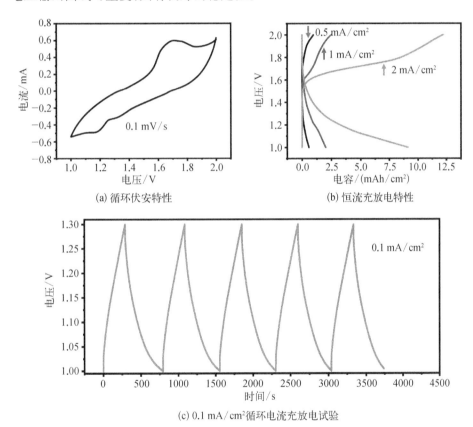

(a) 循环伏安特性　　　　　　　　　(b) 恒流充放电特性

(c) 0.1 mA/cm²循环电流充放电试验

图 9.16　密封 ZIB 的循环伏安特性

9.3.2　柔性摩擦发电机中的柔性电极

摩擦电纳米发电机(TENG)是由王中林院士开发的一种微型发电机,它能
依靠摩擦点电势的充电泵效应,把极其微小的机械能转化为电能[26]。TENG 利

用的是摩擦起电和静电感应效应的耦合,同时配合薄层式电极的设计,实现电流的有效输出[27,28]。随着能源危机的加剧,TENG 已广泛应用于可穿戴能源获取领域[29-32]。

根据图 9.17(a)所展示的单电极模式,将 WT 作为柔性电极应用于可拉伸

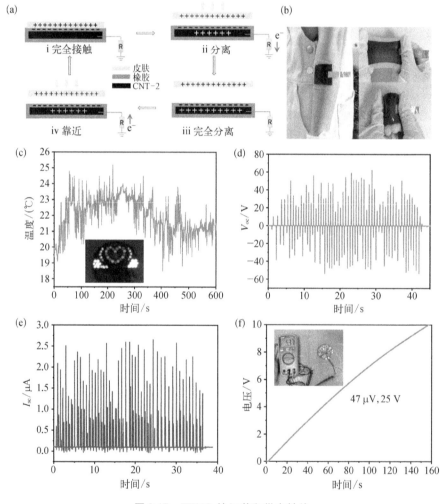

图 9.17　TENG 的组装和供电性能

(a) 工作原理示意图;(b) 粘贴在皮肤上并处于拉伸和折叠状态的 TENG 的光学图像;(c) TENG 驱动 LED 灯时的表面温度曲线和 LED 灯发光的光学照片(插图);(d) 开路电压试验;(e) 短路试验;(f) 45 μV 电容器的充电曲线和充电过程的光学照片(插图)

的柔性 TENG。用硅树脂包裹 MWCNT-C-2 柔性电极,其中,硅树脂膜是摩擦层,MWCNT-C-2 是可拉伸电极。TENG 可以很好地贴合到皮肤表面,并且可以很容易地拉伸和折叠[图 9.17(b)]。通过手掌拍打,TENG 可以点亮 47 个 LED 灯,并保持稳定的工作温度[图 9.17(c)]。对 TENG 的开路电压和短路电流进行表征[图 9.17(d,e)],表明最大电压高达 60 V,电流高达 2.5 μA。TENG 还可以在 160 s 内以 30 Hz 将电容器从 47 μV 充电至 10 V[图 9.17(f)],展示出在能源领域良好的应用潜力[25]。

9.3.3　柔性焦耳加热器中的柔性电阻

焦耳加热装置(JHD)是利用导电材料自身的焦耳效应,对其施加电气环境,从而致使材料在极短的时间内达到极高的温度的装置[33-36]。如电阻丝就是焦耳加热发生的场所,也是电阻加热器的核心组件。覆冰是一种分布广泛的自然现象,尤其雾凇是一种美丽的自然景观。但对于输电线路,严重的覆冰则有可能导致故障,甚至会引发大面积停电等灾难性事故。焦耳加热除冰是一种重要的除冰手段[37]。

根据焦耳加热原理,电流通过导体时产生的热量可由式(9.1)表示。

$$Q = UIt = I^2Rt = U^2t/R \tag{9.1}$$

这里,Q、U、I、R 和 t 分别表示焦耳热、电压、电流、电阻和工作时间。

将样品裁剪成长 15 mm、宽 10 mm 的长方形薄膜,沿长边方向施加电压,测试了不同样品在不同电压下的电加热性能,如图 9.18 示。图 9.18(a)显示的是 SWCNT-C-0.08 和 SWCNT-C-0.12 沿轴向施加不同电压时薄膜表面的温度响应,可以发现 SWCNT-C-0.12 在相同电压下的饱和温度比 SWCNT-C-0.08 的更高,在 3 V 电压下饱和温度分别可以达到 70℃ 和 110℃;图 9.18(b)显示的是 MWCNT-C-1 和 MWCNT-C-2 沿轴向施加不同电压时的温度响应,可以发现 MWCNT-C-2 在相同电压下的饱和温度比 MWCNT-C-1 的更高,在 7 V 电压下饱和温度分别可以达到 53℃ 和 110℃。在相同电压下,电阻值越小,导电性越好,饱和温度越高,这符合式(9.1)展示的焦耳加热规律。图 9.18(c)显示了拉伸对加热形成的饱和温度的影响,可以看出,沿轴向施加 100% 应变时,由于电阻的增加,薄膜表面温度下降。该褶皱膜在长时间加热过程中同样具有良好的温度稳定性,如图 9.18(d)所示。薄膜达到饱和温度后,持续施加电压,温度保持不变。

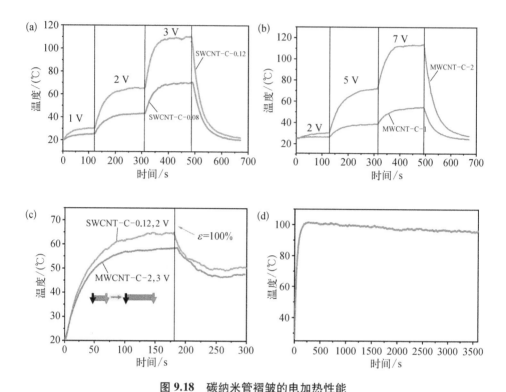

图 9.18 碳纳米管褶皱的电加热性能

(a) SWCNT 样品在不同电压下的温度响应;(b) MWCNT 样品在不同电压下的温度响应;
(c) SWCNT - C - 0.12、MWCNT - C - 2 在 100%拉伸应变下温度变化;
(d) MWCNT - C - 2 在 5 V 电压下加热稳定性

图 9.19(a)和图 9.19(b)为 SWCNT - C - 0.12 样品分别在 5 V 和 10 V 电压下加热的红外像图,展示了电加热过程中褶皱薄膜的温度分布,面内整体均匀。与此同时,进一步测试了褶皱膜的除冰性能,结果如图 9.19(c)所示。SWCNT - C - 0.12 在 5 V 电压下 60 s 内能够使牢固冻结在其上的冰层融化脱落,这比文献中 PDMS@ MWCNTs 样品 120 s 的除冰的效果快了一倍[38]。这表面该褶皱膜具有良好的焦耳加热性能,可以通过调整电压和外加应变调控加热温度,具有良好的应用前景。

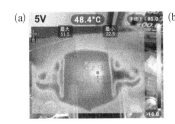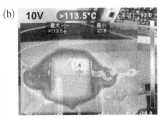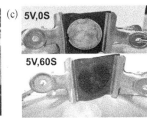

图 9.19　加热过程中红外图像和除冰性能

(a) SWCNT－C－0.12 在 5 V 电压下加热过程中红外图像;(b) SWCNT－C－0.12 在 10 V 电压下
加热过程中红外图像;(c) SWCNT－C－0.12 在 5 V 电压下除冰实验

9.4　碳纳米管褶皱薄膜用于电磁屏蔽与吸收

由于移动电话、柔性可穿戴设备、Wi-Fi 的普遍使用,电磁辐射在人类环境中无处不在。电磁波是否致癌争议一直存在[39,40]。例如,现在市场上的微波炉大多使用频率是 2.45 GHz 的微波,但是近年来,不断有新的报告揭示 2.45 GHz 左右微波频率的电磁辐射对人类中枢神经系统具有不利影响,可能导致睡眠障碍、学习/记忆障碍和身体/认知异常[41]。尤其是随着 5G 技术的快速发展,人们对电磁辐射安全的担忧进一步加剧。因为 5G 通信频率更高,发射的电磁辐射能量也更高,对人体造成健康问题可能更严重[42]。

此外,电磁波等信息技术在军事上的应用异常丰富,包括通讯、对抗、探测等。其中电子对抗又称电子战,是指敌我双方利用专门的设备、器材产生和接收处于无线电波段内的电磁波,以电磁波为武器阻碍对方的电磁波信号的对抗[43]。开发相应的电磁干扰(electromagnetic interference, EMI)屏蔽材料或电磁吸收材料(radar-absorbing material, RAM),对于电子设备的正常运行和人类健康与安全的保障至关重要[43]。目前,电磁防护的主要措施有电磁波屏蔽、电磁波吸收两种方法。前者要以反射电磁波能量的形式对电磁辐射进行衰减;后者主要以吸收电磁波能量的形式对电磁辐射进行衰减。

除了部分轻质磁性材料外,传统 EMI 屏蔽材料主要是导电材料[44,45]。因为电磁波由相互垂直的磁场和电场组成,任何一方被屏蔽或吸收都可能导致另一方消失。而屏蔽比吸收相对简单,使用导电材料的电屏蔽比使用磁性材料的磁屏蔽、电磁屏蔽更简单实用。近年来,随着柔性电子技术的进步,轻质、耐腐蚀、柔性的低成本 EMI 材料在实际应用中更受推崇,因此,由一维、二维材料构筑的仿生褶皱型可拉伸导电材料在这一领域也将具有良好应用潜力[46,47]。

例如,Chen[48]等人通过在柔性 PDMS 衬底上构建皱褶的 MXene 图案来创建具有初级和次级表面皱褶的分层表面。在预拉伸/释放循环过程中,通过不均匀变形在分层膜的波谷中产生自我控制的微裂纹赋予分层 PDMS/MXene 薄膜高拉伸性(100%),该褶皱膜在 0~100% 的应变范围内具有不变电导率。在拉伸应变为 50% 时,可拉伸薄膜的电磁屏蔽性能仍能保持在约 30 dB,通过构建双层结构,电磁屏蔽效能可增加到 103 dB。Jung[49]等人在弹性 PDMS 衬底上展示了一种高可拉伸和透明的电磁干扰屏蔽薄膜。基于银纳米线(AgNW)的渗透网络,制备的薄膜在高拉伸应变条件下也具有较高的屏蔽效果。在 AgNW 面密度达到 666 mg/m² 时的屏蔽效能可以达到 45 dB,在 50% 拉伸应变条件下有所下降,但仍能达到 35 dB。

9.4.1 碳纳米管褶皱薄膜的电磁屏蔽性能

1. 电磁屏蔽原理与测试方法

如图 9.20 所示,当电磁波通过屏蔽体时,一部分因波阻抗不匹配在外表面被反射,未被反射的电磁波将透过屏蔽体继续向前传播。传输过程中,电磁波受到屏蔽体材料的连续衰减,并在屏蔽体的两个界面间进行多次反射和透射。

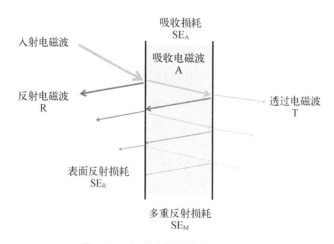

图 9.20　电磁波的传输与损耗机理

因此,屏蔽体的电磁屏蔽机理由三个部分组成:屏蔽体的表面反射损耗、吸收损耗和屏蔽体内部的多重反射损耗[43]。

矢量网络分析仪是测试电磁波能量的设备。褶皱薄膜的电磁屏蔽效能(EMI shielding effectiveness, EMI SE)利用矢量网络分析仪在 X 波段(8.2~12.4 GHz)测得,即先对网络散射参数(S 参数)进行全面测量,快速测定全部 S 参数的相角和幅值,得到波导样品的 S_{11}、S_{12}、S_{21}、S_{22} 参数。反射率(R)、透射率(T)和吸收率(A)的功率系数,以及总电磁屏蔽效能(SE_T)、反射效能(SE_R)、吸收效能(SE_A)和多重反射效能(SE_M)利用矢量网络分析仪测得的散射参数,根据式(9.2)至式(9.7)算出[50]。其中,当 $SE_T > 15$ dB 时,SE_M可忽略。

$$R = |S_{11}|^2 = |S_{22}|^2 \tag{9.2}$$

$$T = |S_{12}|^2 = |S_{21}|^2 \tag{9.3}$$

$$A = 1 - R - T \tag{9.4}$$

$$SE_R = 10\lg\left(\frac{1}{1-R}\right) \tag{9.5}$$

$$SE_A = 10\lg\left(\frac{1-R}{T}\right) \tag{9.6}$$

$$SE_T = SE_R + SE_A + SE_M \tag{9.7}$$

如图 9.21(a)所示,测试模具尺寸为 22.84×10.14 mm^2,薄膜样品直接裁剪成合适的尺寸,小球样品使用环氧树脂封装成整体测试。在测试薄膜样品拉伸过程的屏蔽效能时,因为拉伸会导致褶皱膜微观结构呈取向状态,需要确定电场极化方向。波导装置中的信号源主模为 TE_{10}横电波,电磁和磁场具有方向性,电磁场分布如图 9.21(b)所示,电场方向与波导短边平行[50]。因此测试时分为拉伸方向与电场方向平行测试[图 9.21(c)]和拉伸方向与电场方向垂直测试[图 9.21(d)]。

2. 单层与多层褶皱样品的电磁屏蔽效能

利用矢量网络分析仪测试了 MWCNT-C-2 和 SWCNT-C-0.12 样品的屏蔽效能,其轴向与电场极化方向垂直,结果如图 9.22(a~c)所示(暂且忽略 SE_M)。可以看到单层褶皱膜的屏蔽效果很差,MWCNT-C-2 的 SE_T只有约 10 dB,SWCNT-C-0.12 的 SE_T只有约 13 dB,难以满足电磁防护材料的基本需求。

(a) 矢量网络分析仪照片

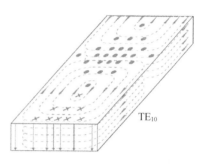

TE_{10}

(b) 波导中TE_{10}波电磁场分布

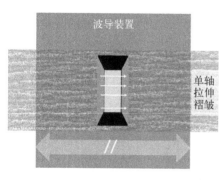

波导装置

单轴拉伸褶皱

//

(c) 拉伸方向与电场方向平行测试示意图

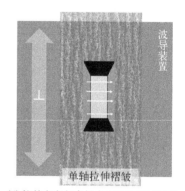

波导装置

⊥

单轴拉伸褶皱

(d) 拉伸方向与电场方向垂直测试示意

图 9.21 矢量网络分析仪波导法测试示意图

通过简单累加褶皱膜的层数可以提高屏蔽效能,因此,测试了两层薄膜的屏蔽效能,其中两层 MWCNT-C-2 褶皱膜的屏蔽效能从单层的约 10 dB 提高到约 17 dB,两层 SWCNT-C-0.12 褶皱膜的效果屏蔽效能从单层的约 13 dB 提高到约 32 dB。上述结果表明,由于单壁碳纳米管具有更好的导电性,SWCNT 制备的导电褶皱薄膜样品的电磁屏蔽效能比 MWCNT 制备的样品更好,并且,通过叠加褶皱膜的层数能够提高屏蔽效能。

为分析复合薄膜的电磁屏蔽机理,利用矢量网络分析仪测得的 S 参数结合式(9.2)至式(9.7)计算褶皱膜的反射系数(R)、透过系数(T)和吸收系数(A),R 值表示材料对电磁波的反射能力,T 值表示电磁波穿透屏蔽材料的能力,T 值越小,表明材料的屏蔽效果越好。如图 9.22(d)所示,随着样品的导电性增加和层数的增加,R 值逐渐增大,T 值逐渐减小。电磁波入射到屏蔽材料表面时,首

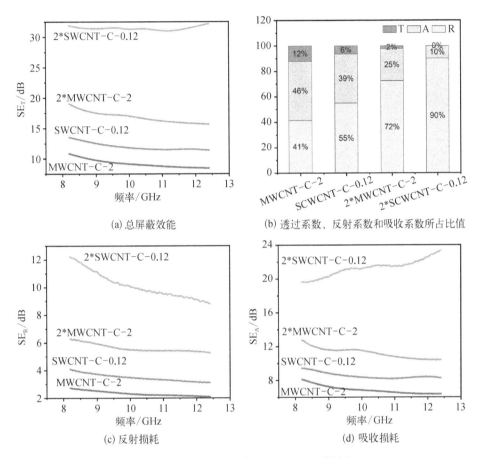

(a) 总屏蔽效能

(b) 透过系数、反射系数和吸收系数所占比值

(c) 反射损耗

(d) 吸收损耗

图9.22　碳纳米管褶皱样品的电磁屏蔽性能

先在材料表面发生反射,剩余的电磁波进入屏蔽材料内部被吸收或者透过屏蔽材料。因此,反射率(R/1)和入射到材料内部的电磁波的吸收率[A/(1-R)]能更好地反应材料的屏蔽性能。

　　如表9.3所示,随着样品导电性增加和测试层数增加,反射率和入射电磁波的吸收率都在增加,双层SWCNT-C-0.12样品的反射率达到90.09%,入射电磁波的吸收率达到99.27%。较高的反射率表明当电磁波入射到材料表面时,大部分都被反射走,较高的吸收率表明材料具有非常好的内部吸收能力,入射到内部的电磁波绝大部分会被吸收损耗掉,但由于反射发生在吸收之前,因此该材料的屏蔽机理依然是以反射损耗为主[43]。

表 9.3 碳纳米管褶皱样品的反射率和入射电磁波吸收率

样 品	反射率/%	入射到材料内部的吸收率/%
MWCNT - C - 2	41.44	79.15
SWCNT - C - 0.12	54.99	85.81
2*MWCNT - C - 2	72.49	92.29
2*SWCNT - C - 0.12	90.09	99.27

3. 三明治结构褶皱样品的电磁屏蔽效能

电磁屏蔽材料需要尽可能实现厚度薄、质量轻、屏蔽带宽、屏蔽效能高,通常在有限的厚度下导电性能越好,其屏蔽效能越高[43]。前述结果发现,相比于MWCNT 制备的样品,SWCNT 样品在更薄的厚度下有更好的导电性。并且增加测试的层数可以提高屏蔽效能,两层 SWCNT - 0.12 样品在 X 波段的屏蔽效能达到约 32 dB。但简单增加层数还增加了橡胶基底的数量,不利于减薄、减重。

另一种方法是在基底双面涂覆导电层,例如 He[20]等人采用磁控溅射法在预拉伸的 PDMS 基底两侧沉积铜膜,释放应变后得到了具有周期性微褶皱的 Cu/PDMS/Cu 复合材料,通过控制磁控溅射的次数制备了具有不同厚度 Cu 褶皱层的样品。结果表明,通过增加溅射次数能很好地提高复合材料的屏蔽效能,溅射 5 次的样品的屏蔽效能达到 20.9 dB,比一次溅射的样品提高了 10 dB,薄膜具有较好的电磁屏蔽效果。电磁仿真结果表明,褶皱结构增强了导电损耗和电磁波在表面的多重散射。

为此,选择具有优异导电性的 SWCNT 为导电层,通过在乳胶基底内外两侧都涂覆上 SWCNT 涂层,增加基底上 SWCNT 的负载量,来提高褶皱膜的屏蔽效能,制备三明治结构的 SWCNT 褶皱电磁屏蔽薄膜。工艺路线与图 9.2 工艺相似,区别在于,圆柱形气球涂完外面后,将内层翻出再涂一面。样品命名为 DSWCNT,其结构示意图与样品光学照片如图 9.23 所示。

采用四探针方阻仪测量 DSWCNT 褶皱膜的电学性能,如图 9.24(a)所示,DSWCNT - 0.08 的平均电阻率约 11.49 $\Omega \cdot cm$,DSWCNT - 0.12 平均电阻率约 3.36 $\Omega \cdot cm$。这说明增加 SWCNT 分散液浓度,提高基底上功能性涂层的负载量,使碳纳米管薄膜厚度增加,能够提高褶皱膜的导电性。因褶皱形貌具有各向异性,褶皱膜的导电性也有各向异性。将褶皱膜分别沿周向(C)和轴向(A)固定在玻璃片上,制成应变传感器,然后连接拉伸机和万用表测量拉伸过程中

(a) 三明治结构DSWCNT的结构示意图　　　(b) 三明治结构DSWCNT的光学照片

图 9.23　三明治结构 DSWCNT 样品结构示意图与光学照片

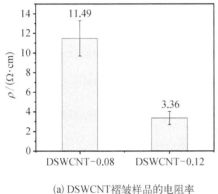

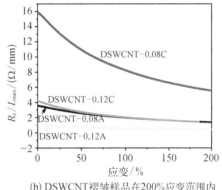

(a) DSWCNT褶皱样品的电阻率　　　(b) DSWCNT褶皱样品在200%应变范围内
的相对电阻值

图 9.24　DSWCNT 褶皱样品的电学性能

的电阻变化,计算单位长度电阻值的变化,如图 9.24(b)所示。可以发现,单位长度的样品,周向电阻值比轴向电阻值大;并且在拉伸过程中,随着拉伸的进行,单位长度的电阻值没有增加,反而逐渐减小,这应该是因为拉伸后 SWCNT 之间三维网络接触更加紧密导致的。

　　如图 9.25 所示,DSWCNT 褶皱薄膜在拉伸过程中的整体电阻保持稳定。同样可以看到,不论是沿轴向还是周向拉伸,电阻值增加幅度很小,且 GF 值保持在很低的水平,具有良好的电阻稳定性。

　　拉伸过程中的样品形貌变化如图 9.26 所示。表面褶皱在拉伸方向上呈现显著的取向性,在相同的拉伸应变下,轴向[图 9.26(b)]的取向性比周向[图 9.26(a)]的更显著。沿周向拉伸能保持二级褶皱结构,沿轴向拉伸,二级褶皱逐渐平坦消失,呈现平行的一级褶皱结构。

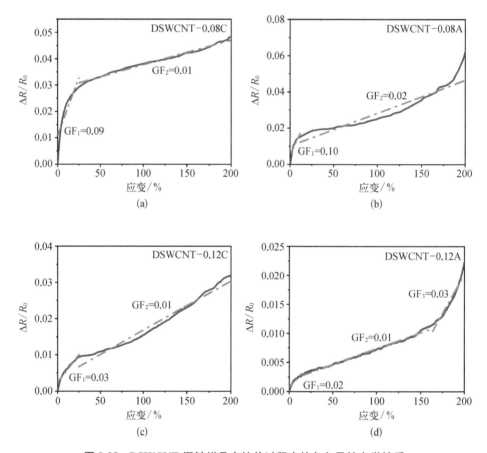

图 9.25 DSWCNT 褶皱样品在拉伸过程中的各向异性电学性质

（a）DSWCNT-0.08 沿周向拉伸过程中的 $\Delta R/R_0$-ε 曲线；（b）DSWCNT-0.08 沿轴向拉伸过程中的 $\Delta R/R_0$-ε 曲线；（c）DSWCNT-0.12 沿周向拉伸过程中的 $\Delta R/R_0$-ε 曲线；（d）DSWCNT-0.12 沿轴向拉伸过程中的 $\Delta R/R_0$-ε 曲线

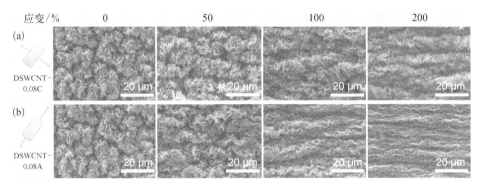

图 9.26　DSWCNT 褶皱样品拉伸过程中的 SEM 图像

（a）DSWCNT－0.08 沿周向拉伸 SEM 图像；（b）DSWCNT－0.08 沿轴向拉伸 SEM 图像

图 9.27 为 DSWCNT 褶皱薄膜初始状态下在 X 波段的电磁屏蔽性能。因为样品褶皱形貌的各向异性，在初始不拉伸状态下沿轴向平行测试（C－//）等同于沿周向垂直测试（A－⊥），因此，只需要测试周向（C）和轴向（A）与电场方向平行的测试。可以看出，测试方向与电场方向平行时，轴向的屏蔽效能比周向的大，DSWCNT－0.12 的屏蔽效能比 DSWCNT－0.08 的效果好，这主要归因于 DSWCNT－0.12 样品具有更好的导电性。

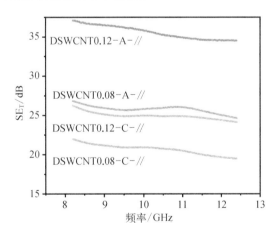

图 9.27　DSWCNT 褶皱薄膜的屏蔽效能

因此，后续工作以 DSWCNT－0.12 为例，研究拉伸条件对褶皱薄膜电磁屏蔽效能的影响，结果如图 9.28 所示。可以看到，当沿轴向拉伸且拉伸方向与电场方向平行时(A-//),电磁屏蔽效能随拉伸进行而呈增加态势:拉伸应变从 0 增加到 50%、100%、200%,SE_T 从约 30 dB 增加到约 38 dB、约 43 dB、约 45 dB[图 9.28 (a)]。当沿周向拉伸且拉伸方向与电场方向平行时(C-//),电磁屏蔽效能也随拉伸进行而呈增加态势:随拉伸应变从 0 增加到 50%、100%、200%,SE_T 从约 21 dB 增加到约 28 dB、约 30 dB、约 34 dB[图 9.28(c)]。不论是沿周向拉伸还是沿轴向拉伸,当拉伸方向与电场方向平行时,随着拉伸的进行,电磁屏蔽效能都在提升。计算了不同拉伸状态下的平均 SE_R 和 SE_A,结果如图 9.28(b,d)所示,随着拉伸的进行,在 SE_T 增大的同时,SE_R 和 SE_A 也都在逐渐增大。

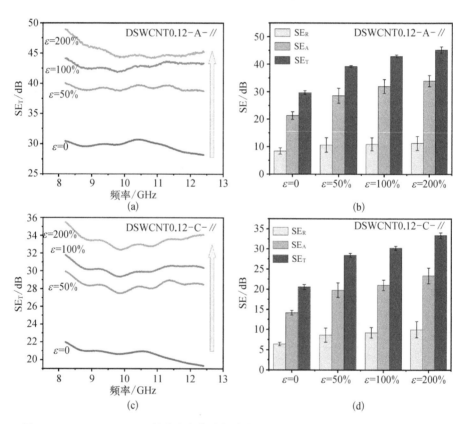

图 9.28　DSWCNT-0.12 拉伸方向与电场方向平行测试时不同拉伸状态下屏蔽效能

(a)沿轴向拉伸过程中不同拉伸状态下的 SE_T;(b)沿轴向拉伸过程中在不同拉伸状态下的平均 SE_R、SE_A、SE_T;(c)沿周向拉伸过程中不同拉伸状态下的 SE_T;(d)沿周向拉伸过程中在不同拉伸状态下的平均 SE_R、SE_A、SE_T

反之,当沿轴向拉伸且拉伸方向与电场方向垂直测试时(A-⊥),电磁屏蔽效能随拉伸进行呈降低态势:随拉伸应变从 0 增加到 50%、100%、200%,SE_T 从约 19 dB 下降到约 13 dB、约 12 dB、约 11 dB[图 9.29(a)]。当沿周向拉伸且拉伸方向与电场方向垂直时(C-⊥),电磁屏蔽效能随拉伸进行同样降低:随拉伸应变从 0 增加到 50%、100%、200%,SE_T 从约 31 dB 降低到约 25 dB、约 22 dB、约 19 dB[图 9.29(c)]。不论是沿周向拉伸还是沿轴向拉伸,当拉伸方向与电场方向垂直测试时,随着拉伸的进行,电磁屏蔽效能都在下降。计算了不同拉伸状态下的平均 SE_R 和 SE_A,结果如图 9.29(b,d)所示,随着拉伸的进行,在 SE_T 减小的同时,SE_R、SE_A 也都在逐渐减小。

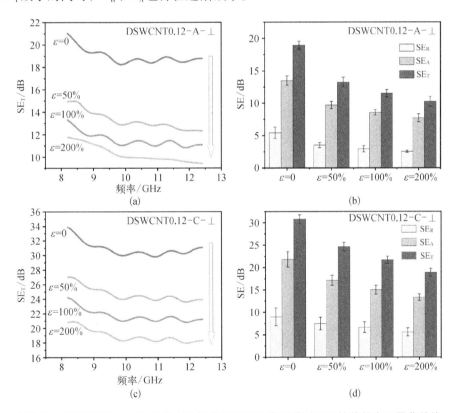

图 9.29 DSWCNT-0.12 拉伸方向与电场方向垂直测试时不同拉伸状态下屏蔽效能

(a)沿轴向拉伸过程中不同拉伸状态下的 SE_T;(b)沿轴向拉伸过程中在不同拉伸状态下的平均 SE_R、SE_A、SE_T;(c)沿周向拉伸过程中不同拉伸状态下的 SE_T;(d)沿周向拉伸过程中在不同拉伸状态下的平均 SE_R、SE_A、SE_T

　　为分析拉伸状态下的屏蔽机制,计算了不同拉伸状态下的 T、R 和 A,结果如图 9.30 所示。通过对比其在屏蔽效能中所占的份额,可以看到,DSWCNT 褶皱薄膜的屏蔽机理以反射为主,在电磁波进入屏蔽材料表面之前,大部分电磁波被反射。具体而言,① 拉伸方向与电场方向平行时,T<1%,R 值随着拉伸的进行逐渐增加,A 值随着拉伸的进行减小。即随着平行方向拉伸的进行,褶皱薄膜对电磁波的反射能力增强。② 拉伸方向与电场方向垂直时,T 和 R 随着拉伸的进行逐渐减小,A 随着拉伸的进行增大。即随着垂直方向拉伸的进行,褶皱膜对电磁波的反射能力降低。因此,与电场平行方向拉伸增大屏蔽效能,是通过增加对电磁波的反射实现的;与电场垂直方向拉伸屏蔽效能下降,是因为对电磁波的反射能力减弱而导致的。

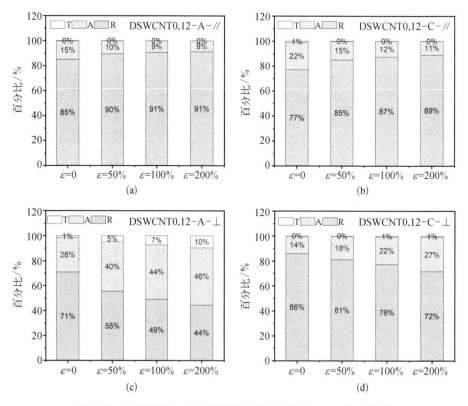

图 9.30　DSWCNT-0.12 不同拉伸状态下的 T、R、A 所占比值

(a) 轴向拉伸且拉伸方向与电场方向平行;(b) 周向拉伸且拉伸方向与电场方向平行;
(c) 轴向拉伸且拉伸方向与电场方向垂直;(d) 周向拉伸且拉伸方向与电场方向垂直

分析产生这种不同现象的原因,从前述图 9.24(b)可知,拉伸方向单位长度的相对电阻随拉伸进行而减小,即导电性因拉伸而增强。从宏观上看,拉伸会使褶皱结构沿拉伸方向呈取向状态,在微观上也会使交织的碳纳米管三维网络沿拉伸方向呈取向状态,同时使碳纳米管之间接触增强,因此沿拉伸方向的导电性变好;而与拉伸垂直方向上的碳纳米管网络会呈平行状态排列,在垂直方向上会增大接触电阻,从而使导电性变差。当拉伸与电场方向平行时有利于自由电荷的流动,增大对电场的介电损耗;当拉伸与电场方向垂直时,不利于自由电荷的移动,介电损耗减小,屏蔽效能下降。

实验过程中还进一步探究了 DSWCNT-0.12 褶皱薄膜在其他波段的屏蔽效能,通过测试样品在 Ku 波段(12.4~18 GHz)和 K 波段(18~26.5 GHz)的屏蔽效能,发现其在 Ku 波段和 K 波段同样有良好的屏蔽效能,并且拉伸状态下的变化规律与 X 波段测试结构相同。

4. 添加银纳米线对碳纳米管褶皱薄膜电磁屏蔽性能的影响

为了进一步提升高拉伸状态下的电磁屏蔽效能,尝试在 DSWCNT 表面喷涂一层银纳米线(AgNW)层提高薄膜的导电性。使用 5 mg/mL 的 AgNW 乙醇溶液,在 DSWCNT-0.12 褶皱表面用喷枪喷涂一层 AgNW,干燥后再放气收缩得到表面附着 AgNW 的褶皱薄膜,记为 AgNW/DSWCNT-0.12。该褶皱薄膜平均电阻率约为 0.15 Ω·cm,比 DSWCNT-0.12 的 3.36 Ω·cm 降低了一个数量级,有效提高了褶皱膜的导电性。

如图 9.31 所示,沿周向拉伸时测试其在 X 波段的屏蔽效能,发现沿周向拉伸且拉伸方向与电场平行时(C-//),初始状态下的屏蔽效能约 43 dB,比没有喷涂 AgNW 的样品提高了 22 dB,且在 200%拉伸应变下增加到约 55 dB。沿周向拉伸且拉伸方向与电场垂直时(C-⊥),初始状态下的屏蔽效能约 60 dB,比没有喷涂 AgNW 的样品提高了 29 dB,且在 200%拉伸应变下减小到约 32 dB。这说明该样品在高拉伸性状态下仍能保持优异的屏蔽效能。图 9.32 为 AgNW/DSWCNT-0.12 在拉伸状态下的 SEM 图像,可以看出 AgNW 很好地附着在 SWCNT 膜层表面,且拉伸过程中没有脱落现象。

对比了本工作与其他文献报道的柔性可拉伸电磁屏蔽膜的性能,如表 9.4 所示。可以看出,本工作制备的乳胶基底碳纳米管褶皱薄膜的屏蔽性能优于或等同于其他柔性可拉伸的电磁屏蔽膜,能够在 200%的拉伸应变下保持良好的屏蔽性能,并且呈现出特殊的拉伸后拉伸方向屏蔽效能增强的效果。

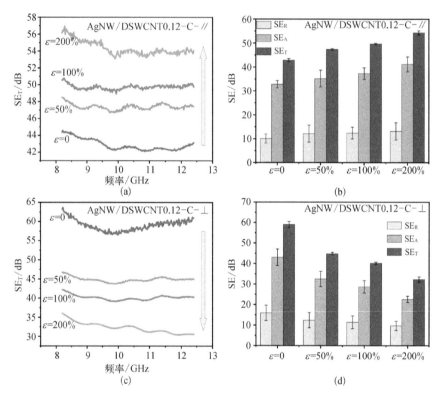

图 9.31 AgNW/DSWCNT‐0.12 样品周向拉伸过程中屏蔽效能

（a）拉伸方向与电场方向平行时不同拉伸状态下的 SE_T；（b）拉伸方向与电场方向平行时不同拉伸状态下的平均 SE_R、SE_A、SE_T；（c）拉伸方向与电场方向垂直时不同拉伸状态下的 SE_T；（d）拉伸方向与电场方向垂直时不同拉伸状态下的平均 SE_R、SE_A、SE_T

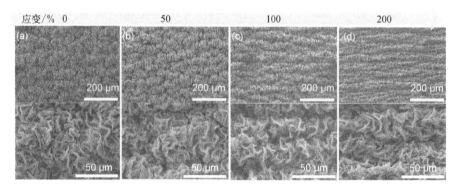

图 9.32 AgNW/DSWCNT‐0.12 样品沿周向拉伸过程中 SEM 图像

表 9.4　柔性电磁屏蔽材料电磁屏蔽效能的对比

材 料 组 成	SE_T/dB	拉伸应变/%	拉伸后 SE_T/dB	文献
PDMS/MXene	35	50	30	[48]
Cu/PDMS/Cu	21	30	—	[51]
MXene/TPU	31	70	20	[20]
CNT/PUDA	36	500	—	[52]
AgNW/PDMS	45	50	35	[49]
DSWCNT－0.12	31 ($\perp$) 21 (//)	200	19 ($\perp$) 34 (//)	本工作
AgNW/DSWCNT－0.12	60 ($\perp$) 43 (//)	200	32 ($\perp$) 55 (//)	

图 9.33 显示了电磁波通过三明治型可拉伸碳纳米管褶皱薄膜的传输过程。在褶皱状态下［图 9.33(a)］，由于碳纳米管良好导电性，空间阻抗与薄膜阻抗严重失配，大多数入射电磁波首先被反射。然后，入射的电磁波在穿过碳纳米管褶皱层时被传导损耗、偶极极化、多次反射等在内的协同损耗吸收，留下很少的电磁波传输进入橡胶层，并且在另一界面再经历一次协同损耗吸收，只有极少的电磁波被透过。

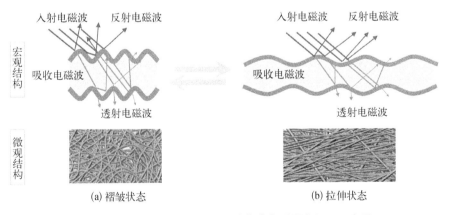

(a) 褶皱状态　　　　　　　　　　(b) 拉伸状态

图 9.33　三明治型碳纳米管褶皱薄膜电磁屏蔽机理示意图

在拉伸状态下[图 9.33(b)],宏观褶皱部分拉伸平整化,微观上碳纳米管在拉伸方面部分取向,整体结构保持稳定的导电网络,与正常状态相比没有任何破坏。尽管拉伸时褶皱结构平整化导致部分漫反射屏蔽机理的损失,但碳纳米管的取向导致拉伸方面导电性增强,从而导致拉伸方向屏蔽增强,垂直拉伸方面屏蔽效能有所降低,但整体屏蔽效能基本保持不变。

9.4.2　碳纳米管褶皱小球的电磁吸收性能

1. 电磁吸收原理与测试方法

导电性很好的连续薄膜可以用于电磁屏蔽,其中的主要机理是电磁波被反射回去,达到保护免受电磁波侵害的目的[50]。而导电性有限的连续薄膜或者导电性可调非连续薄膜,均可能使电磁波更多地被吸收,减弱返回电磁波的能量,从而起到低可探测的目的。吸波材料是吸收入射的电磁波,并将电磁能转换成热能而耗散掉,或使电磁波因干涉而消失,或使电磁能量分散到另外方向上的材料。吸波材料是可以将入射的电磁波能量耗散掉从而尽可能地减少电磁波透射和反射的材料[53]。吸波材料可用于人体进行电磁防护,也可用于电子、电气设备防止电磁干扰与信息泄露,还可用于军事雷达隐身[54,55]。

如图 9.34 所示,根据传输线理论,可以通过材料的电磁参数($\varepsilon_r = \varepsilon' + j\varepsilon''$ 及 $\mu_r = \mu' + j\mu''$)计算单层吸波材料的反射损耗值(reflection loss, RL),具体公式为式(9.8)和式(9.9)[43, 54-56]。

$$Z_{in} = Z_0 \sqrt{\mu_r/\varepsilon_r} \tanh\left(j\frac{2\pi f d}{c}\sqrt{\mu_r \varepsilon_r}\right) \tag{9.8}$$

$$RL(dB) = 20\lg\left|\frac{Z_{in} - Z_0}{Z_{in} + Z_0}\right| \tag{9.9}$$

式中,Z_{in} 为材料的本征阻抗;Z_0 为空气的本征阻抗;ε_r、μ_r 分别是材料的复介电常数及复磁导率;f 为电磁波频率;d 为单层吸波材料对应的厚度;c 为真空光速。

电磁波吸收所用材料体系是第 2 章制备的碳纳米管褶皱小球,小球样品使用环氧树脂封装成整体测试,采用矢量网络分析仪测试封装后样品在 8.2~12.4 GHz 内的电磁参数,测试所用 X 波段波导模具尺寸为 22.84×10.14 mm²。波导测试装置参见前述图 9.21。

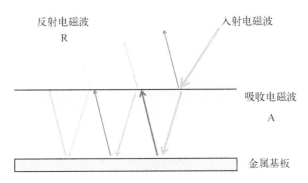

图 9.34 单层吸波材料的电磁波的传输与损耗机理

2. 褶皱形貌对电磁吸收的影响

为研究褶皱形貌对电磁吸收的影响,利用相同尺寸的 L 球,通过预溶胀体积不同,在吸水树脂小球表面构筑高度折叠形貌、微褶皱形貌两种不同形貌的小球,SEM 图像如图 9.35 所示。2.0 wt% MWCNT 涂覆的 L 球命名为 L－2MC。

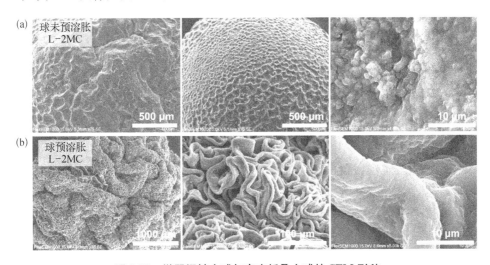

图 9.35 微弱褶皱小球与高度折叠小球的 SEM 形貌

(a) 未预溶胀微弱褶皱的 L－2MC;(b) 预溶胀高度折叠的 L－2MC

由于吸水性树脂吸水膨胀、脱水缩小,初始体积的大小受吸水量的影响,因此,当 MWCNT 分散液直接涂覆到未预溶胀的小球上时,收缩率最小。但由于分散液中的少量水分仍使小球适度膨胀,因此,图 9.35(a)中仍可以观察到"高尔夫"球式的凹坑[17,18]。如第 2 章所述,由于 GI 值高达 30 以上,完全溶胀后的小球则具有高度折叠的褶皱形貌。

两种样品填充到 PDMS 橡胶中,制作成波导样品,进行电磁参数测试并计算反射率,结果如图 9.36 所示。为了在 8.2～12.4 GHz 的测量范围内展现出吸收峰,需要给予吸波材料一定的厚度。如图 9.36(a)所示,对于未预溶胀的微褶皱小球样品,厚度大于 5.5 mm 时可以出现吸收峰,但其反射率到 8 mm 厚度都未能在 X 波段范围内全部低于-10 dB。反观高度折叠形貌的样品[图 9.36(b)],厚度在 2.6 mm 时就出现一个尖锐的吸收峰,并且在该厚度下其反射率在 X 波段范围内几乎全部低于-10 dB。显然,高度折叠形貌样品的吸波性能显著优于无明显褶皱的样品。

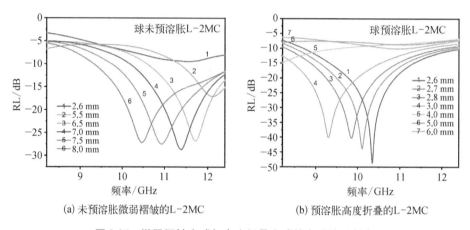

(a) 未预溶胀微弱褶皱的L-2MC

(b) 预溶胀高度折叠的L-2MC

图 9.36 微弱褶皱小球与高度折叠小球的电磁波反射率

当然,上述样品之间还存在 MWCNT 负载量不同的问题。由于吸水膨胀球的体积变大,涂覆的 MWCNT 量更大,对电磁波的损耗更大[57]。为进一步比较 MWCNT 负载量接近的褶皱小球直径的影响,研究了大尺寸 L 球和小尺寸 S 球两种不同直径小球的影响,其 SEM 形貌如图 9.37 所示。

两种小球用不同浓度的分散液进行涂覆,以使其负载的 MWCNT 量接近:S 小球涂覆高浓度的 MWCNT 分散液,L 大球涂覆低浓度的 CNT 分散液。1.0 wt% MWCNT 涂覆的 L 球命名为 L‒1MC,2.0 wt% MWCNT 涂覆的 S 球命名为 S‒2MC。与预期的一样,小球高浓度制备的褶皱更厚、更宽,反之大球低浓度制备的褶皱更薄、更窄。两者测试后计算的反射率结果如图 9.38 所示。

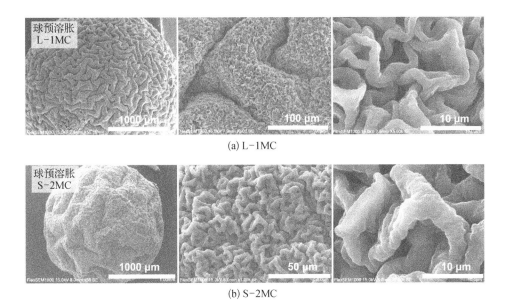

(a) L-1MC

(b) S-2MC

图 9.37 球直径与涂层浓度对 SEM 形貌的影响

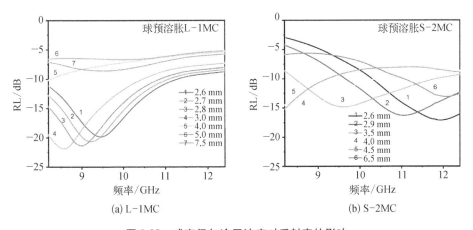

(a) L-1MC

(b) S-2MC

图 9.38 球直径与涂层浓度对反射率的影响

如图9.38(a)所示,L-1MC褶皱在2.6 mm厚度以上时,其吸收峰对应的频率处于10 GHz以下,从而使得反射率无法在X波段范围内全部达到-10 dB以下。而S-2MC褶皱[图9.38(b)],吸收峰随厚度而位移,在3.5 mm时反射率几乎全部低于-10 dB的曲线。可见在X频谱范围内,从吸收带宽的角度来看,小球高浓度褶皱在吸波领域优于大球低浓度褶皱。当然,具体使用场景需要具体对待。

3. 材料体系对电磁吸收的影响

前述比较形貌所用碳纳米管均为MWCNT,由于SWCNT导电性高于MWCNT,因此,有必要比较SWCNT褶皱小球与MWCNT褶皱小球的性能差异。共讨论四种小球的区别,其中,0.12 wt% SWCNT涂覆的L球命名为L-0.12SC,2.0 wt% MWCNT涂覆的L球命名为L-2MC,0.08 wt% SWCNT涂覆的S球命名为S-0.08SC,2.0 wt% MWCNT涂覆的S球命名为S-2MC。

因为所用的材料体系均为碳材料,没有磁性,因此主要分析复介电常数[57]。介电常数实部(ε')表示材料储存电磁波的能力,虚部(ε'')表示消耗电磁波的能力。测试结果如图9.39所示,可以看出,在X波段内,L-0.12SC样品的介电常数实部和虚部都是最高的,这与SWCNT更好的导电性有关;而S-2MC样品的介电常数实部和虚部都是最低的,这与S小球对MWCNT的负载量小且MWCNT的导电性较差有关。介电损耗正切值($\tan \delta_\varepsilon = \varepsilon''/\varepsilon'$)表示材料将电磁波转化为其他形式能量的能力,碳纳米管褶皱小球样品的介电损耗正切值如图9.40所示。

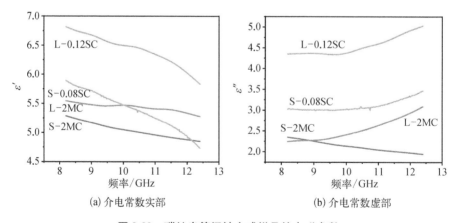

(a) 介电常数实部　　　　　　　　　(b) 介电常数虚部

图9.39　碳纳米管褶皱小球样品的电磁参数

与预期的一致,L-0.12SC 样品介
电损耗正切值在四个样品中最大,其介
电损耗的能力最强,而 S-2MC 最低,
其介电损耗的能力最弱。并且,四个样
品中只有 S-2MC 样品的介电损耗随
频率升高而降低。

通过传输线理论计算反射损耗
(RL),为了更直观清晰地观察复合材
料的性能,绘制不同厚度下反射损耗随
频率变化的曲线图和三维图,如图 9.41
所示。可以看出,S-2MC 样品在匹配
厚度 3.5 mm 时,在 10.1 GHz 处达到最

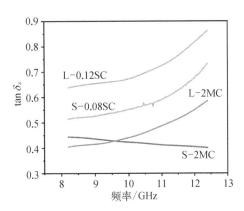

图 9.40　碳纳米管褶皱小球样品的
介电损耗正切值

小反射损耗为-19 dB,小于-10 dB 的有效吸收带宽为 8.3~12.2 GHz[图 9.41
(a,b)];L-2MC 样品在匹配厚度 3.5 mm 时,在 9.4 GHz 处达到最小反射损耗
为-21 dB,小于-10 dB 的有效吸收带宽 8.2~11.9 GHz[图 9.41(c,d)];S-
0.08SC 样品在匹配厚度 3.5 mm 时,在 9 GHz 处达到最小反射损耗为-28 dB,小
于-10 dB 的有效吸收带宽能够覆盖 X 全波段[图 9.41(e,f)];L-0.12SC 在匹
配厚度 3 mm 时,在 10.5 GHz 处达到最小反射损耗为-16 dB,在 8.8~12.4 GHz 频
率范围内达到-10 dB 的有效吸收[图 9.41(g,h)]。

对比相同浓度、不同尺寸样品(S-2MC 与 L-2MC)的反射损耗曲线,可以
发现,增大小球尺寸,吸收峰有往低频移动的趋势。但是小于-10 dB 有效吸收
带宽未表现出统一规律,其结果除与小球尺寸、碳纳米管自身性能有关之外,还
与样品的填充比、总体碳含量等因素有关。不过从图 9.41 可以看出,通过匹配
合适的厚度,褶皱小球可以实现覆盖 X 波段的有效吸收。

吸波材料希望入射电磁波能最大限度进入材料内部,并且能够有效吸收衰减
入射的电磁波,使电磁能转换成热能而耗散掉,或使电磁波因干涉而消失[43]。
因此,优化吸波性能的基本思路是,① 入射波最大限度地进入材料内部,而不在
其表面上反射,即提升材料的匹配特性;② 进入材料内部的电磁波能迅速地被
吸收衰减掉,即增强材料的衰减特性。实现第一个要求的方法是通过采用特殊
的边界条件来达到与空气阻抗相匹配;而实现第二个要求的方法则是使材料具
有很高的电磁损耗[54]。但是,两种要求之间往往是相互矛盾的,匹配性强的材
料衰减特性较差,衰减特性强的材料匹配性较差[56]。

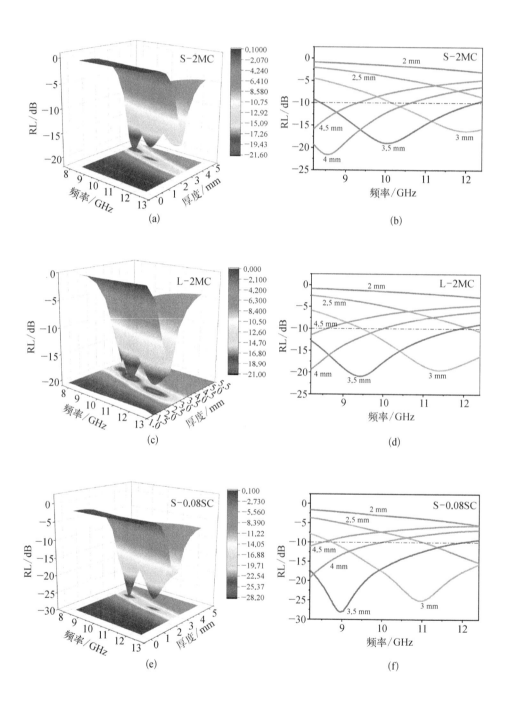

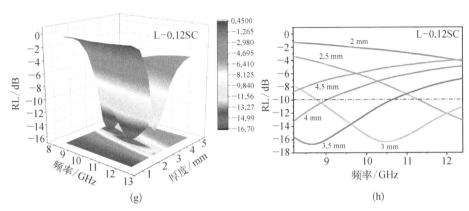

图 9.41　碳纳米管褶皱小球反射损耗曲线

(a,b) S-2MC；(c,d) L-2MC；(e,f) S-0.08SC；(g,h) L-0.12SC

　　碳纳米管是一种导电性优异的纳米吸收剂[57-59]。单独的碳纳米管作为吸收剂置于交变电磁场中，通过以电导及电极化损耗方式最终将电磁波转换为其他形式的能量进行损耗。由于不具铁磁材料性质，碳纳米管缺失了磁损耗部分对电磁波的消耗，同时也降低了阻抗比配性能[58]。通常，① 将吸收剂设计为核壳结构或中空结构，有利于提升介电常数实部，抑制介电常数虚部，从而提升匹配性[60,61]；② 在吸收剂表面构筑褶皱结构或海胆状结构，有利于电磁波在吸收剂表面的强化散射，延长电磁波的传感路径，从而提升整体吸波材料内部的损耗[62, 63]。

　　因此，碳纳米管褶皱小球兼具了良好的核壳结构与多级的表面褶皱，如图 9.42

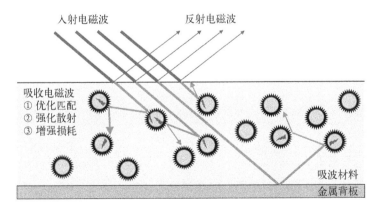

图 9.42　碳纳米管褶皱小球表面粗糙结构增强电磁波散射损耗示意图

所示,碳纳米管褶皱小球填充到复合材料中构成的吸波材料,除了碳纳米管本身电学性能的优势使其具有良好的吸波性能之外,其核壳结构有利于提升入射电磁波的匹配性,多级的表面褶皱也可以增强其对进入材料内部电磁波的散射,从而强化材料对电磁波的吸收[63]。

9.5 小结

在智能可穿戴电子领域,在人体表皮生理信号的收集过程中,稳定的可拉伸电极可以实现长时间精准的信号收集。然而,无论是表面结构设计型、导电材料复合型还是本征可拉伸型电极,均难以实现在动态变形下稳定的电性能。因此,制备具有高稳定电性能的电极仍然是一大挑战。

以碳纳米管一维材料为导电填料,涂覆在膨胀的乳胶气球上收缩后形成高导电的褶皱状柔性电极,碳纳米管形成的二维网络结构在没有额外黏合剂的情况下牢固地黏附到基底上。在拉伸率达到200%情况下GF低至0.09,且在25 000次0%~50%拉伸循环后,电阻依然保持稳定。所得电极在可拉伸锌离子电池、柔性摩擦电纳米发电机和柔性焦耳加热装置中展示了良好应用潜力。

高导电碳纳米管网络同样可以使柔性电极材料具有良好的电磁屏蔽与吸收性能。橡胶为基底的碳纳米管褶皱层屏蔽效果良好,经过添加银纳米线等措施优化后可以到60 dB以上。当周向拉伸方向与TE模电场方向平行时,碳纳米管褶皱的电磁屏蔽效果反而可以得到提升。在吸水性树脂小球基底上构筑了碳纳米管褶皱,与无褶皱或微褶皱状态小球相比,核壳结构褶皱小球不仅可以提高材料对电磁波的匹配性,还可以强化入射电磁波的衰减,能够实现X波段的宽带吸收,在电磁吸收领域具有良好应用潜力。

参考文献

[1] Huang S Y, Liu Y, Zhao Y, et al. Flexible Electronics: Stretchable Electrodes and Their Future [J]. Advanced Functional Materials, 2019, 29(6): 1805924.
[2] Yu Y, Zhang Y K, Li K, et al. Flexible Electronics: Bio-Inspired Chemical Fabrication of Stretchable Transparent Electrodes [J]. Small, 2015, 11(28): 3504.

[3] 　Amjadi M, Kyung K U, Park I, et al. Stretchable, Skin-Mountable, and Wearable Strain Sensors and Their Potential Applications: A Review [J]. Advanced Functional Materials, 2016, 26(11): 1678 − 1698.

[4] 　Trung T Q, Lee N E, Lee E N. Recent Progress on Stretchable Electronic Devices with Intrinsically Stretchable Components [J]. Advanced Materials, 2016, 29(3): 1603167.

[5] 　Wang J L, Hassan M, Liu J W, et al. Nanowire Assemblies for Flexible Electronic Devices: Recent Advances and Perspectives [J]. Advanced Materials, 2018, 30(48): 1803430.

[6] 　Liu Z F, Fang S, Moura F A, et al. Hierarchically Buckled Sheath-Core Fibers for Superelastic Electronics, Sensors, and Muscles [J]. Science, 2015, 349(6246): 400 − 404.

[7] 　Lee M S, Lee K, Kim S Y, et al. High-Performance, Transparent, and Stretchable Electrodes Using Graphene-Metal Nanowire Hybrid Structures [J]. Nano Letters, 2013, 13(6): 2814 − 2821.

[8] 　Gong X F, Chu Z Y, Li G C, et al. Efficient Fabrication of Carbon Nanotube-Based Stretchable Electrodes for Flexible Electronic Devices [J]. Macromolecular Rapid Communications, 2022, 44(5): 2200795.

[9] 　Zhou Y, Yokota Y, Tanaka S, et al. Highly Conducting, Durable and Large Area Carbon Nanotube Thick Films for Stretchable and Flexible Electrodes [J]. Applied Physics Letters, 2019, 114(21): 213104.

[10] 　Urdaneta M G, Delille R, Smela E. Stretchable Electrodes with High Conductivity and Photo-Patternability [J]. Advanced Materials, 2007, 19(18): 2629 − 2633.

[11] 　Efimenko K, Rackaitis M, Manias E, et al. Nested Self-similar Wrinkling Patterns in Skins [J]. Nature Materials, 2005, 4(4): 293 − 297.

[12] 　Chu Z Y, Li G C, Gong X F, et al. Hierarchical Wrinkles for Tunable Strain Sensing Based on Programmable, Anisotropic, and Patterned Graphene Hybrids [J]. Polymers, 2022, 14: 2800.

[13] 　Jang S, Kim C, Park J J, et al. A High Aspect Ratio Serpentine Structure for Use As a Strain-Insensitive, Stretchable Transparent Conductor [J]. Small, 2018, 14(8): 1702818.

[14] 　Tan Y L, Hu B R, Kang Y, et al. Cortical-Folding-Inspired Multifunctional Reduced Graphene Oxide Microarchitecture Arrays on Curved Substrates [J]. Advanced Materials Technologies, 2022, 7: 2101094.

[15] 　Li G C, Chu Z Y, Gong X F, et al. A Wide-Range Linear and Stable Piezoresistive Sensor Based on Methylcellulose-Reinforced, Lamellar, and Wrinkled Graphene Aerogels [J]. Advanced Materials Technologies, 2022, 7: 2101021.

[16] 　Tan Y, Yan J, Chu Z. Thermal-Shrinking-Induced Ring-Patterned Boron Nitride Wrinkles on Carbon Fibers [J]. Carbon, 2019, 152: 532 − 536.

[17]　Li B, Jia F, Cao Y P, et al. Surface Wrinkling Patterns on a Core-Shell Soft Sphere [J]. Physical Review Letters, 2011, 106(23): 234301.

[18]　Tan Y, Hu B, Song J, et al. Bioinspired Multiscale Wrinkling Patterns on Curved Substrates: An Overview [J]. Nano-Micro Letters, 2020, 12(1): 101.

[19]　Tan Y, Chu Z, Jiang Z, et al. Gyrification-Inspired Highly Convoluted Graphene Oxide Patterns for Ultralarge Deforming Actuators [J]. ACS Nano, 2017, 11(7): 6843 − 6852.

[20]　Dong J, Luo S, Ning S, et al. MXene-Coated Wrinkled Fabrics for Stretchable and Multifunctional Electromagnetic Interference Shielding and Electro/Photo-Thermal Conversion Applications [J]. ACS Applied Materials & Interfaces, 2021, 13(50): 60478 − 60488.

[21]　Cao C, Zhou Y, Ubnoske S, et al. Highly Stretchable Supercapacitors via Crumpled Vertically Aligned Carbon Nanotube Forests [J]. Advanced Energy Materials, 2019, 9(22): 1900618.

[22]　Peng H J, Huang J Q, Zhang Q. A Review of Flexible Lithium-Sulfur and Analogous Alkali Metal-Chalcogen Rechargeable Batteries [J]. Chemical Society Review, 2017, 46(17): 5237 − 5288.

[23]　Baek S, Lee Y, Baek J, et al. Spatiotemporal Measurement of Arterial Pulse Waves Enabled by Wearable Active-Matrix Pressure Sensor Arrays [J]. ACS Nano, 2022, 16(1): 368 − 377.

[24]　Lu L X. Flexible Zn-ion Batteries based on Manganese Oxides: Progress and prospect [J]. Carbon Energy, 2020, 2(3): 387 − 407.

[25]　Yao Z, Zhang W, Ren X, et al. A Volume Self-Regulation MoS_2 Superstructure Cathode for Stable and High Mass-Loaded Zn-Ion Storage [J]. ACS Nano, 2022, 16(8): 12095 − 12106.

[26]　王中林,林龙,陈俊,等.摩擦纳米发电机[M].北京: 科学出版社,2017.

[27]　Wang Z L. From Contact Electrification to Triboelectric Nanogenerators [J]. Reports on Progress in Physics, 2021, 84(9): 096502.

[28]　Wang Z L. Triboelectric Nanogenerators as New Energy Technology for Self-Powered Systems and as Active Mechanical and Chemical Sensors [J]. ACS Nano, 2013, 7(11): 9533 − 9557.

[29]　Wang D Y, Zhang D Z, Yang Y, et al. Multifunctional Latex/ Polytetrafluoroethylene-Based Triboelectric Nanogenerator for Self-Powered Organ-like MXene/Metal-Organic Framework-Derived CuO Nanohybrid Ammonia Sensor [J]. ACS Nano, 2021, 15(2): 2911 − 2919.

[30]　Luo X, Zhu L, Wang Y C, et al. A Flexible Multifunctional Triboelectric Nanogenerator Based on MXene/PVA Hydrogel [J]. Advanced Functional Materials, 2021, 31(38): 2104928.

[31]　Wang H, Cheng J, Wang Z Z, et al. Triboelectric Nanogenerators for Human-Health Care [J]. Science Bulletin, 66(5): 490–511.

[32]　Fan F R, Tang W, Wang Z L, et al. Flexible Nanogenerators for Energy Harvesting and Self-Powered Electronics [J]. Advanced Materials, 2016, 28(22): 4283–4305.

[33]　Wyss K M, Luong D X, Tour J M. Large-Scale Syntheses of 2D Materials: Flash Joule Heating and Other Methods [J]. Advanced Materials, 2016, 34(8): 2106970.

[34]　Lai L, Li J, Deng Y Y, et al. Carbon and Carbon/Metal Hybrid Structures Enabled by Ultrafast Heating Methods [J]. Small Structures, 2022, 3: 2200112.

[35]　Hu Z Q, Zhou J, Fu Q. Design and Construction of Deformable Heaters: Materials, Structure, and Applications [J]. Advanced Electric Materials, 2021, 7(11): 2100452.

[36]　Papanastasiou D T, Schultheiss A, Munoz-Rojas D, et al. Transparent Heaters: A Review [J]. Advanced Functional Materials, 2020, 30(21): 1910225.

[37]　Tao X, Tian D X, Liang S Q, et al. Research Progress on the Preparation of Flexible and Green Cellulose-Based Electrothermal Composites for Joule Heating Applications [J]. ACS Applied Energy Materials, 2022, 5(11): 13096–13112.

[38]　Wu J, Li H, Lai X, et al. Superhydrophobic Polydimethylsiloxane @ Multiwalled Carbon Nanotubes Membrane for Effective Water-in-Oil Emulsions Separation and Quick Deicing [J]. Industrial & Engineering Chemistry Research, 2019, 58(20), 8791–8799.

[39]　Zhang Y, Cheng W, Tian W, et al. Nacre-Inspired Tunable Electromagnetic Interference Shielding Sandwich Films with Superior Mechanical and Fire-Resistant Protective Performance [J]. ACS Applied Materials & Interfaces, 2020, 12(5): 6371–6382.

[40]　Chu Z Y, Cheng H F, Zhou Y J, et al. Anisotropic Microwave Absorbing Properties of Oriented SiC Short Fiber Sheets [J]. Materials & Design, 2010, 31: 3140–3145.

[41]　Liu L, Deng H, Tang X, et al. Specific Electromagnetic Radiation in the Wireless Signal Range Increases Wakefulness in Mice [J]. Proceedings of the National Academy of Sciences, 2021, 118(31): e2105838118.

[42]　Russell C L. 5 G Wireless Telecommunications Expansion: Public Health and Environmental Implications [J]. Environmental Research, 2018, 165: 484–495.

[43]　刘顺华,刘军民,董星龙.电磁波屏蔽及吸波材料[M].北京: 化学工业出版社,2014.

[44]　Wei Q, Pei S, Qian X, et al. Superhigh Electromagnetic Interference Shielding of Ultrathin Aligned Pristine Graphene Nanosheets Film [J]. Advanced Materials, 2020, 32(14): 1907411.

[45]　Wan Y J, Wang X Y, Li X M, et al. Ultrathin Densified Carbon Nanotube Film with "Metal-like" Conductivity, Superior Mechanical Strength, and Ultrahigh Electromagnetic Interference Shielding Effectiveness [J]. ACS Nano, 2020, 14(10): 14134–14145.

[46]　Chen W, Liu L X, Zhang H B, et al. Flexible, Transparent, and Conductive $T_iC_2T_x$

MXene-Silver Nanowire Films with Smart Acoustic Sensitivity for High-Performance Electromagnetic Interference Shielding [J]. ACS Nano, 2020, 14(12): 16643 – 16653.

[47] Jia L C, Xu L, Ren F, et al. Stretchable and Durable Conductive Fabric for Ultrahigh Performance Electromagnetic Interference Shielding [J]. Carbon, 2019, 144: 101 – 108.

[48] Chen W, Liu L, Zhang H, et al. Kirigami-Inspired Highly Stretchable, Conductive, and Hierarchical Ti_3C_2Tx MXene Films for Efficient Electromagnetic Interference Shielding and Pressure Sensing [J]. ACS Nano, 2021, 15(4): 7668 – 7681.

[49] Jung J, Lee H, Ha I, et al. Highly Stretchable and Transparent Electromagnetic Interference Shielding Film Based on Silver Nanowire Percolation Network for Wearable Electronics Applications [J]. ACS Applied Materials & Interfaces, 2017, 9(51): 44609 – 44616.

[50] Liang C, Gu Z, Zhang Y, et al. Structural Design Strategies of Polymer Matrix Composites for Electromagnetic Interference Shielding: A Review [J]. Nano-Micro Letters, 2021, 13(11): 330 – 358.

[51] He Q, Tao J, Yang D, et al. Surface Wrinkles Enhancing Electromagnetic Interference Shielding of Copper Coated Polydimethylsiloxane: A Simulation and Experimental Study [J]. Chemical Engineering Journal, 2023, 454(2): 140162.

[52] Wang T, Yu W, Zhou C, et al. Self-Healing and Flexible Carbon Nanotube/Polyurethane Composite for Efficient Electromagnetic Interference Shielding [J]. Composites Part B: Engineering, 2020, 193: 108015.

[53] Al-Saleh M H, Sundararaj U. Electromagnetic Interference Shielding Mechanisms of CNT/Polymer Composites [J]. Carbon, 2009, 47: 1738 – 1746.

[54] Kang Y, Chu Z Y, Zhang D J, et al. Incorporate Boron and Nitrogen into Graphene to Make BCN Hybrid Nanosheets with Enhanced Microwave Absorbing Properties [J]. Carbon, 2013, 61: 200 – 208.

[55] Taufiq A, Bahtiar S, Saputro R E, et al. Fabrication of $Mn_{1-x}Zn_xFe_2O_4$ Ferrofluids from Natural Sand for Magnetic Sensors and Radar Absorbing Materials [J]. Heliyon, 2020, 6(7): 04577.

[56] Kang Y, Jiang Z H, Jiang T, et al. Hybrids of Reduced Graphene Oxide and Hexagonal Boron Nitride: Lightweight Absorbers with Tunable and Highly Efficient Microwave Attenuation Properties [J]. ACS Applied Materials & Interfaces, 2016, 8: 32468 – 32476.

[57] Gui X, Wang K, Wei J, et al. Microwave Absorbing Properties and Magnetic Properties of Different Carbon Nanotubes [J]. Science in China Series F-Technological Science, 2009, 52(1): 227 – 231.

[58] Behabtu N, Young C C, Tsentalovich D E, et al. Strong, Light, Multifunctional Fibers of Carbon Nanotubes with Ultrahigh Conductivity [J]. Science, 2013, 339(6116): 182 – 186.

[59] Cao F H, Xu J, Liu M J, et al. Regulation of Impedance Matching Feature and Electronic

Structure of Nitrogen-doped Carbon Nanotubes for High-performance Electromagnetic Wave Absorption [J]. Journal of Materials Science & Technology, 2022, 108: 1 - 9.

[60] Chu Z Y, Cheng H F, Xie W, et al. Effects of Diameter and Hollow Structure on the Microwave Absorption Properties of Short Carbon Fibers [J]. Ceramic International, 2012, 38(6): 4867 - 4873.

[61] Chen N, Jiang J T, Xu C Y, et al. Rational Construction of Uniform CoNi-Based Core-Shell Microspheres with Tunable Electromagnetic Wave Absorption Properties [J]. Scientific Reports, 2018, 8: 3196.

[62] 郭飞,杜红亮,屈绍波,等.海胆状氧化锌/羰基铁粉核壳结构复合粒子的抗氧化及吸波性能[J].无机化学学报,2015,31(4): 755 - 760.

[63] Zeng X J, Sang Y X, Xia G H, et al. 3 - D Hierarchical Urchin-like Fe_3O_4/CNTs Architectures Enable Efficient Electromagnetic Microwave Absorption [J]. Materials Science & Engineering B, 2022, 281: 115721.

附 录 缩 略 语

英文简称	全 称	中 文 全 称
1D	one dimensional	一维的
2D	two dimensional	二维的
3D	three dimensional	三维的
AES	Auger electron spectroscopy	俄歇电子能谱
AFM	atomic force microscope	原子力显微镜
AgNW	Ag nanowire	银纳米线
at%	atomic percent	原子百分含量
a.u.	arbitrary unit	任意单位
BCN	boron carbon nitride	硼碳氮三元化合物
BP	black phosphorene	黑磷烯
CA	contact angle	接触角
CB	Cassie-Baxter model	Cassie-Baxter 模型
CNT	carbon nanotube	碳纳米管
CV	cyclic voltammetry	循环伏安
DCM	dichloromethane	二氯甲烷
EDS	energy dispersive spectrometer	能量色散谱
EMI	electromagnetic interference	电磁屏蔽
FTIR	Fourier transform infrared spectroscopy	傅里叶变换红外光谱

续　表

英文简称	全　称	中文全称
FWG	flower-like wrinkled reduced graphene oxide	花状石墨烯褶皱
GA	graphene aerogel	石墨烯气凝胶
GF	gauge factor	应变系数;灵敏因子
GI	gyrification index	折叠指数;褶皱指数
GO	graphene oxide	氧化石墨烯
JHD	Joule heating device	焦耳加热装置
LOD	limit of detection	检测限
MXene	MXene	二维金属碳化物和氮化物
MC	methyl cellulose	甲基纤维素
MWCNT	multi-walled carbon nanotube	多壁碳纳米管
PAN	polyacrylonitrile	聚丙烯腈
PDMS	polydimethylsiloxane	聚二甲基硅氧烷
PEG-DA	polyethylene glycol diacrylate	聚乙二醇二丙烯酸酯
PS	polystyrene	聚苯乙烯
PTFE	polytetrafluoroethylene	聚四氟乙烯
PU	polyurethane	聚氨酯
PUF	physically unclonable function	物理不可克隆函数
PVC	polyvinyl chloride	聚氯乙烯
PWGO	patterned wrinkled graphene oxide	图案化氧化石墨烯褶皱
PWG	patterned wrinkled reduced graphene oxide	图案化石墨烯褶皱
RAM	radar-absorbing material	雷达波吸收材料;吸波材料
RGO	reduced graphene oxide	还原氧化石墨烯;石墨烯
RL	reflection loss	反射损耗

续　表

英文简称	全　　称	中文全称
SAP	super absorbent polymer	高吸水性树脂
SCCM	standard cubic centimeter	标准立方厘米
SEBS	styrene-(ethylene-butene)-styrene block polymer	苯乙烯-(乙烯-丁烯)-苯乙烯嵌段聚合物
SE	shielding effectiveness	屏蔽效能
SE_A	absorption shielding effectiveness	吸收屏蔽效能
SE_M	multiple reflection shielding effectiveness	多重反射屏蔽效能
SE_R	reflection shielding effectiveness	反射屏蔽效能
SE_T	total shielding effectiveness	总屏蔽效能
SEM	scanning electron microscope	扫描电子显微镜
SP	sodium polyacrylate	聚丙烯酸钠
SWCNT	single-walled carbon nanotube	单壁碳纳米管
TE	transverse electric	横向电场
TEM	transverse electromagnetic	横向电磁场
TEM	transmission electron microscope	透射电子显微镜
TENG	triboelectric nanogenerator	摩擦电纳米发电机
TGA	thermogravimetric analysis	热重分析
THF	tetrahydrofuran	四氢呋喃
TM	transverse magnetic	横向磁场
WG	wrinkled reduced graphene oxide	石墨烯褶皱
WGO	wrinkled graphene oxide	氧化石墨烯褶皱
WGOPA	wrinkled graphene oxide papillae array	氧化石墨烯褶皱凸起阵列
wt%	weight percent	质量百分含量

续　表

英文简称	全　　称	中 文 全 称
WT	wrinkled carbon nanotube paper	碳纳米管褶皱薄膜
XPS	X-ray photoelectron spectroscopy	X 射线光电子能谱
XRD	X-ray diffraction	X 射线衍射
ZIB	zinc-ion battery	锌离子电池